Materialien für den Sekundarbereich II · Biologie

Peter Hoff · Wolfgang Miram · Andreas Paul

Evolution

Schroedel

Materialien für den Sekundarbereich II · Biologie

Evolution

Herausgegeben und bearbeitet von
Peter Hoff, Hamburg
Wolfgang Miram, Hochdonn
PD Dr. Andreas Paul, Göttingen
unter Mitarbeit der Verlagsredaktion

Zeichnungen:
Brigitte Karnath
Liselotte Lüddecke
Tom Menzel
Barbara Schneider

ISBN 3-507-10532-2

Druck A[8 7 6] / Jahr 2008 07 06

Alle Drucke der Serie A sind im Unterricht parallel verwendbar, da bis auf die Behebung von Druckfehlern unverändert. Die letzte Zahl bezeichnet das Jahr dieses Druckes.

Lektorat: Dr. Ute Döring, Göttingen

Gesamtherstellung: klr mediapartner GmbH & Co. KG, Lengerich

Bild- und Textquellenverzeichnis:
Titel: Densey Clyne/OSF/Okapia; 3 Michael Forster, Hannover; Kästner-Gedicht aus: Gesammelte Schriften für Erwachsene, Bd. 1, Droemer-Knaur, München/Zürich 1969; 6/7 A.N.T./Silvestris; 8.1, 10.1 AKG Berlin; 11.1 aus: Zoologische Philosophie, Kröner, Leipzig 1909, Übers. Dr. Heinr. Schmidt; 11 rechts oben, 12.1 Deutsches Museum, München; 13.2 Aitken Kelvin/Silvestris; 14.1 Deutsches Museum, München; 16.1, 16.2 Hermes Handlexikon „Darwin"; 22.1 H.-P. Konopka, Schwerte; 24 Darwin-Zitat aus: Die Entstehung der Arten..., Reclam, Leipzig 1980, Übers. Carl W. Neumann; Mayr-Zitat aus: Ernst Mayr: ... und Darwin hat doch recht, Piper, München 1994, Übers. Inge Leipold; 27.1 Breck P. Kent/Animals; 28.1 links Schmidt/Angermayer; 28.1 rechts NAS/T. Mc Hugh/Okapia; 28.2 Reinhard/Okapia; 29.1 NHPA/Silvestris; 29.2 W. Wisniewski/Silvestris; 30.1 oben Sohns/Okapia, 30.1 Mitte links und rechts Reinhard/Okapia; 30.1 unten links Reinhard/Angermayer; 30.1 unten Mitte Reinhard/Okapia; 30.1 unten rechts Halleux/BIOS/Okapia; 31 Hermes Handlexikon „Darwin"; 36.1 Root/Okapia; 36.2 A Wothe/Silvestris; 36.2 B Visage/Silvestris; 37.1 Kotzke/Silvestris; 38.1 Ziesler/Angermayer; 39 Bernard/OSF/Okapia; 40.1 Trötschel; 40.2 eye of science; 41.1 A Rohdich/Silvestris; 41.1 B Pfletschinger/Angermayer; 41.1 C Silvestris; 41.1 D NHPA/Silvestris; 42.1 A Switak/Okapia; 42.1 B Tui de Roy/Okapia; 43: Darwin-Zitat aus: Über die Entstehung der Arten..., E. Schweizerbarth, Stuttgart 1876, Übers. H.G. Bronn; 44.1 A Dr. Pott/Okapia; 44.1 B Pölking/Angermayer; 50 Lichtbild-Archiv Dr. Keil; 52.1 E. Lemoine/Overseas/Okapia; 52.2 J.-L. Klein & M.-L. Hubert/Okapia; 53.1 Silvestris; 53.2 Hessisches Landesmuseum, Darmstadt; 53.3 Zimmermann/Mauritius; 54.1 J. Cancalosi/Okapia; 54.2 Dino-Park, Münchehagen; 54.3 S. Stammers/OSF/Okapia; 54.4 F. Gohier/Okapia; 56.1 Dr. R. Mederake, Göttingen; 60.1 A F. Gohier/Okapia; 60.1 B Bayerische Staatssammlung für Paläontologie und Historische Geologie, München; 61.1 Schauer/Fricke, Max-Planck-Institut für Verhaltensphysiologie, Seewiesen; 66.1 A Bernard/OSF/Okapia; 66.1 B Schwind/Okapia; 66.1 C Bühler/Silvestris; 66.1 D Lichtbild-Archiv Dr. Keil; 67.1 A H. Pfletschinger/Angermayer; 67.1 B Angermayer; 67.1 C BHB-Foto/Okapia; 67.1 D H. Pfletschinger/Angermayer; 67.1 E Wendler/Silvestris; 68.1 A oben Klein & Huber/Okapia; 68.1 A unten Sauer/Okapia; 68.1 B oben Brosette/Silvestris; 68.1 B unten Dr. Eckhard Philipp, Berlin; 69.1 oben Fleetham/Silvestris; 69.1 unten LSF/OSF/Okapia; 80 Filmbild Fundus Robert Fischer; 85 A 6 links H. Pfletschinger/Angermayer; 85 A 6 rechts Mauritius; 96.1 A Georg Quedens, Amrum; 96.1 B Dr. J. Jaenicke, Rodenberg; 96.2 Dalton/Silvestris; 106.1 eye of science; 106.2 Dr. A. Paul, Göttingen; 108.1 von links nach rechts Institut Pasteur/CNRI/Okapia, Focus, Robba/Silvestris, Michler/Xeniel-Dia, Stannard/FOCUS, Lichtbild-Archiv Dr. Keil, Dowsett/Focus, Kim/NAS/Okapia; 109 Bild und Carroll-Zitat aus: Alice hinter den Spiegeln, Insel, Frankfurt am Main/Leipzig, Taschenbuchausg. 1998, Übers. Christian Enzensberger; 110.1 Phillips/NAS/Okapia; 112.1 NHPA/Dalton/Silvestris; 112.2 F. Friedrichs/Okapia; 112.3 D. Thompson/OSF/Okapia; 114.1 Prof. Dr. T. Nishida, Kyoto; 114.2 A NHPA/S. Dalton/Silvestris; 114.2 B Lane/Silvestris; 115.1 Angermayer; 115.2 F. Bruemmer/Okapia; 115.3 Dr. C. Borries, Göttingen; 116.1 NAS/Hansen/Okapia; 118.1 Ziesler/Angermayer; 119 Pölking/Angermayer; 120.1 AKG Berlin; 122.1 von links C. Fritsch/Zoo Hannover, G. Cubitt/Okapia, Okapia, G. Lakz/Silvestris, Dr. A. Paul, Lane/Silvestris; 125.1 A The Cleveland Museum of Natural History; 125.1 C John Reader Science Photo Library/Focus; 129 TCL/Bavaria; 140 von links Ned Haines/Photo Researchers Inc., Gerard/Explorer/Photo Researchers Inc., D. R. Frazier/Photo Researchers Inc., Photo Researchers Inc., Heine/Silvestris; M. P. Kahl/Photo Researchers Inc.; 141 von links Bruce Brander/Photo Researchers Inc., S. Summerhays/Photo Researchers Inc., S. Wayman/Photo Researchers Inc., A. Purcell/Photo Researchers Inc., C. Seghers/Photo Researchers Inc., D. R. Frazier/Photo Researchers Inc., 143.1 AKG Berlin; 148.1 Nicholas/Focus, 151.1 Dr. A. Paul; 153.1 von oben AKG Berlin (2); Lessing/AKG; A. Ostrowicki/Prof. Dr. F. Vögtle/Dr. K.-H. Weißbart, Universität Bonn; Leybold-Heraeus GmbH, Köln; 155 links Simon/ZEFA; 155 rechts R. Williams/Planet Earth Pictures; 156.2 aus: Hat sich der Mensch entwickelt, oder ist er erschaffen worden?, Wachturm Bibel- und Traktat-Gesellschaft, Selters, 1968

Die Entwicklung der Menschheit
Erich Kästner

Einst haben die Kerls auf den Bäumen gehockt,
behaart und mit böser Visage.
Dann hat man sie aus dem Urwald gelockt
und die Welt asphaltiert und aufgestockt,
bis zur dreißigsten Etage.

Da saßen sie nun, den Flöhen entflohn,
in zentralgeheizten Räumen.
Da sitzen sie nun am Telefon.
Und es herrscht noch genau derselbe Ton
wie seinerzeit auf den Bäumen.

Sie hören weit. Sie sehen fern.
Sie sind mit dem Weltall in Fühlung.
Sie putzen die Zähne. Sie atmen modern.
Die Erde ist ein gebildeter Stern
mit sehr viel Wasserspülung.

Sie schießen die Briefschaften durch ein Rohr.
Sie jagen und züchten Mikroben.
Sie versehen die Natur mit allem Komfort.
Sie fliegen steil in den Himmel empor
und bleiben zwei Wochen oben.

Was ihre Verdauung übrig lässt,
das verarbeiten sie zu Watte.
Sie spalten Atome. Sie heilen Inzest.
Und sie stellten durch Stiluntersuchungen fest,
dass Cäsar Plattfüße hatte.

So haben sie mit dem Kopf und dem Mund
den Fortschritt der Menschheit geschaffen.
Doch davon mal abgesehen und
bei Lichte betrachtet sind sie im Grund
noch immer die alten Affen.

1 „Nothing in Biology makes sense except in the light of evolution“

Theodosius Dobzhansky

Die Biologen kennen zur Zeit etwa 400 000 Pflanzenarten und über 1,5 Millionen Tierarten. Die tatsächliche Zahl heute lebender Arten wird noch weitaus höher eingeschätzt. Die Vielfalt der Lebensformen auf der Erde ist unüberschaubar.

Die Abbildungen dieser Seiten sollen ein annäherndes Bild davon vermitteln, welche Vorstellungen sich Biologen von den Stadien machen, die die Entwicklung der Lebewesen auf der Erde in verschiedenen Erdzeitaltern durchlaufen hat. Man stellt sich zwangsläufig die Frage, wie es zu diesem Artenreichtum gekommen ist, ja wie das Leben auf der Erde überhaupt entstanden ist.

Perm
vor
286 Mio. Jahren
bis vor
245 Mio. Jahren
erste Nadelbäume, Weiterentwicklung der Fische, Amphibien und Reptilien
Trias
vor
245 Mio. Jahren
bis vor
208 Mio. Jahren
Vorherrschen von Nadelbäumen, Riesenformen von Schachtelhalmen und Farnen, Saurier und erste kleine Säugetiere
Jura
vor
208 Mio. Jahren
bis vor
144 Mio. Jahren
Vorherrschen von Nadelbäumen, Blütezeit der Saurier in allen Lebensräumen (Land, Luft, Wasser), Urvogel Archaeopteryx
Kreide
vor
144 Mio. Jahren
bis vor
65 Mio. Jahren
erste Laubhölzer, Entstehung der Blütenpflanzen, in Zusammenhang damit Blütezeit der Insekten, Aussterben der Saurier, Entstehung der Knochenfische und Entwicklung der Säugetiere
Tertiär
vor
65 Mio. Jahren
bis vor
1,8 Mio. Jahren
Pflanzen und Tiere ähnlich den heutigen Formen, Ausbreitung von Blütenpflanzen, Insekten und Säugetieren
Quartär
(Pleistozän)
vor 1,8 Mio.
Jahren bis vor
10 000 Jahren
Pflanzen und Tiere der Eiszeiten, Ausbreitung des Menschen
Quartär
(Heute)
vor 10 000 Jahren
bis
heute
zunehmender Einfluss der Menschen auf alle Lebensräume der Erde, Ausrottung zahlreicher Lebensformen

2 Die Evolution des Evolutionsgedankens

2.1 Altertum und Mittelalter

Das Weltbild der frühen Menschheit ist bestimmt durch Geister, Dämonen und Götter, die in vielfältiger Weise in ihr Leben eingreifen, und die es zu besänftigen und zu beeinflussen gilt. Steinzeitliche Funde deuten darauf hin, dass übernatürliche Ideen in kultischen Darstellungen ihren Ausdruck fanden. In den Sagen fast aller Völker der Erde sind Vorstellungen darüber enthalten, wie ein Gott oder viele Götter die Welt geschaffen haben. Bei den Griechen wie bei den Germanen gibt es einen vielgestaltigen Götterhimmel, durch dessen Wirken die Welt in ihrer heutigen Gestalt entsteht.

Für den christlichen Kulturkreis ist die Schöpfungsgeschichte der jüdischen Religion von besonderer Bedeutung. Sie ist im Alten Testament in den ersten Kapiteln aufgezeichnet: „Als Gott, der Herr, Erde und Himmel machte, gab es zunächst noch kein Gras und keinen Busch in der Steppe; denn Gott hatte es noch nicht regnen lassen. Es war niemand da, der das Land bebauen konnte. Nur aus der Erde stieg Wasser auf und tränkte den Boden. Da nahm Gott Erde, formte daraus den Menschen und blies ihm den Lebenshauch in die Nase. So wurde der Mensch lebendig.“ Die Schöpfungsgeschichte enthält einen wesentlichen Gedanken, der die Philosophie bis in die Neuzeit hinein prägte: Alle Arten von Lebewesen sind Produkte eines Schöpfungsaktes, jedes Lebewesen, das wir heute kennen, hat Vorfahren, die in gleicher Gestalt seit Anbeginn der Welt vorhanden sind. Man nennt diese Vorstellung heute die **Lehre von der Konstanz der Arten.**

8.1 Darstellung der Schöpfung nach der biblischen Schöpfungsgeschichte aus dem 19. Jahrhundert

In der alten griechischen und römischen Philosophie gibt es Gedanken, die Ansätze einer Entwicklungstheorie für die Lebewesen erkennen lassen. Von dem Griechen ANAXIMANDER (611 bis 564 v. Chr.) sind die Worte überliefert: „Die Tiere sind aus dem Feuchten, das unter der Einwirkung der Sonne verdunstet, hervorgegangen. (...) Die Ahnen des Menschen sind aus Fischen entstanden und vom Meer auf das Land gestiegen.“ ARISTOTELES (384 bis 322 v. Chr.) nimmt den Gedanken der Auslese der modernen Entwicklungstheorie vorweg: „Wir können wohl annehmen, all diese Dinge hätten sich rein zufällig gebildet, genauso wie sie es getan hätten, wenn sie zu irgendeinem Zweck gezeugt worden wären: Gewisse Dinge wären erhalten geblieben, weil sie spontan eine geeignete Struktur erworben hätten, während jene, die nicht derart gebildet waren, untergingen und noch immer untergehen.“ Der römische Philosoph LUKREZ (95 bis 53 v. Chr.) meldet in seinem Werk „Von der Natur“ ernsthafte Zweifel an den zu seiner Zeit in Rom gültigen religiösen Vorstellungen an. In Europa aber wurde das Geistesleben seit Beginn der Zeitrechnung durch die Ausbreitung des Christentums bestimmt, das auf der Tradition der jüdischen Religion fußt. Die Schöpfungsgeschichte und damit die Lehre von der Konstanz der Arten war Dogma der christlichen Kirche und wurde als Gottes Wort vehement verteidigt. Die Klöster waren die Träger des geistigen Lebens. Sie überlieferten von den Schriften der Philosophen des Altertums nur die, die nicht im Widerspruch zur Bibel standen. An der Bibel war nicht zu zweifeln, denn sie galt als wörtlich zu nehmende Offenbarung Gottes. Naturwissenschaftliche Forschung im heutigen Sinne fand im Mittelalter nicht statt.

2.2 Der Beginn der modernen Naturwissenschaften

Das Mittelalter in Europa wird im 15. Jahrhundert von der Renaissance abgelöst. Die Ideen der Antike werden wieder lebendig, man liest die griechischen Denker. Da ihre Schriften in Europa unter dem Einfluss der Kirche verloren gegangen waren, werden sie zumeist aus dem Arabischen zurück übersetzt. Daher hat das Zeitalter den Namen „Renaissance", das heißt „Wiedergeburt".

Fortschritte im Schiffbau und in der Technik allgemein führen dazu, dass Europäer immer weitere Seefahrten unternehmen können. Durch Nachrichten über ferne Länder und Kontinente erweitert sich das „Weltbild" der Menschen. Dazu kommt, dass moderne Fernrohre und präzise Messinstrumente aus der bisher überwiegend magischen Zwecken dienenden Astrologie eine messende Wissenschaft, die Astronomie, werden lassen. Damit einher geht ein Umdenken. Im Altertum galten der Lauf der Sterne und ihre jeweiligen Positionen zueinander noch als Ursachen für Ereignisse, die auf der Erde stattfinden. In der Renaissance fragt man dagegen ausschließlich nach den physikalischen Ursachen der Bewegung der Gestirne. NIKOLAUS KOPERNIKUS (1473 bis 1543) begründet das heliozentrische Weltsystem, in dessen Mittelpunkt die Sonne und nicht mehr die Erde steht.

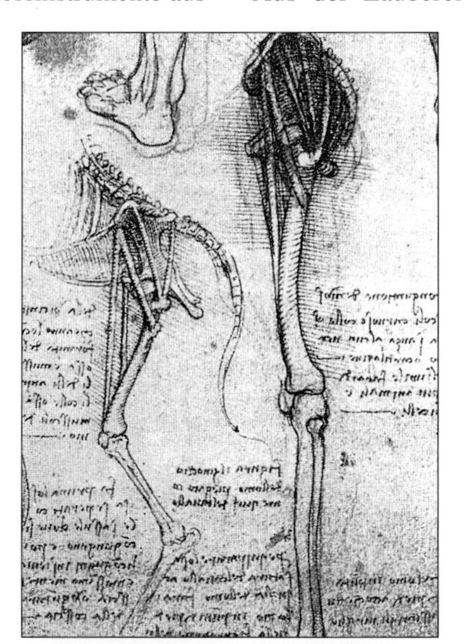

9.1 Beinskelett eines Menschen und eines Pferdes. Zeichnung von LEONARDO DA VINCI

GALILEO GALILEI (1564 bis 1642) untermauert die Theorie des KOPERNIKUS durch exakte Messungen und Beobachtungen mithilfe eines von ihm nach holländischen Vorbildern gebauten Fernrohrs. Mit diesem Instrument findet und beobachtet er die Monde des Planeten Jupiter. Er verbindet physikalische Experimente mit mathematischen Berechnungen und findet so die gleichförmige Beschleunigung fallender Gegenstände. Die Geschichte seiner Versuche zu den Fallgesetzen am schiefen Turm zu Pisa soll allerdings nicht belegt sein. LEONARDO DA VINCI (1452 bis 1519) stellt Forschungen auf fast allen Gebieten der Naturwissenschaft an. Mit seinen medizinischen Untersuchungen an Körpern toter Menschen geht er wegen der von der Kirche ausgesprochenen Verbote lebensgefährliche Risiken ein. Die Abbildung zeigt durch die unmittelbar nebeneinander dargestellten Gliedmaßen von Mensch und Pferd, dass er die Idee einer Entsprechung der beiden Grundbaupläne gehabt haben muss. Seine Zeichnungen zeigen, dass jetzt gezielt geforscht und beobachtet wird, man glaubt nicht mehr unbesehen den alten Schriften, man sieht selbst nach und überprüft Sachverhalte direkt am Objekt.

Die Forschungen werden dadurch gefördert, dass die sich rasant entwickelnde Wirtschaft im Frühkapitalismus technische Verfahren erfordert, besonders in der Metallgewinnung und -verarbeitung für die Herstellung der neuen Feuerwaffen. Die Entwicklung der Metallurgie ist der Beginn der modernen Chemie. Aus der Zauberei der mittelalterlichen Alchemie wird gezielt forschende Wissenschaft. In der Chemie gewonnene Erkenntnisse nutzt man, um biologische Prozesse zu erklären. So schlägt der Schweizer Arzt THEOPHRASTUS BOMBASTUS VON HOHENHEIM, bekannt unter dem Namen PARACELSUS (1493 bis 1541), zur Behandlung von Syphilis die Anwendung von Quecksilberverbindungen vor. Die damals weit verbreitete Therapie von offenen Wunden durch Auflegen von Moos oder Dung lehnte er ab. PARACELSUS hatte beobachtet, dass, wenn man eine Infektion der Wunde verhindert, die Natur den Heilungsprozess von selbst vollzieht.

Um 1450 erfindet JOHANNES GENSFLEISCH, genannt GUTENBERG, in Mainz die Kunst des Druckens mit beweglichen Lettern. Bisher wurden Bücher und schriftliche Mitteilungen mit der Hand geschrieben. Jedes Exemplar war ein Unikat. Jetzt ist es möglich, Informationen schnell zu vervielfältigen und damit zu verbreiten. Doch trotz der vielen neuen Erkenntnisse und ihrer schnellen Verbreitung bestimmt weiterhin die mächtige Kirche mit ihren Anschauungen das Denken der Menschen. Die Schöpfungsgeschichte und die Lehre von der Konstanz der Arten bleiben unangetastet.

2.3 Das achtzehnte Jahrhundert

Das 18. Jahrhundert ist durch ein zunehmendes Interesse an der Natur charakterisiert. Durch immer weiter führende Reisen in alle Welt lernt man eine unübersehbare Fülle der unterschiedlichsten Pflanzen und Tiere kennen, sodass ein starkes Bedürfnis nach Ordnung und Übersichtlichkeit entsteht. Der schwedische Arzt CARL VON LINNÉ (1707 bis 1778) entwickelt ein System, mit dem sich durch bestimmte Benennungsmethoden Ordnung in die Vielfalt bringen lässt, und das man noch heute in den Bestimmungsbüchern findet. Das Beispiel des Veilchens aus einem modernen Bestimmungsbuch soll das zeigen: Der Name „*Viola odorata* L." besteht aus dem Gattungsnamen „*Viola*", Veilchen, der Artbezeichnung „*odorata*", wohlriechend, und der Abkürzung „L." für den Namen des Autors LINNÉ, der diese Pflanze zuerst beschrieben und ihr den Namen gegeben hat.

Das 18. Jahrhundert ist durch positivistisches Denken bestimmt. Man meint, dass die „positiven Wissenschaften", deren Erkenntnisse ausschließlich auf der Auswertung von Erfahrungen und Beobachtungen beruhen, auf alle Gebiete der Natur und der Kultur anwendbar seien. 1751 veröffentlicht der Franzose DIDEROT den ersten Band der „Encyclopédie". 1772 erscheint der letzte Band dieses umfassenden Lexikons, an dem etwa 200 der berühmtesten Wissenschaftler des 18. Jahrhunderts wie VOLTAIRE, ROUSSEAU und D'ALEMBERT mitgearbeitet haben. Es enthält den gesamten Wissensstand der Zeit.

Die Theorie von der Konstanz der Arten, die bisher von der Kirche verfochten wurde, erscheint in zunehmendem Maße fraglich. Die vergleichende Anatomie macht beträchtliche Fortschritte und verweist auf Ähnlichkeiten in den Bauplänenen unterschiedlicher Tiergruppen. Geologische Untersuchungen lassen Zweifel an dem bisher geltenden Alter der Erde von ca. 6000 Jahren aufkommen, das aus biblischen Generationsfolgen berechnet worden war. Baupläne von Fossilien zeigen Ähnlichkeiten mit Bauplänen heute lebender Tiere. Der Gedanke einer Entwicklung, einer Evolution, die von anders gestalteten Vorfahren zu den heute lebenden Pflanzen und Tieren führt, nimmt mehr und mehr Gestalt an. ERASMUS DARWIN, der Großvater von CHARLES DARWIN, entwickelt eine solche Evolutionstheorie.

10.1 Naturwissenschaftliche Abbildungen aus der „Encyclopédie" von DIDEROT

2.4 Die Theorie LAMARCKs

1809 erscheint das Hauptwerk LAMARCKs, die „Zoologische Philosophie“. Hier sind die wesentlichen Gedanken seiner Entwicklungstheorie dargestellt: Die Lebewesen bilden eine Stufenleiter von sehr einfachen Organismen über kompliziertere Formen bis hin zu den höchstentwickelten Lebewesen. Die komplizierten Organismen haben sich aus einfacheren entwickelt.

Dafür gibt LAMARCK folgende Ursachen an: Eine Veränderung in den Umweltverhältnissen ruft in den Tieren *veränderte* **Bedürfnisse** hervor. Dies führt zu *veränderten Tätigkeiten.* Der häufige **Gebrauch** von Organen führt dann zu ihrer Entwicklung, Kräftigung und Vergrößerung. **Nichtgebrauch** dagegen führt zur Schwächung und schließlich zum Verschwinden eines Organs. Die so **erworbenen Eigenschaften** werden an die Nachkommen **vererbt.**

Demnach enstand die wurmförmige, weit vorstreckbare Zunge des Ameisenbären so: Veränderte Nahrungsbedingungen riefen bei den kurzzüngigen Vorfahren des heutigen Ameisenbären das Bedürfnis hervor, Insekten aus tiefer gelegenen Bereichen des Termitenbaus oder des Ameisennestes fangen zu können. Durch die wiederholten Anstrengungen, die Zunge auf die erforderliche Länge zu strecken, erreichte diese schließlich die angestrebte Länge. Die Nachkommen erbten diese Eigenschaft von ihren Eltern.

Katzen haben lange, gekrümmte Krallen zum Erfassen und Festhalten der Beute. Beim Laufen sind sie dagegen hinderlich. In den Katzen entsteht das innere Bedürfnis, die Krallen beim Laufen einziehen zu können. So entstehen an den Füßen Hautscheiden, in die die Krallen eingezogen werden können. Das innere Bedürfnis läßt an dem Ort, an dem das neue Organ entstehen soll, eine Art Fluidum entstehen, das die Bildung des neuen Organs bewirkt.

JEAN BAPTISTE LAMARCK

1744 wird LAMARCK als elftes Kind einer wenig vermögenden Adelsfamilie geboren. Er soll Geistlicher werden.

1760 verlässt er das Kloster und tritt in die französische Armee ein.

1763 untersucht er als Offizier im Garnisonsdienst von Toulon und Monaco die Pflanzenwelt der Riviera.

1768 scheidet er aus der Armee aus. Er setzt seine botanischen Studien in Paris fort. Dort lernt er den Naturforscher BUFFON kennen.

1778 erscheint sein Werk „Flora von Frankreich“.

1793 erhält er die Zoologieprofessur für wirbellose Tiere am Naturhistorischen Museum in Paris.

1809 erscheint die „Zoologische Philosophie“.

1815 bis 1822 erscheinen die sieben Bände „Naturgeschichte der wirbellosen Tiere“.

1829 stirbt LAMARCK in dürftigen Verhältnissen.

Erstes Gesetz

„Bei jedem Tiere, welches den Höhepunkt seiner Entwicklung noch nicht überschritten hat, stärkt der häufigere Gebrauch eines Organs dasselbe allmählich, entwickelt, vergrößert und kräftigt es proportional der Dauer dieses Gebrauchs; der konstante Nichtgebrauch eines Organs macht dasselbe unmerkbar schwächer, verschlechtert es, vermindert fortschreitend seine Fähigkeiten und lässt es endlich verschwinden.“

Zweites Gesetz

„Alles, was die Individuen durch den Einfluss der Verhältnisse, denen ihre Rasse lange Zeit hindurch ausgesetzt ist, und folglich durch den Einfluss des vorherrschenden Gebrauchs oder konstanten Nichtgebrauchs eines Organs erwerben oder verlieren, wird durch die Fortpflanzung auf die Nachkommen vererbt, vorausgesetzt, dass die erworbenen Veränderungen beiden Geschlechtern oder den Erzeugern dieser Individuen gemein sind.“

11.1 Zwei Naturgesetze LAMARCKs aus der „Philosophie zoologique“

12.1 CHARLES DARWIN im Alter von 40 Jahren

2.5 DARWINs Feldforschung und ihre Auswertung

„Britannia rule the waves!“ Das britische Empire war nur durch eine überall auf der Welt präsente Kriegsmarine zu beherrschen. Diese Flotte brauchte aktuelle und genaue See- und Landkarten aller Bereiche der Erde. Dazu unterhielt die Royal Navy eine Reihe von Forschungsschiffen, deren Aufgabe es war, solche Karten samt einer genauen Beschreibung der Küstenbereiche, Städte und Häfen zu erstellen. Eines dieser Schiffe hieß „Beagle“. Als unbezahlter Naturforscher war der junge DARWIN auf diesem Schiff dafür zuständig, an Land entsprechende Untersuchungen durchzuführen und zu protokollieren.

Das war für einen jungen, an allen biologischen Zusammenhängen interessierten Menschen eine unschätzbare Gelegenheit, eine kaum übersehbare Menge von Beobachtungen und Sammlerobjekten zusammenzutragen. Er lernte die unglaubliche Vielfalt der exotischen Tier- und Pflanzenwelt kennen. Im tropischen Urwald beobachtete er das Fressen und Gefressenwerden, als ein Heer von Ameisen über Eidechsen und Insekten herfiel. In Patagonien fand er das fossile Skelett eines kamelgroßen, mit dem Lama verwandten Säugetiers. Solche Verwandtschaft zwischen ausgestorbenen und lebenden Tieren stellte er immer wieder fest.

Die Finken der Galapagos-Inseln zeigten entsprechend ihrer Nahrung ganz verschiedene Schnabelfor-

CHARLES ROBERT DARWIN

1809 wird DARWIN im Erscheinungsjahr der „Zoologischen Philosophie“ LAMARCKs als fünftes Kind einer Arztfamilie in Shrewsbury, England, geboren. Sein Großvater war der Arzt und Naturforscher ERASMUS DARWIN.

1825 beginnt DARWIN ein Medizinstudium, das er bald wieder abbricht.

1828 beginnt er Theologie zu studieren. Er befasst sich aber vor allem mit naturwissenschaftlichen Untersuchungen.

1831 plant die britische Admiralität eine Expedition mit dem Dreimaster „Beagle“ in südamerikanische Gewässer. DARWIN nimmt an dieser Reise als unbezahlter Naturforscher teil. Wichtigste Stationen sind: Brasilien, Feuerland, die Falkland-Inseln, Chile, die Galapagos-Inseln, Neuseeland und Australien.

1836 endet die Reise in Falmouth.

1839 wird DARWINs erstes Buch veröffentlicht: der Reisebericht „Journal and Remarks“.

1855 erläutert ALFRED RUSSEL WALLACE in einem Aufsatz seine Vorstellungen über die Entstehung neuer Arten. DARWIN findet seine eigenen Ansichten bestätigt.

1856 beginnt DARWIN auf Anraten LYELLs mit seinem Werk „Die Entstehung der Arten“.

1858 erhält DARWIN einen Brief von WALLACE mit einem Manuskript der Darstellung einer Evolutionstheorie, die weitgehend mit der DARWINs übereinstimmt.

1859 „Die Entstehung der Arten durch natürliche Zuchtwahl“ erscheint.

1871 „Die Abstammung des Menschen und die geschlechtliche Zuchtwahl“ wird veröffentlicht.

1882 stirbt DARWIN. Er wird am 26. April in der Westminster Abbey in London beigesetzt.

men. DARWIN fragte sich, welchen Einfluss die Isolierung von Arten auf Inseln auf die Spezialisierung haben könnte. Dies alles ließ ihn über die Ursachen für die Entstehung der Arten nachdenken.

Nach seiner Rückkehr von der Forschungsreise mit dem Dreimaster „Beagle" begann DARWIN seine Notizen, die gesammelten Tierpräparate, Fossilien und Pflanzen zu ordnen und auszuwerten. Daneben beschäftigte er sich intensiv mit systematischen und entwicklungsbiologischen Themen, wie zum Beispiel mit der Entwicklung der festsitzenden Krebse. Er trug Tatsachen aus der Paläontologie, der Embryologie, der vergleichenden Anatomie, der Tiergeografie und der Tier- und Pflanzenzüchtung zusammen. Mit der Züchtung von Tauben versuchte er ebenfalls, Antworten auf seine Fragen zu bekommen. Dazu kam ein intensives Literaturstudium. Das Buch „Principles of Geology" des Geologen LYELL beeinflusste ihn stark. Dieser vertrat darin das **Prinzip des Aktualismus.** Danach haben die in der Gegenwart wirkenden, die Erdoberfläche gestaltenden Kräfte, z. B. Wasserkraft und Vulkantätigkeit, in der Vergangenheit genauso gewirkt wie in der Gegenwart. Im Verlauf riesiger Zeiträume haben sich die Wirkungen summiert, wodurch die gewaltigen Veränderungen der Erdoberfläche zu erklären sind. Vor allem aber lernte DARWIN von LYELL, dass diese gewaltigen Zeiträume durchaus ausreichen, die Entwicklung von Lebewesen zu erklären. Die Erde ist viel älter, als es die Berechnung der Theologen ergeben hatte.

13.2 Entenmuscheln. Entenmuscheln sind Krebse, die am Untergrund festgewachsen sind. Ihre Zugehörigkeit zu den Krebsen kann man am leichtesten an ihren Larven erkennen. DARWIN beschäftigte sich intensiv mit dieser Tiergruppe.

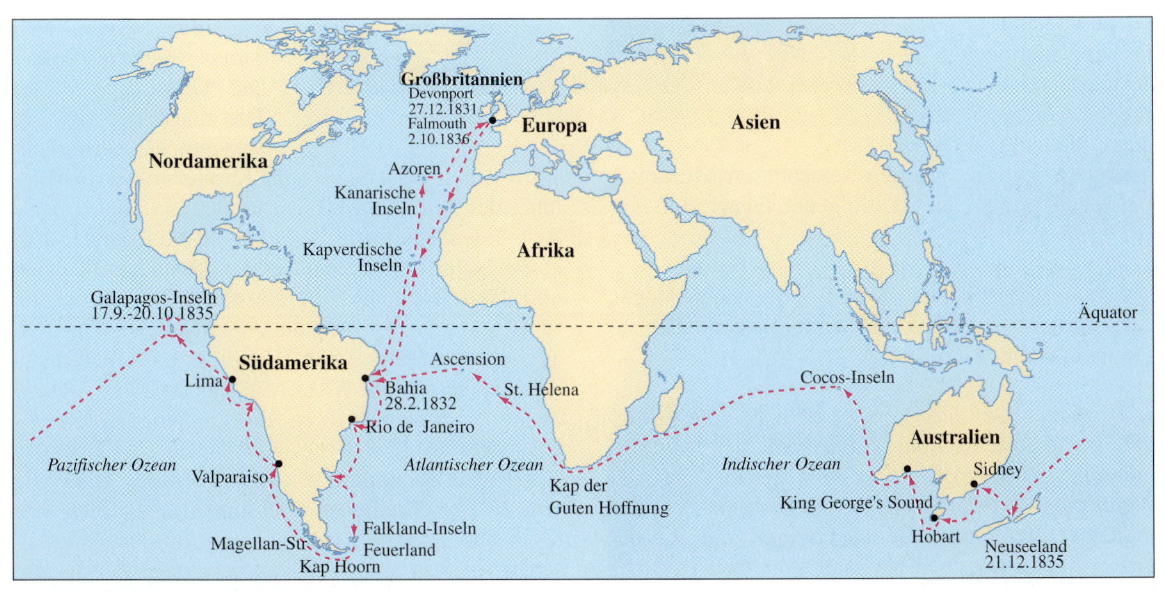

13.1 Die Reiseroute der *Beagle*

2.6 Die Theorien von DARWIN und WALLACE

Der Biologe ERNST MAYR hat DARWINs Evolutionstheorie in fünf Einzeltheorien aufgegliedert:

1. Evolution: Die Welt ist nicht unveränderlich geschaffen, sondern sie verändert sich stetig. Die Lebewesen unterliegen einer Veränderung in der Zeit.

2. Gemeinsame Abstammung: Organismengruppen haben gemeinsame Vorfahren. Alles Leben auf der Erde geht auf einen einzigen Ursprung zurück.

3. Vervielfachung der Arten: Arten spalten sich in Tochterarten auf, indem sie sich zum Beispiel bei geografischer Isolation unterschiedlich entwickeln.

4. Gradualismus: Der evolutionäre Wandel findet allmählich in sehr kleinen Schritten statt, nicht in plötzlichen, großen Sprüngen.

5. Natürliche Auslese: Der evolutionäre Wandel findet durch die überreiche Produktion genetischer Variationen in jeder Generation statt. Die relativ wenigen Individuen, die aufgrund ihrer besonders gut angepassten vererbbaren Merkmale überleben, bringen die nachfolgende Generation hervor.

14.1 ALFRED RUSSEL WALLACE

DARWINs Gedankengänge und Schlussfolgerungen zur natürlichen Auslese kann man folgendermaßen zusammenfassen:

1. Tatsache: Sämtliche Lebewesen haben die **Fähigkeit zu exponentiellem Wachstum,** d. h. sie vermehren sich stärker, als es zum Fortbestand der Population nötig ist. Diese Erkenntnis gewann DARWIN aus eigenen Beobachtungen und aus der Lektüre des englischen Nationalökonomen ROBERT MALTHUS.

2. Tatsache: Die **Populationen** bleiben trotz Überproduktion von Nachkommen **stabil.**

3. Tatsache: Die **Ressourcen,** also das Nahrungsangebot und der Lebensraum sind **begrenzt.** Auch diese Idee stammt ursprünglich von MALTHUS. Daraus zog DARWIN wie MALTHUS die *erste Schlussfolgerung:* Unter den Individuen findet ein **Kampf ums Dasein** statt. Dieser „Kampf" ist nicht in erster Linie als aggressive Auseinandersetzung zu verstehen, sondern als Wettbewerb um die beste Reproduktionsfähigkeit.

4. Tatsache: Die Nachkommen eines Elternpaares sind nicht hundertprozentig gleich. Es treten **„Varietäten"** auf. **Jedes Individuum ist einzigartig.**

5. Tatsache: Ein großer Teil dieser individuellen Unterschiede ist **erblich.** DARWIN fasste die vierte und fünfte Tatsache mit der ersten Schlussfolgerung zusammen.
Zweite Schlussfolgerung: Von den auftretenden Varietäten überleben nur die am besten angepassten. Es findet eine **natürliche Auslese** statt. Wenn dies über viele Generationen abläuft, so DARWINs *dritte Schlussfolgerung,* ergibt sich daraus eine **Evolution.**
Die Grundzüge dieser Theorien waren 1844 im Wesentlichen entwickelt. 1858 waren die ersten zehn Kapitel seiner „Entstehung der Arten" niedergeschrieben, da erhielt DARWIN einen Brief von ALFRED RUSSEL WALLACE, einem Naturforscher, der auf den Molukken Pflanzen und Tiere sammelte. In diesem Brief entwickelte WALLACE eine Theorie, die die Entstehung der Arten aus einem gemeinsamen Ursprung durch natürliche Auslese beschrieb. WALLACE bat DARWIN, seinen Text in einer Zeitschrift zu veröffentlichen. DARWINs Freunde LYELL und HOOKER legten den Text von WALLACE zusammen mit Auszügen des 1844 von DARWIN geschriebenen, aber unveröffentlichten Textes in einer Londoner naturwissenschaftlichen Gesellschaft vor. So wurden die Theorien von DARWIN und WALLACE gemeinsam veröffentlicht.

Ein Vergleich der Theorien LAMARCKs und DARWINs

Die Urform der Giraffe war möglicherweise ein etwa pferdegroßes Tier mit „normalem“ Hals, das die Savannen Afrikas bewohnte. Es weidete die Gräser und die Blätter der verstreut stehenden Bäume ab. Trockenheiten führten dazu, dass das Gras als Nahrung knapp wurde. Deshalb fraßen die Tiere die Blätter der Bäume, soweit sie sie erreichen konnten. Auch diese Nahrungsquelle ging bald zur Neige.

LAMARCK würde nun annehmen, dass sich das Tier, um an höher hängende Blätter zu gelangen, anstrengt und in die Höhe streckt. Vielleicht hat es sich auch auf die Hinterbeine gestellt, wie es heute noch die Antilopen in Afrika tun. Dadurch hat sich der Hals gestreckt, und der Körperbau hat die für Giraffen typische Form – hinten niedrig, vorn hoch – bekommen. Außerdem trug auch der stetige Wunsch, an die hoch hängenden Blätter zu kommen, dazu bei, das Wachstum des langen Halses zu beschleunigen. Diese durch Übung und inneres Bedürfnis zustande gekommenen, erworbenen Eigenschaften wurden *auf die Nachkommen vererbt,* die nun auch längere Hälse hatten. Im Laufe der Generationen summierten sich diese Einflüsse, sodass die heute lebende Giraffe ihre hoch aufragende Gestalt bekam.

DARWIN dagegen beschreibt die Entwicklung wie folgt: Die pferdeartigen Urgiraffen hatten unter ihren Nachkommen auch zufällig einige mit geringfügig längeren Hälsen. Diese Varietäten waren gegenüber den „kurzhalsigen“ in der Konkurrenz um die Nahrung im Vorteil, weil sie an die hoch hängenden Blätter gelangten. Die kurzhalsigen Tiere verhungerten nicht sofort. Die besser ernährten langhalsigen Tiere konnte aber für ihre Jungen mehr Milch produzieren, sodass diese leistungs- und widerstandsfähiger waren. Die Giraffen mit den kürzeren Hälsen konnten auf Dauer weniger Junge durchbringen. Über mehrere Generationen gesehen, nahmen die langhalsigen Tiere in der Population zu. Voraussetzung war, dass die Langhalsigkeit vererbt wurde. Über zufällige Variationen hatten dann jeweils immer wieder einige Tiere noch längere Hälse als ihre Eltern. Durch die knappe Ressource Nahrung trat dann immer wieder eine Auslese zugunsten des langen Halses ein. Auch bei DARWIN summiert sich so im Laufe der Evolution die Eigenschaft „langer Hals“ auf.

Für LAMARCK stehen also die Umwelt und ihre Veränderungen an erster Stelle. Für DARWIN dagegen entsteht zuerst die zufällige Variation, danach läuft die natürliche Auslese ab.

15.1 Die Entstehung des Giraffenhalses nach den Vorstellungen LAMARCKs

15.2 Die Entstehung des Giraffenhalses nach den Vorstellungen DARWINs

2.7 Der Streit um DARWINs Theorien

16.1 Karikatur des Bischofs SAMUEL WILBERFORCE

Am 24. November 1859 erschien DARWINs berühmtes Buch *On the Origin of Species by Means of Natural Selection,* auf deutsch „Über die Entstehung der Arten durch natürliche Zuchtwahl oder die Erhaltung der begünstigten Rassen im Kampfe ums Dasein“. Im ersten Jahr wurden 3800 Exemplare verkauft, zu DARWINs Lebzeiten mehr als 27 000. Dazu kamen unzählige Übersetzungen.
Das Buch rief allerdings auch scharfen Widerspruch hervor. Besonders der Anatom und Paläontologe RICHARD OWEN gehörte zu DARWINs erbittertsten Gegnern. Er war Medizinprofessor und leitete die naturhistorische Abteilung des Britischen Museums. Aufgrund seiner Stellung hatte er einen angesehenen Platz in der Londoner Gesellschaft. Er begründete die „Archetypen-Lehre“, die die Lebewesen auf vier Grundtypen zurückführte, die jeweils einem göttlichen Schöpfungsakt entsprachen. Aufgrund seiner religiösen Überzeugung brachte er den Bischof SAMUEL WILBERFORCE dazu, 1860 auf einer Veranstaltung der British Association for the Advancement of Science scharf gegen DARWINs Lehren zu polemisieren. DARWIN war auf der Versammlung nicht anwesend, denn er hasste Auftritte in der Öffentlichkeit, und öffentliche Auseinandersetzungen waren ihm zuwider. Aber sein Freund THOMAS HUXLEY verteidigte seine Thesen. WILBERFORCE fragte HUXLEY, ob er großväterlicher- oder großmütterlicherseits vom Affen abstamme. HUXLEY antwortete sinngemäß, er würde lieber vom Affen abstammen als von einem Mann, der seinen Intellekt und seine rhetorische Gabe zur Verbreitung von Hass und Lügen benutze. Diese Anekdote beschreibt treffend die aggressive Atmosphäre, in der sich der Streit um die neue Theorie abspielte.
In Deutschland fand DARWIN seinen glühendsten Verehrer in dem Biologen ERNST HAECKEL, der die Evolutionstheorie mit fast religiösem Eifer verteidigte. Er weitete die biologische Theorie philosophisch aus und nannte sein materialistisches Weltbild „Monismus“. Sein 1899 veröffentlichtes Buch „Die Welträtsel“ stieß auf erregten Widerspruch kirchlicher Kreise. Es ist das Verdienst ERNST HAECKELs, die Evolutionstheorie in Deutschland populär gemacht zu haben.
1917 entstand auf der Basis der marxistischen Philosophie die Sowjetunion. Eine Grundlage dieses Staates war die Lehre, dass das Individuum das Produkt seiner Umgebung sei. Es lag nahe, später zur Stützung der Staatsdoktrin die Grundgedanken LAMARCKs wiederzubeleben. Eine besondere Bedeutung bekamen dabei die Experimente des von STALIN intensiv geförderten sowjetischen Biologen TROFIM DENISSOWITSCH LYSSENKO, die die Vererbung erworbener Eigenschaften an landwirtschaftlichen Nutzpflanzen beweisen sollten. Sie waren nicht reproduzierbar. Aber erst in den sechziger Jahren des 20. Jahrhunderts fand die sowjetische Biologie unter dem Einfluss der Molekulargenetik den Weg aus ihrer Isolation heraus.
In der ersten Hälfte des zwanzigsten Jahrhunderts waren die meisten Biologen überzeugt davon, dass die Organismenarten Produkte der Evolution sind, wie DARWIN es gesagt hatte. DARWINs Ursache für die Evolution, die natürliche Auslese, fand jedoch nicht die ungeteilte Zustimmung. Voraussetzung für die Auslese ist Vererbung. DARWIN wusste zwar, dass es Vererbung gibt, aber die genauen Mechanismen wurden erst von GREGOR MENDEL um 1860 entdeckt. Als die MENDELschen Gesetze und die von MENDEL geforderten „Erbanlagen“ Anfang des 20. Jahrhunderts „wiederentdeckt“ wurden, meinten viele Genetiker, diese Tatsachen seien mit der Lehre DARWINs nicht vereinbar. Man meinte: Erbanlagen verursachen klare Entweder-Oder-Eigenschaften. Die Blütenfarbe ist Rot oder Weiß. Diese Eigenschaften treten unverändert bei den Nachkommen wieder auf. Die statistische Wahrscheinlichkeit des Auftretens der Merkmale beschreiben die MENDELschen Gesetze. Da war kein Raum für die DAR-

16.2 Karikatur des RICHARD OWEN

WINschen Varietäten. Auch die Tatsache, dass zu Beginn des 20. Jahrhunderts die Mutationen gefunden wurden, brachte keine Lösung des Problems, denn die damals beobachteten Veränderungen waren größer, als es die kleinschrittigen Veränderungen in DARWINs Lehre forderten.
Besonders durch die Entwicklung der **Populationsgenetik** wurde die Evolutionstheorie ein gutes Stück vorangebracht. Die Populationsgenetik beschreibt die große genetische Variabilität innerhalb einer Population und berechnet die Auftretenswahrscheinlichkeit bestimmter Gene unter bestimmten Bedingungen. In den vierziger Jahren flossen die Ergebnisse der Paläontologie, der Biogeografie, der Systematik und später der Molekularbiologie zu einem Gebäude zusammen, das als **Synthetische Theorie der Evolution** bekannt wurde. Zu ihren Autoren gehören der Genetiker THEODOSIUS DOBZHANSKY und der Biogeograf und Systematiker ERNST MAYR. Grundpfeiler der Synthetischen Theorie sind natürliche Auslese als wichtigster Mechanismus und die Idee des Gradualismus als Erklärung dafür, wie sich große Veränderungen als Anhäufung kleiner Veränderungen über lange Zeiträume entwickeln können. Der Genpool der Population wird durch die natürliche Selektion an deren Umgebung angepasst. Wenn isolierte Populationen sich durch unterschiedliche Angepasstheiten auseinanderentwickeln, entstehen neue Arten. Außerdem ist die **genetische Drift,** das heißt die Begünstigung bestimmter Gene durch zufällige Ereignisse wie Katastrophen, ein wesentlicher Evolutionsfaktor, der nicht auf Selektion zurückzuführen ist.
Trotzdem gibt es auch heute noch Auseinandersetzungen unter den Biologen über die Lehren DARWINs. Zwar ist unbestritten, dass die Evolution stattgefunden hat und weiter stattfindet, aber zum „Wie" bestehen doch noch unterschiedliche Auffassungen und offene Fragen.

Der Sozialdarwinismus

Am 1. Januar des Jahres 1900 stiftete ein anonymer „Gönner der Wissenschaft" (der sich später als der Industrielle FRIEDRICH KRUPP entpuppte) einen Preis von 30 000 Goldmark für ein Quiz der besonderen Art. Die Preisfrage lautete: „Was lernen wir aus den Prinzipien der Deszendenztheorie in Beziehung auf die innerpolitische Entwicklung und Gesetzgebung der Staaten?" Gewinner des Preisausschreibens wurde der bayerische Arzt und Privatgelehrte WILHELM SCHALLMEYER, der in seiner Arbeit „Vererbung und Auslese im Lebenslauf der Völker" die Auffassung vertrat, das DARWINsche Prinzip vom „Kampf ums Dasein" müsse Eingang in die Politik erhalten, um „der drohenden Entartung der Kulturmenschheit" entgegenzuwirken. Dafür müsse das persönliche Wohl hinter dem des Volkes „naturgemäß" zurückstehen. Viele andere pflichteten ihm bei und kritisierten die „ungehemmte Vermehrung" Behinderter und der als geistig und moralisch „minderwertig" betrachteten unteren sozialen Schichten.
Sozialdarwinistische Ideen, also die Übertragung DARWINscher Evolutionsprinzipien auf gesellschaftliche Prozesse, waren weder eine deutsche Spezialität, noch waren alle frühen "Sozialdarwinisten" Anhänger der politischen „Rechten". Auch viele „Linke" waren von der naiven Vorstellung fasziniert, dass Evolution stetige Vervollkommnung bedeute und damit auch die Triebfeder sozialen Fortschritts sei. Als eigentlicher Urheber des „Sozialdarwinismus" gilt der Engländer HERBERT SPENCER (1820 bis 1903), von dem DARWIN das berühmte Schlagwort vom „survival of the fittest" übernahm.
DARWIN selbst hatte der Vereinnahmung seiner Ideen durch Ideologen zweifellos Vorschub geleistet. Niemand werde „so töricht sein", schrieb er 1871, „seinen schlechtesten Tieren die Fortpflanzung zu gestatten". Gleichzeitig warnte er allerdings davor, dieses Prinzip auf die menschliche Art zu übertragen und Kranken sowie Schwachen die Hilfe zu verweigern: In diesem Fall würde „unsere edelste Natur an Wert verlieren". Noch deutlicher wurde DARWINs Mitstreiter THOMAS HUXLEY: „Wir sollten erkennen,... dass der ethische Fortschritt der Gesellschaft nicht von der Nachahmung des kosmischen Prozesses und noch weniger von der Flucht vor ihm, sondern vom Kampf gegen ihn abhängt."
Obwohl nicht auf Deutschland beschränkt, hatte der „Sozialdarwinismus" in keinem anderen Land ähnlich fatale Folgen: Er wurde zur Grundlage der nationalsozialistischen Ideologie, die die „Ausmerzung" angeblich „lebensunwerten Lebens" zum Staatsziel erkor und mit deutscher Gründlichkeit und der Mitarbeit führender Humanbiologen in die Tat umsetzte: Sechs Millionen in Konzentrationslagern ermordete Juden und „Zigeuner", Hunderttausende ermordete psychisch Kranke, „Asoziale" und andere „Minderwertige" sowie Hunderttausende zwangssterilisierte Menschen waren die schreckliche Bilanz.

A 1 Der „Sozialdarwinismus" trat als wissenschaftliche Lehre auf, war aber objektiv gesehen eine pseudowissenschaftliche Ideologie. Begründen Sie diese Ansicht.

Der Kreationismus

Seit Beginn des zwanzigsten Jahrhunderts gibt es eine Bewegung, die das Ziel verfolgt, die Evolutionstheorie wissenschaftlich zu widerlegen und stattdessen den Schöpfungsbericht der Bibel als Grundlage eines Weltbildes zu etablieren. Man nennt diese Richtung „Kreationismus". Der Kreationismus hat heute in den USA einen großen Einfluss. Die großen christlichen Amtskirchen in Deutschland unterstützen den Kreationismus allerdings nicht.

Die folgenden Textauszüge, die dem Buch „Fossilien und Evolution – Fakten hundert Jahre nach Darwin" von DUANE T. GISH (Hänssler, Neuhausen–Stuttgart 1982, Übers. J. und M. Scheven) entnommen wurden, sollen die Grundzüge des Kreationismus charakterisieren:

„Die ersten beiden Kapitel im 1. Buch Mose wurden nicht im Gewande von Schöpfungsmythen oder Schöpfungshymnen geschrieben, sondern stellen die groben Umrisse der Schöpfung in Form einfacher historischer Tatsachen dar. Diese Tatsachen widersprechen der Evolutionstheorie aufs Entschiedenste. Die Bibel sagt uns, dass es zu gewisser Zeit der Geschichte nur einen Menschen auf der Erde gab: einen Mann mit dem Namen Adam. Diese Aussage steht im diametralen Widerspruch zur Evolutionslehre, da sich gemäß jener Theorie ganze Populationen entwickelten und keine Einzelwesen. Nachdem Gott Adam aus dem Staub der Erde gebildet hatte, sagt uns die Bibel, dass er einen Teil von Adams Seite benutzte (in der Luther-Bibel ist dies mit ‚Rippe' wiedergegeben worden), um Eva zu erschaffen. Dies kann natürlich mit keiner einzigen evolutionistischen Theorie, die den Ursprung des Menschen betrifft, in Einklang gebracht werden."

„... wichtig für unsere Erörterung ist das Verständnis dessen, was wir *nicht* meinen, wenn wir den Begriff Evolution benutzen. Wir beziehen uns dabei nicht auf die begrenzten Variationen, die man als tatsächlich vorkommend beobachten kann, oder von denen anzunehmen ist, dass sie in der Vergangenheit vorgekommen sind, die aber als solche keine grundsätzlich neue Art aus der Grundart hervorbringen.

An dieser Stelle müssen wir zu definieren versuchen, was wir mit einer Grundart meinen. Eine Tier- oder Pflanzen-Grundart würde alle Tiere oder Pflanzen umfassen, die wirklich von einem einzigen Ursprung abstammen. In der modernen Ausdrucksweise würden wir sagen, dass sie einen gemeinsamen ‚Genpool' haben. Alle Menschen gehören z. B. einer einzigen Grundart an, und zwar der des *Homo sapiens*. In diesem Fall ist die Grundart zugleich die einzig vorhandene Art.

In anderen Fällen kann die Grundart auch auf der Stufe einer Gattung liegen. Es kann z. B. sein, dass die verschiedenen Kojotenarten, wie z. B. der *Oklahoma-Kojote (Canis frustor)*, der *Berg-Kojote (C. lestes)*, der *Wüsten-Kojote (C. estor)* und andere allesamt der gleichen Grundart angehören. Es ist möglich und sogar wahrscheinlich, dass diese Grundart (die wir die Art ‚Hund' nennen können) nicht nur die Kojotenarten mit einschließt, sondern auch den *Wolf (Canis lupus)*, den *Hund (Canis familiaris)* und die altweltlichen *Schakale*, die ebenfalls der Gattung *Canis* zugerechnet werden, da man diese untereinander verpaaren kann und sie fortpflanzungsfähige Nachkommen haben.

Die Darwinfinken von den Galapagosinseln liefern ein Beispiel für Arten und sogar Gattungen, die wahrscheinlich ebenfalls nur einer einzigen Grundart angehören. Lammerts hat darauf hingewiesen, dass diese Finken, zu denen verschiedene ‚Arten' innerhalb der ‚Gattungen' *Geospiza, Camarhynchus* und *Cactospiza* gehören, durch gleitende Übergänge miteinander verbunden sind, und dass sie wahrscheinlich zu einer einzigen Art, mindestens aber nur zu einer Gattung, zusammengefasst werden müssen. Die Finken stammen offensichtlich von einem Finkengeschlecht ab, dessen Grundart infolge zufälliger Aufspaltung des vorhandenen Erbguts in eine Reihe verschiedener Formen aufgesplittet wurde, wodurch die ursprüngliche Variabilität eingeengt wurde."

„*Schöpfung.* Unter Schöpfung verstehen wir das Hervorbringen von Grundarten von Pflanzen und Tieren durch eine plötzliche, d. h. eine ‚Es-werde'-Schöpfung, wie sie in den ersten beiden Kapiteln der Genesis beschrieben wird. Hier finden wir die Schöpfung der Pflanzen und Tiere durch Gott in wesensmäßig momentan ablaufenden Vorgängen, wobei jedes den Befehl bekommt, sich nach seiner Art fortzupflanzen.

Wir wissen nicht, wie Gott schuf, d. h., welche Vorgänge ER gebrauchte. Denn *Gott bediente sich solcher Prozesse, wie es sie heute im ganzen Universum nicht mehr gibt.* Deshalb sprechen wir bei der göttlichen Schöpfung von spezieller Schöpfung. Wir können durch wissenschaftliche Forschung nichts über die schöpferischen Prozesse, deren Gott sich bediente, in Erfahrung bringen.

In unseren früheren Ausführungen haben wir bereits definiert, was wir unter einer Grundart von Tieren oder Pflanzen verstehen, die wir im Zusammenhang mit der Schöpfung nun auch Schöpfungsart oder geschaffene Art nennen können. Während der Schöpfungswoche schuf Gott sämtliche dieser Grundarten von Tieren und Pflanzen, und seither sind keine neuen Arten mehr hinzugekommen, denn die Bibel spricht von einer vollendeten Schöpfung (1. Moses 2,2). Abweichungen, die seit dem Ende des Schöpfungswerks stattgefunden haben, beschränken sich auf Veränderungen *innerhalb* der Arten.

Wie bereits früher erwähnt schließt das Konzept der speziellen Schöpfung nicht die Abkunft der Varietäten und Unterarten von einer ursprünglich geschaffenen Art aus. Es wird angenommen, dass jede Art mit einem genügend breitbandigen Erbpotential, oder Genpool, geschaffen wurde, die alle Abwandlungen innerhalb der Art, die es in der Vergangenheit gegeben hat und die es heute gibt, ermöglicht hat."

„Evolutionsanhänger führen die Tatsache ins Feld, dass viele verschiedene Tierarten sehr ähnliche Körperteile und Organe (sog. homologe Strukturen) sowie einen ähnlichen Stoffwechsel aufweisen. Dies ist völlig richtig. Überrascht es, dass die Biochemie (d. h. die chemischen Lebensvorgänge bzw. der Stoffwechsel) eines Menschen und die einer Ratte sehr ähnlich sind? Essen wir denn nicht die gleiche Art von Nahrung, trinken wir nicht dasselbe Wasser und atmen wir nicht dieselbe Luft? *Wenn* Evolution wahr wäre, würden Ähnlichkeiten der Struktur und im Stoffwechsel bei der Suche nach den stammesgeschichtlichen Vorfahren eine Hilfe sein, aber als Beweise *für* eine Evolution sind sie wertlos. Derartige Ähnlichkeiten sagen nämlich *beide* Modelle voraus. Solche Ähnlichkeiten sind in Wirklichkeit auf die Tatsache zurückzuführen, dass eine Schöpfung von einem meisterhaften Grundbauplan eines meisterhaften Planers aus aufgebaut ist. Wo ähnliche Funktionen notwendig waren, setzte der Schöpfer ähnliche Strukturen und chemische Vorgänge zur Ausführung dieser Funktionen ein, wobei Er diese Strukturen und Stoffwechselabläufe lediglich abänderte, um sie den individuellen Bedürfnissen der verschiedenen Organismen anzupassen."

A1 a) Fassen Sie die Gedanken der zitierten Texte zusammen und formulieren Sie anhand derer die Grundgedanken des Kreationismus.
b) Nehmen Sie Stellung zu den kreationistischen Thesen. Nehmen Sie dabei den nebenstehenden Exkurs zu Hilfe.

Wie Wissenschaft funktioniert

DARWINs Evolutionstheorie ist ein hervorragendes Beispiel dafür, wie Wissenschaft funktioniert. Jede Wissenschaft beginnt mit dem Sichwundern darüber, wie es in der Welt, in der wir leben, zugeht, und mit dem Bedürfnis, die Phänome, die wir beobachten, zu erklären. DARWINs Methode bestand darin, sich zunächst einmal genau in der Welt umzuschauen. Dabei stieß er auf viele Phänomene, die mit dem herkömmlichen Weltbild von der Konstanz der Arten nicht zu erklären waren. Warum wichen fossile Lebewesen umso stärker von heutigen ab, je älter sie waren? Wie kam es, dass auf vielen ozeanischen Inseln bestimmte Tiergruppen ganz fehlten; jene, die es dort gab, aber ausgerechnet denen des nächstgelegenen Kontinentes am ähnlichsten waren? Warum machten Landwirbeltiere in ihrer Entwicklung ein Stadium durch, in dem sie Kiemenbogenanlagen entwickelten? Die Schöpfungsgeschichte gab auf diese Fragen keine befriedigenden Antworten. Eine neue Theorie war gefragt.

Ausgehend von einer Reihe einfacher Beobachtungen, die er miteinander in Zusammenhang brachte, kam DARWIN zu bestimmten Schlussfolgerungen. Er entwickelte also **Hypothesen,** die sich auf beobachtbare Fakten gründeten. Diese Hypothesen bildeten das Grundgerüst für seine neue Theorie: die Evolutionstheorie. Eine **Theorie** ist also ein Erklärungsmodell, das sich auf durch Fakten begründete Hypothesen stützt. Ein Erklärungsmodell ist natürlich etwas anderes als die „absolute Wahrheit": Naturwissenschaftliche Hypothesen lassen sich im streng mathematischen Sinn nämlich nicht „beweisen". Das liegt einfach daran, dass – so plausibel uns eine Hypothese erscheint – immer auch alternative Erklärungen möglich sind, auf die wir einfach noch nicht gekommen sind. Allerdings sollten sich Hypothesen dadurch auszeichnen, dass sich aus ihnen **Vorhersagen** ableiten lassen, die *prinzipiell überprüfbar* sind.

Ein Beispiel: DARWINs Theorie besagt, dass sich alle heutigen Lebewesen auf gemeinsame Vorfahren zurückführen lassen. Wenn dies so ist, sollte man erwarten, dass es in der Vergangenheit Lebewesen gegeben hat, die so unterschiedliche Tiergruppen wie die heutigen Reptilien und Vögel miteinander verbinden. Solche Fossilien hat man gefunden. Der berühmte „Urvogel" *Archaeopteryx* ist nur eines von vielen Beispielen. Tatsächlich haben die Fachleute heute oft Schwierigkeiten zu entscheiden, ob es sich bei einem entsprechenden Fossil *noch* um ein Reptil oder *schon* um einen Vogel handelt.

3 Evolutionsfaktoren

3.1 Genetische Grundlagen evolutiver Veränderungen

„*Wie groß aber auch die Unterschiede zwischen den Taubenrassen sein mögen, so bin ich doch völlig ... überzeugt, daß sie sämtlich von der Felsentaube ... abstammen, ...*“ schrieb der Taubenzüchter DARWIN 1859 in seinem Werk „Die Entstehung der Arten durch natürliche Zuchtwahl“. Er war sicher, dass aus der Stammform, der Felsentaube, die verschiedenen Taubenrassen hervorgegangen sind. DARWIN wusste jedoch noch nicht, *wie* die charakteristischen Eigenschaften einer Taubenrasse von Generation zu Generation weitergegeben werden und sich über die Generationen hinweg verändern. Erst die Erkenntnisse der Klassischen Genetik und später die der Molekulargenetik beantworteten diese Fragen.

3.1.1 Genotyp und Phänotyp

In der Genetik ist die **Fruchtfliege,** *Drosophila melanogaster,* ein häufig verwendetes Versuchstier. Untersuchungen und Experimente an der Fruchtfliege haben viel dazu beigetragen, die Mechanismen der Vererbung und der Entstehung neuer Arten zu verstehen.
Die Fruchtfliege hat acht Chromosomen im Zellkern jeder Körperzelle. Jeweils zwei von ihnen sind sehr ähnlich gestaltet. Man nennt sie **homolog.** Eines der homologen Chromosomen stammt von der Mutter, das andere vom Vater. Die Weibchen haben vier solcher Paare. Ein Paar sind die **Geschlechtschromosomen (XX).** Männchen haben nur drei Paare homologer Chromosomen. Die beiden Chromosomen des vierten Paares sind unterschiedlich gestaltet. Sie heißen **X-** und **Y-Chromosom.**

20.1 Felsentaube und Rassen der Haustaube

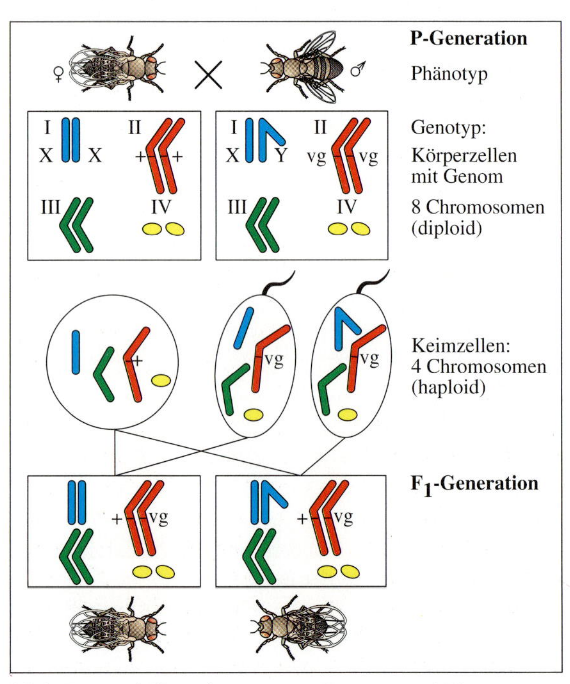

20.2 ***Drosophila melanogaster.*** Genotyp und Phänotyp

Auf den Chromosomen liegen die **Erbfaktoren** oder **Gene.** In Abbildung 20.2 sind die Gene für normale Flügel (+) bzw. für Stummelflügel (vg/vestigial) auf den Chromosomen II eingezeichnet.
Da alle Chromosomen in den Körperzellen der Fruchtfliege zweimal vorliegen, spricht man vom zweifachen oder **diploiden Chromosomensatz.**
Die beiden Gene für normale Flügel und die für Stummelflügel liegen auf gleichen **Genorten** der Chromosomen II. Man spricht von **allelen Genen** oder **Allelen.** Allele Gene können gleich (+ + bzw. vg vg) oder ungleich sein (+ vg).
Bei der Kernteilung oder **Mitose** einer Körperzelle der Fruchtfliege erhält jede der beiden Tochterzellen wiederum acht Chromosomen. Bei der **Keimzellbildung** führt ein anderer Teilungsvorgang, die **Meiose** mit einer **Reduktionsteilung** dazu, dass jede Eizelle und jede Spermazelle nur vier Chromosomen, jeweils eins von jedem Chromosomenpaar, trägt. Die Keimzellen haben also nur einen einfachen Chromosomensatz. Sie sind **haploid.**
Wenn bei der Befruchtung die Kerne von Ei- und Samenzelle verschmelzen, ist die befruchtete Eizelle oder **Zygote diploid.** Die Gesamtheit aller Gene bezeichnet man als das Erbbild oder den **Genotyp** des Individuums. Dieser hat Einfluss auf die Eigenschaften des Individuums, also auf sein Erscheinungsbild, den **Phänotyp.**
Man bezeichnet die beiden Fliegen in Abbildung 20.2 oben als **Eltern-, Parental-** oder **P-Generation.** Das Weibchen hat zwei Allele für normale Flügel, das Männchen hat zwei Allele für Stummelflügel. Die beiden Fliegen sind für dieses Gen jeweils reinerbig oder **homozygot.**
Alle Fliegen der **ersten Tochter-, 1. Filial-** oder **F_1-Generation** haben jeweils ein Allel für normale und ein Allel für Stummelflügel. Sie sind für dieses Gen spalterbig oder **heterozygot.** Ihre Normalflügligkeit lässt erkennen, dass sich das Allel für normale Flügel gegenüber dem Allel für Stummelflügel durchsetzt. Das Allel für normale Flügel ist **dominant.** Das Allel für Stummelflügel wird nicht ausgeprägt, es ist **rezessiv.**
Im Fall der **Wunderblume** liegen die Verhältnisse anders. Kreuzt man in der Elterngeneration nämlich eine rot blühende mit einer weiß blühenden Pflanze, so blühen alle Nachkommen der ersten Tochtergeneration rosa. Ihre Merkmalsausbildung liegt also zwischen den Merkmalsausbildungen der Elternpflanzen. Sie ist **intermediär.** Bei nur einem Allel für rote Blütenfarbe reicht die Menge des gebildeten Farbstoffs nur für rosa Blüten. Man spricht auch von **unvollständiger Dominanz.**

Desoxyribonucleinsäure – DNA

Der kanadische Bakteriologe AVERY bewies 1944, dass die DNA die Erbsubstanz ist.

Die Zerlegung von DNA ergibt als Bausteine **Zucker, Phosphorsäure** und vier **organische Stickstoffbasen.** Der Zucker ist die **Desoxyribose.** Die vier Basen heißen **Cytosin (C), Thymin (T), Guanin (G)** und **Adenin (A).** Die Biologen JAMES D. WATSON und FRANCIS H. G. CRICK entwickelten 1953 das nach ihnen benannte Raummodell der DNA: Das Molekül bildet einen Doppelstrang. In den beiden Einzelsträngen wechseln sich Zucker und Phosphatreste regelmäßig ab. Die beiden Zucker-Phosphat-Bänder sind durch die nach innen gerichteten Basen miteinander verbunden.

Diese „Strickleiter" ist schraubig um eine gedachte Achse gewunden. Man spricht von der **DNA-Doppelhelix.** Die „Leitersprossen" bestehen nur aus den Basenpaaren Guanin/Cytosin und Adenin/Thymin. Die vier Basen sind die vier Zeichen, mit denen die genetische Information in der DNA aufgeschrieben ist. Jeweils drei Basen bilden mit ihrer Abfolge ein Codewort. Aus den vier Basen lassen sich 64 solcher Codewörter bilden. In der *Abfolge* der *vier Basen* ist also die **genetische Information** verschlüsselt. Der **genetische Code** gilt für alle Lebewesen. Er ist *universell.* Das belegt den gemeinsamen Ursprung aller heute lebenden Organismen überzeugend.

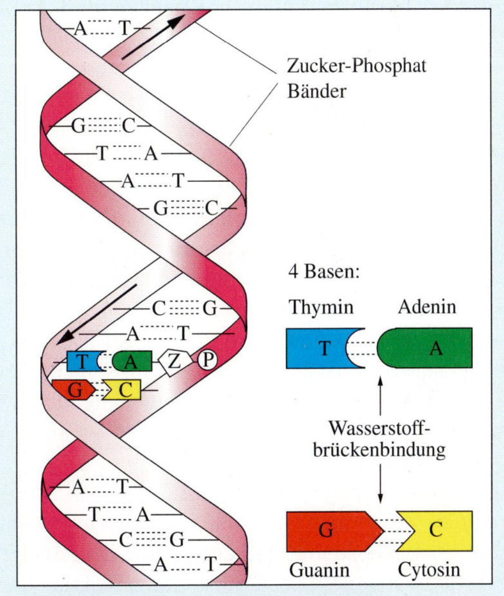

21.1 DNA (WATSON-CRICK-Modell)

22.1 Schülerinnen und Schüler eines Biologiekurses

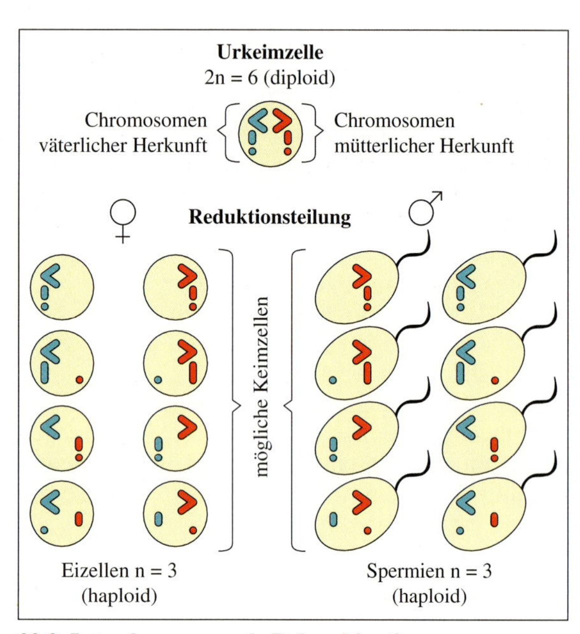

22.2 Interchromosomale Rekombination

3.1.2 Das Entstehen genetischer Variation

Die Schülerinnen und Schüler einer Klasse haben alle ihr charakteristisches Aussehen. Man erkennt jeden an seinen individuellen Merkmalen, die zu einem erheblichen Teil erblich bedingt sind. Wie kommt es zu dieser *genetischen Vielfalt,* die wir nicht nur beim Menschen, sondern auch an Pflanzen und Tieren wahrnehmen?

Rekombination. Ein wichtiger Vorgang, der zu genetischer Vielfalt führt, ist die *Rekombination.* Wie die Abbildung 22.2 zeigt, kommt es bei der *Keimzellenbildung* in beiden Geschlechtern zur Neuverteilung der *homologen Chromosomen* der diploiden *Urkeimzelle.* Man spricht von **interchromosomaler Rekombination.** Die Zahl der Kombinationsmöglichkeiten der Chromosomen und damit die Zahl möglicher unterschiedlicher Keimzellen beträgt bei 2 Chromosomenpaaren (2n=4) $2^2=4$, bei 3 Chromosomenpaaren (2n=6) schon $2^3=8$ und steigt mit zunehmender Zahl von Chromosomenpaaren entsprechend weiter. Das gilt für beide Geschlechter.

Während der Meiose legen sich homologe Chromosomen so zusammen, dass einander entsprechende Chromosomenabschnitte nebeneinander liegen *(Chromosomenpaarung).* Die beiden Längsstränge jedes Chromosoms, die Chromatiden, bezeichnet man auch als Schwesterchromatiden. Durch *Crossing-over* kann es nun zum Stückaustausch zwischen einer Chromatide des einen homologen Chromosoms mit einer Chromatide des anderen kommen. Das ist ein Austausch zwischen *Nicht-Schwesterchromatiden* wie die Abbildung 23.1 zeigt. Man spricht von **intrachromosomaler Rekombination.**

Auch Sexualität führt zu Rekombination. Beim Verschmelzen von Ei- und Spermazellen entstehen ständig neue Genotypen. Kreuzt man z. B. eine reinerbig stummelflüglige/graugelbe Fruchtfliege mit einer reinerbig normalflügligen/ebenholzfarbenen, so sind in der ersten Tochtergeneration alle Tiere normalflüglig/graugelb. In der zweiten Tochtergeneration hat, entsprechend dem *3. MENDELschen Gesetz,* eine *Neukombination* der Gene und damit auch der Merkmale stattgefunden. Neben den beiden Elternrassen findet man nun auch stummelflüglige/ebenholzfarbene und normalflüglige/graugelbe Fliegen. Durch *inter-* und *intrachromosomale Rekombination* sowie durch *Neukombination* bei der Verschmelzung von Ei- und Samenzelle findet eine Neuverteilung der Gene statt. *Rekombination* schafft also genetische Vielfalt und stellt damit Material für den Evolutionsprozess bereit. Rekombination ist daher ein wesentlicher Evolutionsfaktor.

Mutation. Veränderungen des Erbgutes nennt man *Mutationen.* Mutationen können einzelne Gene oder ganze Chromosomen betreffen. Sie kommen relativ selten vor. Die spontane *Mutationsrate* wird für ein

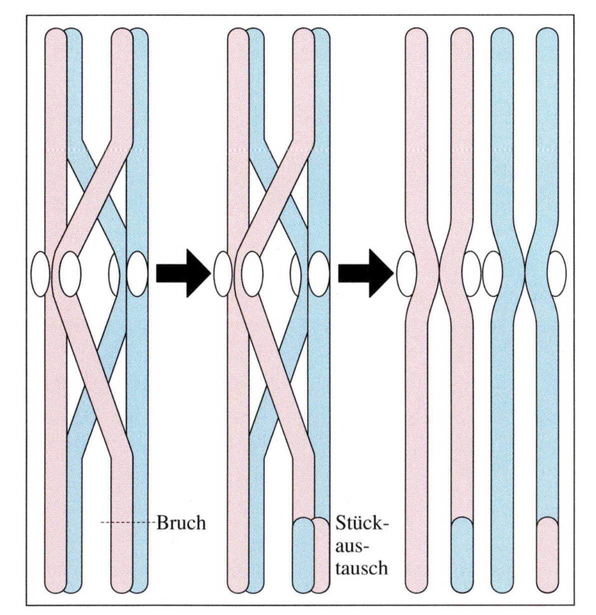

23.1 Intrachromosomale Rekombination

Gen pro Generation auf 10^{-6} geschätzt. Unter einer Million Keimzellen tritt also nur eine auf, die am betreffenden Genort eine Mutation aufweist. Die Zahl der Gene eines eukaryotischen Organismus ist allerdings hoch. Man schätzt sie auf 10^4 bis 10^6. Deshalb nimmt man an, dass zehn bis vierzig Prozent aller Keimzellen des Menschen ein mutiertes Gen tragen.
Träger von Mutationen nennt man **Mutanten.** Beispiele sind jährlich neu auftretende Grippeviren, die Trauerweide und Menschen mit Sichelzellanämie.
Mutationen verändern den Genbestand oder *Genpool* einer Population. Sie sorgen für einen unerschöpflichen Vorrat an genetischer Variation. Auch sie stellen Material für den Evolutionsprozess bereit, sind also ebenfalls ein *Evolutionsfaktor.* Rekombination ist allerdings für die Entstehung neuer Genotypen wichtiger als die Mutationen: Entfielen plötzlich alle Mutationen, entstünden trotzdem noch durch Rekombination ständig neue Genotypen über hunderte von Generationen hinweg.

Natürlicher Gentransfer. Manche Bakterien, wie *Agrobacterium,* erhöhen die genetische Vielfalt, indem sie Teile ihrer DNA in Pflanzenzellen einschleusen. Man spricht von *natürlichem Gentransfer.* Mithilfe dieser Fremdgene produziert die Pflanze Stoffe, die dem Bakterium als Nahrung dienen. Die Abbildung 23.2 zeigt, wie Forscher heute *Agrobacterium* nutzen, um das Erbgut von Pflanzen zu verändern. So entstehen Pflanzen mit neuen Eigenschaften, so genannte transgene Pflanzen.

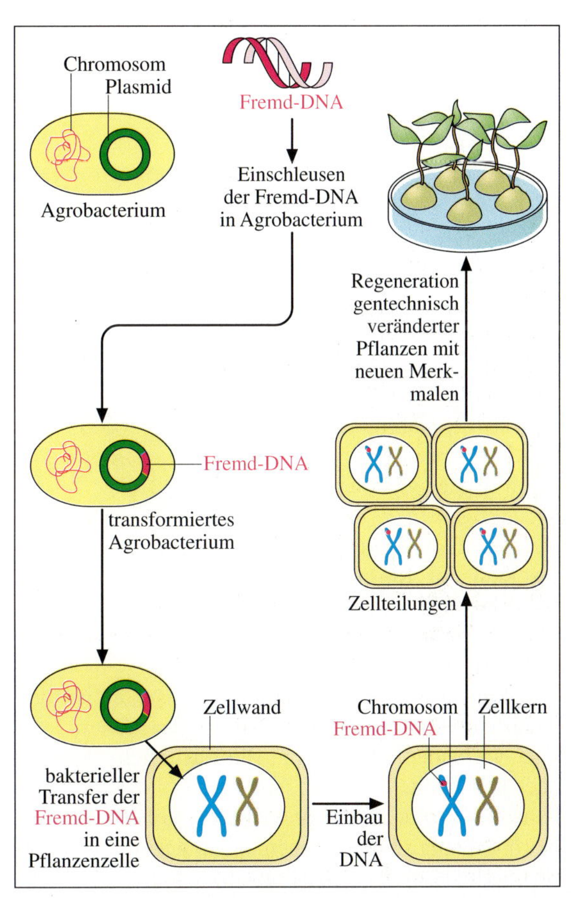

23.2 Gentransfer mit *Agrobacterium*

Erhaltung genetischer Variation

Die Selektion begünstigt bestimmte genetische Varianten, während sie andere benachteiligt.

Durch diese Benachteiligung müsste theoretisch die genetische Variation abnehmen.

Bestimmte Mechanismen sorgen aber für die Erhaltung genetischer Variabilität. So ist die Folge von *Diploidie,* dass bei heterozygoten Individuen rezessive Allele phänotypisch nicht in Erscheinung treten. Sie werden also von der Selektion nicht erfasst. Nur homozygot wird ein rezessives Gen der Selektion zugänglich. Das ist aber bei rezessiven Genen mit niedriger Frequenz selten der Fall. Sie werden vielmehr von Generation zu Generation weitergegeben.

Viele solcher rezessiven Gene liegen als Reservoir in einem Genpool bereit. Sie können bei veränderter Umwelt später für den betreffenden Organismus Bedeutung gewinnen.

3.2 Evolutionsökologie

3.2.1 Selektion

Die Mutante *vestigial* der Fruchtfliege, *Drosophila melanogaster,* hat Stummelflügel. In der Natur sind die flugunfähigen Tiere nicht lebensfähig. Sie dürften z. B. bei der Nahrungs- und Partnersuche dem Wildtyp gegenüber benachteiligt sein.
Bei den flugunfähigen Insekten der Kerguelen-Inseln im südlichen Indischen Ozean sind die reduzierten Flügel dagegen vorteilhaft. Normalflüglige Insekten würden leicht vom Wind aufs Meer hinaus getrieben und getötet. In beiden Fällen wirkt die **natürliche Auslese** oder **Selektion.**
Umweltfaktoren üben einen **Selektionsdruck** aus. Normalflüglige Fruchtfliegen haben gegenüber stummelflügligen einen **Selektionsvorteil.** Bei den flugunfähigen Insekten der Kerguelen-Inseln übt der Wind Selektionsdruck aus. Hier haben kurzflüglige Mutanten einen Selektionsvorteil. Sie gelangen im Durchschnitt häufiger zur Fortpflanzung als normalflüglige Insekten. Ihr Anteil an der Population wird deshalb steigen.

24.1 Reduzierte Flügel

In beiden Fällen sind die Fliegen an Umweltbedingungen „angepasst“. Diese Angepasstheit ist streng umweltabhängig. Will man entscheiden, ob ein Merkmal in einer Population positiven oder negativen Selektionswert hat, muss man die jeweiligen Umweltbedingungen berücksichtigen.
Diese sind für *Drosophila* ganz andere als die, denen die Kerguelen-Insekten ausgesetzt sind. Das Beispiel macht deutlich, warum für den Evolutions-Ökologen die natürliche Selektion ein fundamentales Prinzip der Ökologie darstellt.
Wie die Beispiele reduzierter Flügel zeigen, sortiert natürliche Auslese nicht Gene direkt aus, vielmehr setzt sie an deren Wirkungen auf den Körper, am Phänotyp an. Nur wenn Gene phänotypisch ausgeprägt sind, kann die Selektion also wirken. Genotypische Unterschiede, die phänotypisch nicht sichtbar werden, erfasst die Selektion nicht.

Natürliche Selektion

DARWIN schreibt in seinem Werk „Entstehung der Arten durch natürliche Zuchtwahl“: „...können wir daran zweifeln, dass Individuen, die auch nur den geringsten Vorteil vor anderen besitzen, mit größter Wahrscheinlichkeit diese anderen überleben und ihresgleichen hervorbringen werden, zumal viel mehr Individuen erzeugt werden als fortbestehen können? Und können wir andererseits daran zweifeln, dass jede noch so geringfügige schädliche Abänderung vernichtet werden würde? Diese Erhaltung vorteilhafter individueller Unterschiede und Veränderungen und diese Vernichtung nachteiliger nenne ich natürliche Zuchtwahl oder Überleben des Tüchtigsten.“

Der Evolutionsbiologe MAYR präzisiert den Begriff natürliche Auslese: „DARWINs Wahl des Wortes *selection,* „Auslese“ (in älteren Übersetzungen: „Zuchtwahl“), war nicht besonders glücklich. Es läßt ein wirkendes Wesen oder Prinzip in der Natur vermuten, das, da es die Zukunft voraussagen kann, „die Besten“ auswählt. Die natürliche Auslese tut selbstverständlich nichts dergleichen (...) Es gibt weder eine spezielle Selektionskraft in der Natur, noch einen bestimmten Handelnden, der selektiert (...) Zum größten Teil hängt es [das Überleben] vom überlegenen Funktionieren der physiologischen Vorgänge im Körper des überlebenden Individuums ab, dank dessen es mit den Wechselfällen der Umwelt besser fertig werden kann als andere Mitglieder der Population (...) Nicht die Umwelt selektiert, sondern der Organismus, der sich im Meistern der Umwelt als mehr oder weniger erfolgreich erweist.“

A1 Vergleichen Sie die Definitionen für die natürliche Selektion von DARWIN und MAYR.

Rekombination und *Mutation* schaffen genetische Variation, die *Selektion* gibt dem Evolutionsprozess eine Richtung. Sie drängt die weniger gut an ihre Umwelt angepassten Individuen zurück oder lässt sie aussterben. Andere Individuen der gleichen Population begünstigt sie. Sie pflanzen sich häufiger fort und können im Durchschnitt mehr Gene in den Genpool der nächsten Generation einbringen.
Selektion versteht man heute als einen statistischen Prozess, bei dem es weniger um das Überleben eines einzelnen Individuums als vielmehr darum geht, welchen Beitrag es zum Genbestand der Folgegeneration leistet.
An einer Bakterienkultur von *Escherichia coli* erkennt man das Zusammenwirken der Evolutionsfaktoren *Mutation* und *Selektion.* Der Wildtyp von *E. coli* ergibt auf einem Vollnährboden einen dichten Bakterienrasen (1). Im Parallelversuch mit Antibiotikumzusatz entstehen dagegen nur wenige Kolonien (2). Das Antibiotikum wirkt als **Selektionsfaktor.** In beiden Fällen entstehen nur wenige Mutanten. Man spricht deshalb von einem schwachen **Mutationsdruck.** Auf dem Vollnährboden ist auch der **Selektionsdruck** schwach.
Das Antibiotikum erzeugt dagegen einen starken Selektionsdruck, sodass nur einzelne (im Beispiel drei) Kolonien aus resistenten Bakterien hervorgehen, während die anderen abgetötet werden. Wiederholt man den Versuch mit Coli-Bakterien, die mit UV-Licht bestrahlt wurden, so zeigt der Vollnährboden nach Bebrütung unverändert einen dichten Bakterienrasen (3). Auf dem Nährboden mit Antibiotikumzusatz finden sich diesmal aber erheblich mehr Kolonien als bei den unbestrahlten Bakterien (4). Dem starken Selektionsdruck wirkt durch die erhöhte **Mutationsrate** ein starker Mutationsdruck entgegen. Das Antibiotikum übt als Selektionsfaktor auf die Bakterien einen Druck aus, der nichtresistente Zellen eliminiert. Diesem Selektionsdruck wirkt der Mutationsdruck entgegen, der durch die entstandenen Mutanten hervorgerufen wird.

Auch bei eukaryotischen Organismen führt wirksamer Selektionsdruck zu raschem evolutivem Wandel. An der Ostküste Nordamerikas drang die Strandkrabbe seit 1900 in bestimmte Regionen vor. Eines ihrer Beutetiere ist eine Schnecke. Deren Gehäuse werden von der Strandkrabbe geknackt. Die Schneckengehäuse sind heute dickwandiger und schwerer zu knacken als vor dem Einwandern der Krabbe. In krabbenfreien Gebieten haben die Schnecken noch immer ihre dünnwandigen Gehäuse.

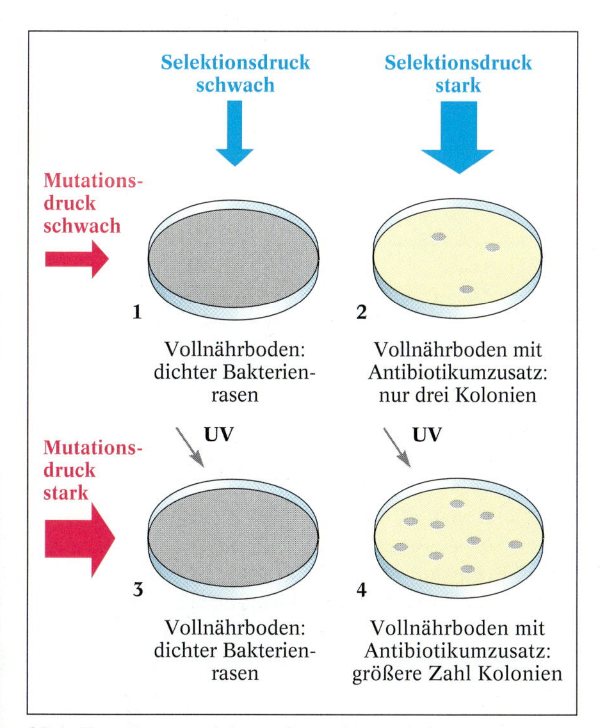

25.1 Zusammenspiel von Selektions- und Mutationsdruck

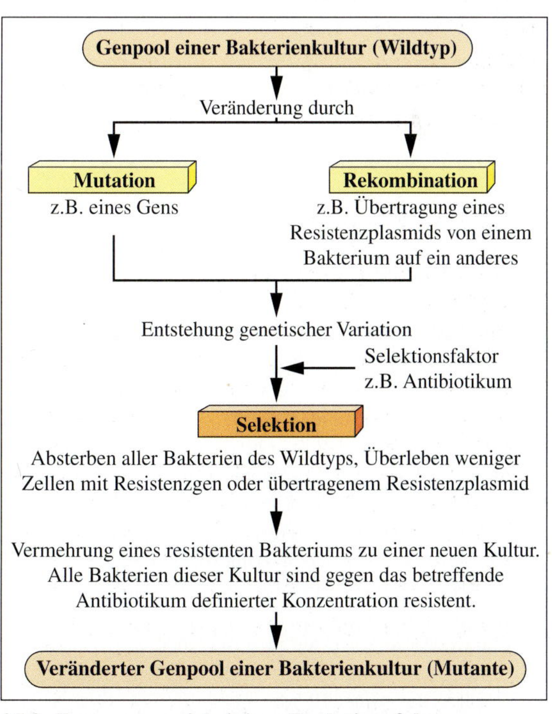

25.2 Zusammenspiel einiger Evolutionsfaktoren

Selektionsfaktoren. Bei den Kerguelen-Insekten wirkte der Wind selektierend, in der Bakterienkultur von *Escherichia coli* das Antibiotikum. *Selektionsfaktoren* nennt man alle Elemente der Umwelt, die auf den individuellen Phänotyp einwirken. Alle Einflüsse der unbelebten Natur wie Klima, Bodenbeschaffenheit und chemische Bedingungen können als Selektionsfaktoren wirksam werden. Auch Organismen können als Selektionsfaktoren wirken: Sie können als Konkurrenten um Nahrung oder Lebensraum auftreten, Fressfeinde sein oder als Parasiten bzw. Krankheitserreger wirksam werden. Eine wichtige Rolle spielt auch die Auslese durch die Wahl von Geschlechtspartnern. Was bewirken nun Selektionsfaktoren?
Durch sie haben bestimmte Individuen mehr Nachkommen als andere. So bringen sie mehr Gene in den Genpool der Folgegeneration ein als die anderen. Das Maß dafür, wie viele Gene ein Individuum in die nächste Generation der Population einbringt, bezeichnet man als **Fitness.** Das ist stets ein *relativer Wert.* Einen höheren Fortpflanzungserfolg haben diejenigen Individuen, die z. B. in der Nahrungskonkurrenz erfolgreicher sind. Individuen, die wirksamer Brutpflege betreiben als andere Individuen der Population, sind im gleichen Sinne bevorzugt. Das gilt auch für höhere Widerstandsfähigkeit gegenüber Krankheitserregern usw. Vorteilhafte Merkmale werden sich also in der Folge der Generationen anhäufen. Die folgenden Beispiele verdeutlichen das Wirken von Selektionsfaktoren.

Industriemelanismus. Die Normalform des Birkenspanners, eines Schmetterlings, hat schwarzweiß gesprenkelte Flügel. Auf mit Flechten bewachsener Birkenrinde ist er vor Fressfeinden gut geschützt. 1848 entdeckte man in Manchester das erste dunkle Exemplar des Birkenspanners. Diese dunkle Mutante nahm seit 1850 in den Industriegebieten Englands, Nordamerikas und Deutschlands zu. Auf der von Industrieruß geschwärzten Baumrinde ist die dunkle Form besser geschützt, also gegenüber der hellen Form selektionsbegünstigt. Wegen des dunklen Farbstoffs Melanin spricht man von *Industriemelanismus.* 1960 waren in der Gegend von Liverpool über 90 % der Birkenspanner dunkel gefärbt. 1985 waren dagegen wieder ca. 40 % der Population hell gefärbt. Das war die Folge von Maßnahmen, die die Industrie-Emissionen herabsetzten. Bei hohem Selektionsdruck kann evolutiver Wandel relativ schnell erfolgen.
Industriemelanismus kennt man inzwischen von mehr als siebzig Schmetterlingsarten.

Änderung der Körpergröße bei Guppys. Die kleinen, bei Aquarianern beliebten Fische leben in Flüssen Trinidads. Biologen stellten bei verschiedenen Populationen des Fisches Unterschiede der Lebenszyklen fest. Das hängt mit unterschiedlichen Fressfeinden zusammen. An einem Ort werden Guppys von einem kleinen Zahnkärpfling gejagt, der sehr junge, kleine Guppys bevorzugt. An anderer Stelle ist der Fressfeind ein größerer Buntbarsch, der geschlechtsreife, größere Guppys als Nahrung vorzieht. Guppys aus Populationen, die vom Buntbarsch gejagt werden, sind, wenn sie die Geschlechtsreife erreichen, im Durchschnitt kleiner, pflanzen sich früher fort und haben mehr Nachkommen als Guppys, die mit Zahnkärpflingen zusammenleben. Die unterschied-

Überleben der Geeignetsten – eine Tautologie?

CHARLES DARWIN erklärte sein Prinzip der Selektion, indem er vom „Überleben der Geeignetsten" („survival of the fittest") sprach. Diese Aussage könnte als Zirkelschluss missverstanden werden, wenn auf die Frage „Wer überlebt?" die Antwort lautet: die Geeignetsten, und auf die Frage „Welche sind die Geeignetsten?" die Antwort lautet: die, die überleben. So verstanden würde die Selektionstheorie nämlich nur aussagen, dass die Überlebenden überleben – und damit wäre gar nichts gesagt.

Um die Aussage „Überleben der Geeignetsten" zu verstehen, muss zunächst der Begriff der Anpassung geklärt werden. Bei seiner Benutzung werden oft Prozess und Endzustand verwechselt. Anpassung (Adaptation) ist nämlich der Prozess, der zur Angepasstheit führt. Angepasstheit ist ein absolutes Maß für die Fähigkeit zu überleben und sich fortzupflanzen. Fitness ist dagegen ein relatives Maß für solch evolutiven Erfolg und wird an der Zahl reproduktiver Nachkommen gemessen. Dabei spielen Eigenschaften, Konkurrenten und Umwelt eines Organismus eine entscheidende Rolle. Die Angepasstheit eines Organismus kann an einem Ort zu einem bestimmten Zeitpunkt hoch, an einem anderen Ort oder zu einem anderen Zeitpunkt dagegen gering sein. Überleben der Geeignetsten im DARWINschen Sinne heißt also: Es überleben die Organismen, die die beste Angepasstheit haben.

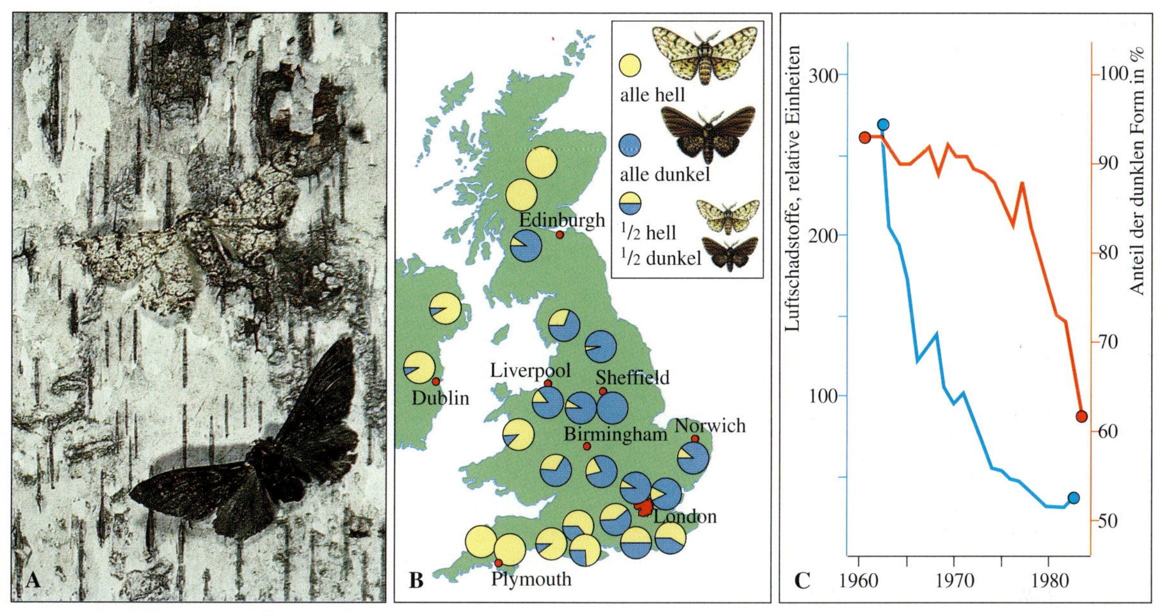

27.1 Birkenspanner. A helle und dunkle Form auf einem Birkenstamm; B Verteilung der hellen und der dunklen Form 1960 in Großbritannien; C Rückgang der dunklen Mutante mit sinkendem Schadstoffgehalt der Luft (Gegend von Liverpool)

liche Verfolgung durch Fressfeinde ist also der entscheidende Selektionsfaktor. Werden vorwiegend fortpflanzungsfähige Tiere vom Fressfeind (Buntbarsch) eliminiert, ist die Wahrscheinlichkeit gering, dass sich ein Guppy mehrmals fortpflanzen kann. Die Guppys mit größtem Fortpflanzungserfolg sind dann die, die früh mit geringer Größe zur Reife gelangen und wenigstens eine Brut haben, bevor sie die vom Fressfeind bevorzugte Größe erreicht haben.

Aggressive Kartoffelzystenälchen. Diese Fadenwürmer sind Schädlinge in den Wurzeln der Kulturkartoffeln. Wildkartoffeln werden kaum geschädigt. Durch Einkreuzen von Wildkartoffeln züchtet man resistente Kultursorten. Inzwischen tritt aber in einigen Ländern verstärkt eine aggressivere Schwesterart des Schädlings auf. Selektionsfaktor ist hier die Älchenresistenz der Zuchtkartoffeln. Der resistente Wirt hat die aggressivere Art des Kartoffelzystenälchens gefördert.

Die neutrale Theorie der molekularen Evolution

In den sechziger Jahren des 20. Jahrhunderts entdeckte man, dass die innerartliche Variation auf der Protein- und DNA-Ebene viel ausgeprägter ist, als man jemals vermutet hatte. Beim Menschen beispielsweise sind mehr als hundert verschiedene Hämoglobinformen bekannt, die sich ganz geringfügig in ihren Aminosäuresequenzen voneinander unterscheiden. Das Nebeneinanderbestehen verschiedener Ausgaben eines Merkmals innerhalb einer Art nennt man **Polymorphismus**. Durch die Selektionstheorie ist ein solcher Variantenreichtum schwer zu erklären, da die Selektion einzelne Varianten eines Merkmals gegenüber anderen bevorzugen sollte. Daher entwickelte der japanische Genetiker MOTOO KIMURA 1968 eine alternative Theorie: die *„neutrale Theorie der molekularen Evolution“*. Danach *entstehen* die meisten Merkmale nicht nur durch Zufallsprozesse (Mutationen und Rekombination), sie bleiben auch durch Zufallsprozesse innerhalb einer Population *erhalten*. Selektiv sind sie neutral.

Da viele Mutationen zweifellos nicht selektionsneutral sind, sondern die Überlebens- und Fortpflanzungschancen der betroffenen Individuen beeinflussen, ist unter Evolutionstheoretikern bis heute umstritten, welcher Erklärungswert für die Entstehung der biologischen Mannigfaltigkeit der neutralen Theorie zukommt. Die meisten erkennen allerdings an, dass Zufallsprozesse in der Evolution eine größere Rolle spielen, als man lange Zeit angenommen hatte.

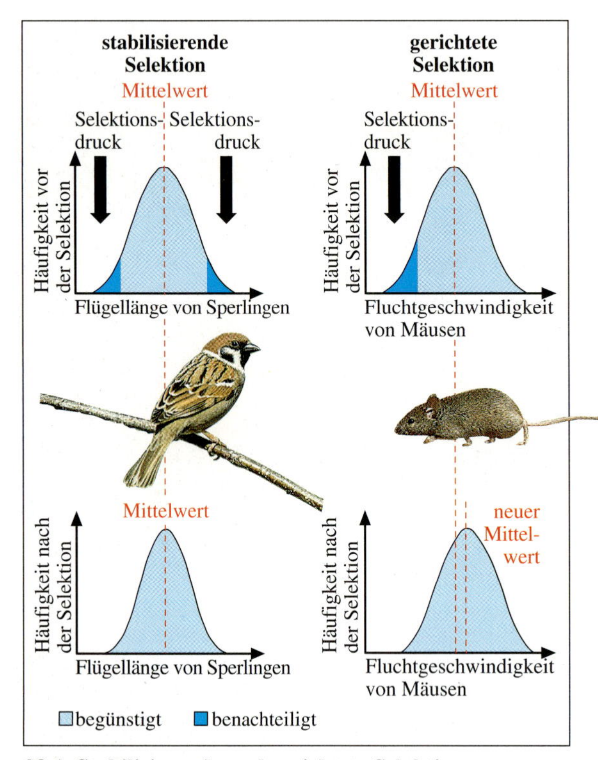

28.1 Stabilisierende und gerichtete Selektion

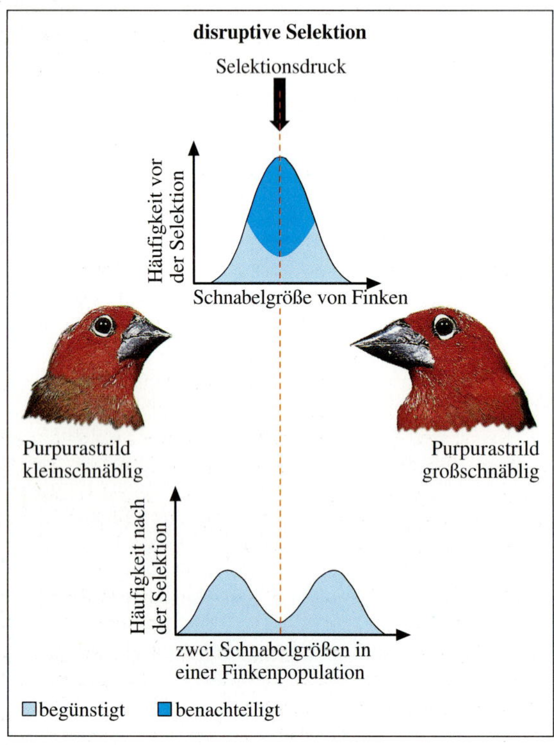

28.2 Disruptive Selektion bei Finken (Purpurastrild)

Selektionsformen. Ein Biologe fand bei Sperlingen, die im Sturm getötet worden waren, einen deutlich erhöhten Anteil an Individuen mit sehr langen oder extrem kurzen Flügeln im Verhältnis zum Mittelwert des Merkmals Flügellänge in der Population. Sperlinge mit mittlerer Flügellänge wurden seltener getötet. Dies ist ein Beispiel für die wohl häufigste Form der Selektion, die **stabilisierende Selektion.** Dabei werden extreme Phänotypen an den beiden Enden der Merkmalsverteilung eliminiert, während die durchschnittlichen Individuen einer Population begünstigt werden. Stabilisierende Selektion führt also zu einer Verringerung der Merkmalsvarianz innerhalb einer Population. Die Form der Verteilungskurve wird verändert.

In einer Mäusepopulation werden extrem langsame Tiere durch Fressfeinde häufiger gefangen und damit stärker eliminiert als schnellere Individuen, die häufiger entkommen. Hier wird ständig zugunsten der schnelleren Tiere selektiert. Bei dieser Form der Selektion wird der Mittelwert des Merkmals beeinflusst. Die Verteilungskurve wird verschoben, im Beispiel nach rechts. Man spricht von **gerichteter Selektion**.

Der *Purpurastrild* lebt im westafrikanischen Kamerun. In einer Population dieser Finkenart zeigen die Vögel zwei unterschiedliche Schnabelgrößen. Die Untersuchung der Fressgewohnheiten der Vögel ergab: Die kleinschnäbligen Tiere fressen vorwiegend weiche Samen, die großschnäbligen knacken dagegen harte Samen. Jede Schnabelform ist für das Öffnen ihrer Samensorte besonders effizient. Man geht davon aus, dass die Selektion diesen Polymorphismus erhält, weil eine Auslese gegen mittelgroße Schnäbel stattfindet. Mit mittelgroßen Schnäbeln lassen sich nämlich beide Samensorten weniger gut öffnen. Hier werden also die extremen Phänotypen an den beiden Enden der Merkmalsverteilung, im Beispiel kleine und große Schnäbel, bevorzugt. Dabei können Populationen in Unterpopulationen aufgegliedert werden. Man spricht von **disruptiver Selektion.** Disruptive Selektion gehört zu den selteneren Formen der Auslese.

Die natürliche Auslese kann also die Häufigkeit eines erblichen Merkmals in einer Population unterschiedlich beeinflussen, je nachdem, welche Phänotypen begünstigt werden. Entsprechend unterscheidet man die drei genannten Selektionsformen. Die Wirkungsweise ist ihnen aber allen gemeinsam: Selektion begünstigt bestimmte erbliche Merkmale über einen entsprechenden Fortpflanzungserfolg.

Sexuelle Selektion. Die Männchen der Paradiesvögel haben ein farbenfreudigeres Federkleid und ein prächtigeres Schwanzgefieder als ihre Weibchen. Dieses unterschiedliche Aussehen von Männchen und Weibchen bezeichnet man als **Sexualdimorphismus.** Das abweichende Aussehen der Männchen dient nicht unmittelbar dem Überleben, sonst müssten die Weibchen genauso aussehen. Welche Bedeutung hat Sexualdimorphismus also?
Auf den gemeinsamen Balzplätzen hat *das* Männchen die größten Fortpflanzungschancen, das bei den Weibchen die größte Aufmerksamkeit erregt. Es wird zum Partner gewählt und paart sich mit mehreren Weibchen. Man spricht von *geschlechtlicher Zuchtwahl* oder *sexueller Selektion.* So steigert das Prachtgefieder den Fortpflanzungserfolg des Paradiesvogels, kann allerdings auch Fressfeinde anlocken, die den Erfolg mindern. Das Ergebnis ist oft ein Kompromiss zwischen beiden Selektionskräften.

29.1 Paradiesvogel-Balz

Dringt ein See-Elefantenbulle in den Harem eines anderen ein, kommt es oft zum Kampf, aus dem der gewichtigere und kräftigere Bulle als Sieger hervorgeht. Nur er paart sich mit den Weibchen des Harems. Auch hier liegt *sexuelle Selektion* vor. Hier kämpfen aber die Männchen untereinander um die Weibchen. Der kräftigste Bulle hat den größten Fortpflanzungserfolg.

29.2 See-Elefanten. Bullen beim Kampf

Die beiden Beispiele veranschaulichen, was DARWIN unter sexueller Selektion verstand: Es geht um den Fortpflanzungserfolg. DARWIN unterschied zwei Formen sexueller Selektion: die zwischen verschiedenen Geschlechtern und die innerhalb eines Geschlechts. Entweder wählt das Weibchen den „anziehendsten Bewerber" aus oder die Männchen kämpfen um die Weibchen. Dem Männchen garantieren Paarungen mit vielen Weibchen eine Weitergabe seiner Gene an viele Nachkommen. Weibchen müssen möglichst viele Nachkommen durchbringen, um ihre eigenen Gene weiterzugeben. Man nimmt deshalb an, dass die Selektion im Tierreich beim Männchen Eigenschaften begünstigt, die für die Gewinnung von Weibchen wichtig sind, während beim Weibchen Eigenschaften begünstigt werden, die für die Aufzucht der Jungen eine Rolle spielen.

A1 Nennen Sie weitere Beispiele für gerichtete Selektion und erläutern Sie diese.

A2 DARWIN hielt die sexuelle Selektion für weniger streng als die natürliche. Erklären Sie.

Spermienkonkurrenz

Primatenmännchen haben sehr unterschiedlich große Hoden. Schimpansen zum Beispiel haben große Hoden, Gorillas sehr kleine. Bei Schimpansen begatten mehrere Männchen ein Weibchen. Dabei sind Männchen mit großer Spermamenge und vielen Spermien ihren Konkurrenten mit geringerer Spermamenge überlegen. Nicht nur die Männchen konkurrieren um die Weibchen, es kommt auch zur Spermienkonkurrenz im Genitaltrakt des Weibchens, denn nur jeweils ein Spermium befruchtet eine einzelne Eizelle.

Manche Libellenmännchen können die Spermien ihrer Vorgänger aus dem Genitaltrakt des Weibchens entfernen und so ihre eigenen Fortpflanzungschancen erhöhen. Bestimmte Würmer können mit gleichem Erfolg nach der Paarung die Geschlechtsöffnung des Weibchens versiegeln.

Künstliche Selektion. Die verschiedenen Kaninchenrassen zeigen Unterschiede in Körpergröße und -form, in der Ohrlänge, der Fellfarbe, der Haarstruktur und anderen Eigenschaften. Der Mensch hat die Kaninchenrassen aus der Stammform, dem Wildkaninchen, gezüchtet. Dazu wählte er gezielt Individuen mit erwünschten Merkmalen aus. Nur sie durften sich fortpflanzen, wurden also zur Weiterzucht genutzt, andere dagegen nicht. Die jeweils ausgewählten Tiere züchtete der Mensch über viele Generationen in künstlichen Populationen weiter. Er betrieb also Zuchtwahl. Züchtung ist *künstliche Zuchtwahl* oder *künstliche Selektion.*

Erst als die Nachkommen der Menschen, die während der letzten Eiszeit (120000 bis 10000 v. Chr.) als Jäger und Sammler gelebt hatten, sesshaft wurden, konnte Landwirtschaft und mit ihr **Tier-** und **Pflanzenzüchtung** entstehen. Beide sind von besonderem Interesse für die Evolutionstheorie:
Die vielen verschiedenen Zuchtformen unter den Kulturpflanzen und Nutztieren zeigen nämlich die Wirksamkeit des Ausleseprinzips und zugleich die Wandelbarkeit der Organismen. Mit der Züchtung greift der Mensch in den Evolutionsprozess ein und „macht" selbst Evolution. Der wesentliche Unterschied künstlicher Selektion zur natürlichen liegt darin, dass künstliche Selektion zielgerichtet durchgeführt wird. Natürliche Selektion wirkt dagegen ohne Ziel. Die Ziele der Züchtung sind vielseitig: Es geht um besonderes Aussehen von Hunde- und Katzenrassen, höhere Ernteerträge, z.B. beim Weizen, Steigerung erwünschter Inhaltsstoffe, z.B. Zucker in der Zuckerrübe, oder um das Zurückdrängen unerwünschter Stoffe, wie der Bitterstoffe in der Lupine, die erst als Süßlupine für Futterzwecke brauchbar wurde. Man züchtet krankheitsresistente Pflanzen oder solche mit großen Früchten, und Tiere, die höhere Fleischerträge liefern. Ein besonders eindrucksvolles züchterisches Beispiel ist die Milchkuh: Ein Wildrind lieferte etwa 600 l Milch im Jahr. Demgegenüber lieferte jede Kuh in Deutschland 1996 im Durchschnitt 5464 l Milch.
Mit der Züchtung neuer Tier- und Pflanzenrassen bleibt man in der Regel im Artrahmen. Die Vertreter einer Art bilden miteinander eine Fortpflanzungsgemeinschaft, während sich die Vertreter verschiedener Arten nicht miteinander fortpflanzen. Bei einigen Kulturpflanzen entstanden aber durch Bastardierung sogar neue Arten oder Gattungen. Ein Gattungsbastard ist z.B. der Roggenweizen. Die neuesten Methoden des Gentransfers haben die Möglichkeiten noch ganz erheblich erweitert.
Schon für DARWIN spielten die Veränderungen beim Übergang vom Wildtier zum Haustier eine wichtige Rolle. In seinen Werken hat er umfangreiches Material über den Formwandel von Nutzpflanzen und Haustieren zusammengetragen. Viele seiner Argumente, mit denen er das Prinzip der natürlichen Selektion verdeutlichte, sind aus seinen Beobachtungen der Tier- und Pflanzenzüchtung abgeleitet.

Wildkaninchen

Russenkaninchen

Roter Neuseeländer

Deutsche Riesenschecke

Angorakaninchen

Zwergkaninchen

30.1 Kaninchenrassen

Der Domestikationsprozess. Der Hund ist ein Beispiel für die Entstehung eines Haustieres aus einem Wildtier, dem Wolf, unter Einwirkung des Menschen. Dieser Prozess heißt **Domestikation**. Wie kann man sich den Verlauf des Domestikationsprozesses beim Wolf vorstellen?
Anfangs zog der Mensch vielleicht die Jungen erlegter Wölfe auf und züchtete sie über viele Generationen isoliert in künstlichen Populationen weiter. Dabei wurden immer wieder Tiere mit erwünschten Merkmalen ausgewählt. Nur ein Teil wurde aus der Vielfalt des Populationsgenoms herausgegriffen. Die vorher wirkenden Selektionsbedingungen wurden verändert. Die *natürliche Auslese* entfiel nicht völlig, klimatische und andere natürliche Bedingungen wirkten weiter, aber sie wurden zumindest teilweise durch künstliche Zuchtwahl ersetzt.

Dafür, dass der Wolf der Stammvater des Haushundes ist, gibt es zahlreiche Belege: So sind die Nachkommen aus der Paarung von Hund und Wolf uneingeschränkt fortpflanzungsfähig. Beide Tiere stimmen in vielen Körper- und Verhaltensmerkmalen überein. Hunde und Wölfe verständigen sich jeweils untereinander durch Heulen oder Bellen. Angst und Angriffsstimmungen werden bei beiden durch jeweils ähnliche Gesichtsausdrücke signalisiert.
Nach archäologischen Befunden hält der Mensch den Hund seit knapp 10000 Jahren. Neueste DNA-Untersuchungen an Hunden und Wölfen weisen allerdings darauf hin, dass sich die Entwicklungslinien von Hund und Wolf schon vor ca. 100000 Jahren voneinander getrennt haben. Demnach könnten Mensch und Hund schon sehr viel länger zusammenleben als bisher angenommen. In dieser Zeit hat der Mensch über 300 ganz unterschiedlich gestaltete Hunderassen gezüchtet.
Die Domestikation des Wolfes und die Weiterzüchtung zu den unterschiedlichen Hunderassen kann verschiedene Gründe gehabt haben. Fell- und Fleischgewinnung könnten eine Rolle gespielt haben. Ursprüngliche Jagdkonkurrenz zwischen Wolf und Mensch könnte sich dahingehend gewandelt haben, dass der Wolf zum Jagdbegleiter des Menschen wurde.
Auch andere Haustiere haben während ihrer Domestikation erhebliche Gestalts- und Verhaltensänderungen erfahren: Die Formenmannigfaltigkeit fällt auf, wie z. B. die Taubenrassen zeigen. Auch das Flucht- und Verteidigungsverhalten sind weniger gut entwickelt als bei den Wildformen. Die Gehirne der Haustiere sind bis zu 30% kleiner als die ihrer Wildformen. Die Fortpflanzungsrate ist gesteigert. Das Brutpflegeverhalten ist weniger ausgeprägt.

Künstliche Selektion in der Diskussion

Wenn künstliche Selektion in relativ kurzer Zeit zu vielen Veränderungen führt, muss natürliche Selektion in viel längeren Zeiträumen erheblich weiter reichende Veränderungen herbeiführen können. So etwa folgerte DARWIN.

Zwei Jahre nach dem Erscheinen der „Entstehung der Arten" fand sich im satirischen englischen Wochenblatt „Punch" die folgende Karikatur.

A 1 Deuten Sie die Karikatur. Erläutern Sie die Position des Zeichners zur künstlichen Selektion.

A 2 Nennen Sie Beispiele für extreme Zuchtergebnisse.

Haustier	Domestikationsbeginn (Jahre vor heute)	Ort
Schaf	10000	Westasien
Ziege	10000	Westasien
Haushund	9500	Europa
Schwein	9000	Südosteuropa
Rind	8500	Südosteuropa
Dromedar	6000	Südarabien
Pferd	5500	Südosteuropa
Gans	4500	Ägypten
Katze	3500	Ägypten
Huhn	3500	Vorderasien
Kaninchen	1500	Frankreich

31.1 Zentren und Zeitpunkte des Domestikationsbeginns verschiedener Haustiere

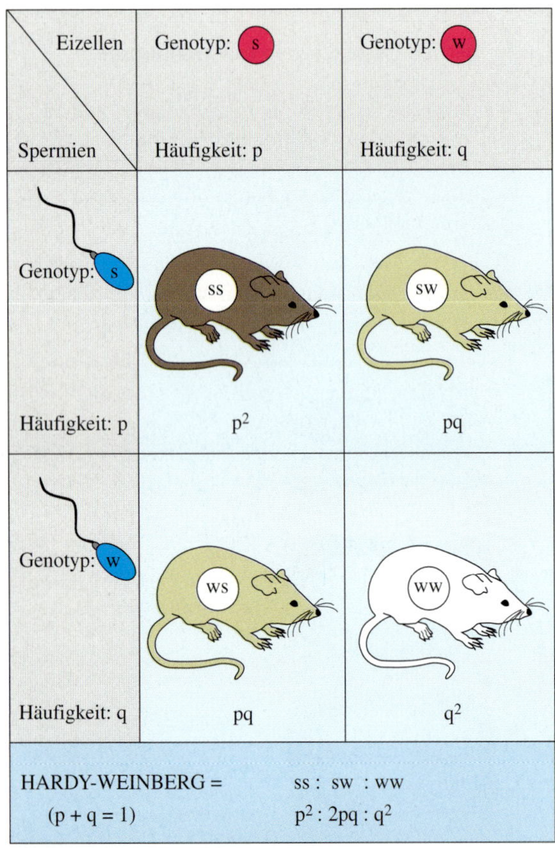

32.1 Schema zur Ableitung des HARDY-WEINBERG-Gesetzes

Population:	1000 Individuen		
Genotypen:	810 ss	180 sw	10 ww
Häufigkeit der Allele:	810+810+180 1800 s p=0,9 (=90%)		180+10+10 200 w q=0,1 (=10%)

32.2 Allelhäufigkeit. Beispiel der Berechnung für eine Population von 1000 diploiden Individuen

Wahrscheinlichkeit der Gametenkombination	Nachkommen (Genotypen) Häufigkeit	Anzahl
ss = p x p = 0,9 x 0,9	0,81	810 ss
sw = p x q = 0,9 x 0,1 ws = q x p = 0,1 x 0,9	0,18	180 sw
ww = q x q = 0,1 x 0,1	0,01	10 ww

32.3 HARDY-WEINBERG-Gleichgewicht.
Nachweis, dass sich bei zufälliger Gametenkombination die Zusammensetzung der Population nicht ändert

3.2.2 Populationsgenetik

Eine **Population** ist eine lokal begrenzte Gruppe von Lebewesen einer Art. Eine Art besteht aus verschiedenen Populationen, die sich miteinander fortpflanzen können. Die Angehörigen einer Population sind nicht absolut gleich. Sie haben unterschiedliche Gene für ein Merkmal. Es gibt drei Genotypen für ein Merkmal: Ein Individuum hat zwei dominante Gene für ein Merkmal, ein anderes hat für dasselbe Merkmal zwei rezessive Gene, und ein weiteres ist heterozygot für dieses Merkmal. Andere Merkmale werden durch die Kombination mehrerer Gene bestimmt, wie etwa die Größe des Individuums. So stellt sich die Population in ihrem Genbestand als ein Gemisch der verschiedensten Erbanlagen dar. Man nennt die Gesamtheit aller Gene einer Population ihren **Genpool.**

Als im Winter 1946/47 durch die strenge Kälte die Insekten stark dezimiert wurden, konnte man im nächsten Sommer feststellen, dass die Maulwürfe wesentlich kleiner waren als normal. Den Zusammenhang zwischen den beiden Erscheinungen kann man folgendermaßen erklären: Große Maulwürfe haben einen höheren Grundumsatz und brauchen mehr Nahrung als kleinere. Kleinere kommen mit weniger Nahrung aus. Wenn es weniger Insekten gibt, verhungern größere Maulwürfe eher. Wenn die Größe der Tiere durch Gene bestimmt ist, nimmt durch den Tod der größeren Tiere der Anteil der körpervergrößernden Gene im Genpool ab. Die Gene für kleinere Körper nehmen im Genpool zu. Verallgemeinert heißt das: Das Nahrungsangebot wirkt als Auslesefaktor. Es greift am Merkmal Körpergröße der Individuen an. Die Folge ist eine Veränderung der Allelfrequenz für diese körpervergrößernden Gene im Genpool. Die Menge aller Gene für das Merkmal Körpergröße bleibt zwar gleich, aber der Anteil der körpervergrößernden Gene nimmt ab.

Das Einzelindividuum enthält also nur eine Teilmenge der Gene des Genpools. Die **Selektion** begünstigt den Genotyp, der im Vergleich mit anderen Genotypen den größeren Anteil in den Genpool der nächsten Generation überträgt. Angriffspunkt der Selektion ist der Phänotyp des Individuums. **Evolution** ist die Veränderung der Häufigkeit der Gene für ein Merkmal in einer Population im Laufe der Zeit. Die Evolution beeinflusst also die Population.
Die Aufgabe der Populationsgenetik ist es nun, die Häufigkeit bestimmter Erbanlagen in einer Population und ihr Schicksal unter dem Einfluss von Selektionsfaktoren zu untersuchen.

Das HARDY-WEINBERG-Gleichgewicht. Anfang des zwanzigsten Jahrhunderts untersuchten der deutsche Arzt WILHELM WEINBERG und der britische Mathematiker GODFREY HAROLD HARDY unabhängig voneinander die Genhäufigkeiten in einer Population. Das Ergebnis ihrer Forschungen wurde 1908 veröffentlicht und ist heute als HARDY-WEINBERG-Gesetz bekannt. Um einen komplexen Sachverhalt wie die Genverteilung in einer Population zu untersuchen, muss man zunächst extrem vereinfachen. Die Voraussetzungen für das HARDY-WEINBERG-Gesetz sind daher folgende Bedingungen:
1. Die sich bisexuell fortpflanzende Population muss so groß sein, dass Zufallsschwankungen keine Rolle spielen.
2. Alle Individuen der Population müssen die gleiche Chance haben, die eigene genetische Information an die Folgegeneration weiterzugeben (Panmixie, jeder kann theoretisch mit jeder in sexuelle Beziehung treten).
3. Es treten keine Mutationen auf.
4. Jede Genkombination muss ihren Träger gleichgeeignet machen. Es findet keine Selektion statt. Man nennt dieses Modell eine *Idealpopulation.* Sie kommt in der Praxis nicht vor, erlaubt aber Untersuchungen, die sich später auf reale Populationen erweitern lassen.
Betrachten wir unter diesen Bedingungen das Allelpaar s/w in einer Population von 1000 Mäusen. Wir nehmen an, 810 Tiere haben den Genotyp ss (schwarz), 180 den Genotyp sw (grau) und 10 Tiere den Genotyp ww (weiß). Die Gesamtzahl der Allele ist 2000, weil jedes der 1000 Tiere zwei Allele trägt. Das Allel s tritt mit einer Häufigkeit $p = 0,9$ (90 %), das Allel w mit der Häufigkeit $q = 0,1$ (=10 %) auf. Logischerweise ist $p+q = 1$ oder 100 %.
Zur Berechnung der Genhäufigkeit für das Allelpaar s/w in der nächsten Generation muss man von der Zahl der gebildeten Gameten und damit von der Wahrscheinlichkeit der Zygotenbildungen ausgehen. Der Genotyp ss liefert nur s-Keimzellen, ww liefert nur w-Keimzellen, und der Genotyp sw liefert jeweils zur Hälfte s- und w-Keimzellen. Die Wahrscheinlichkeit für das Auftreten zweier voneinander unabhängiger Ereignisse ist gleich dem Produkt ihrer Einzelwahrscheinlichkeiten. Die Wahrscheinlichkeit, dass beim Würfeln mit zwei Würfeln beide eine Sechs zeigen, ist $1/6 \times 1/6 = 1/36$. Entsprechend lassen sich die Wahrscheinlichkeiten der Genkombinationen beim Zusammentreffen von Ei- und Samenzellen berechnen. Dabei erkennt man: Die Genhäufigkeiten bleiben in der ersten Tochtergeneration gleich. Das gilt auch für weitere Generationen: $s = 81\% + 9\% = 90\%$, $w = 1\% + 9\% = 10\%$. Das HARDY-WEINBERG-Gesetz lautet deshalb: *Die Genhäufigkeiten stehen zueinander in einem stabilen Gleichgewicht:*
$(ss : sw : ww) = p^2 : 2pq : q^2 =$ konstant. Dabei ist die Summe der Häufigkeiten = 1.
Bei oberflächlicher Betrachtung könnte man meinen, dass rezessive Gene in der Natur benachteiligt wären, da sie ja „die Schwächeren" sind. Das HARDY-WEINBERG-Gesetz aber zeigt, dass die rezessiven Gene – die Idealpopulation vorausgesetzt – ihren Anteil ebenso konstant halten wie die dominanten. Das Zweite MENDELsche Gesetz erweist sich übrigens in diesem Zusammenhang als ein Sonderfall des HARDY-WEINBERG-Gesetzes: Im monohybriden Erbgang geht man dabei von einer Gleichverteilung der Allele aus: Ihre Häufigkeiten p und q sind in der F_1-Generation gleich, also jeweils 0,5. Die Verteilung der Phänotypen in der F_2-Generation ist nach dem MENDEL-Gesetz für den dominant-rezessiven Erbgang 3:1 bzw. für den intermediären Erbgang 1:2:1. Das entspricht genau dem HARDY-WEINBERG-Gleichgewicht von 0,25:0,5:0,25. Das verwundert nicht, denn das Kreuzungsschema, aus dem das MENDEL-Gesetz abgeleitet wird, entspricht fast vollkommen dem Ableitungsschema für das HARDY-WEINBERG-Gleichgewicht.

Veränderungen des Populationsgleichgewichts. In der Idealpopulation bliebe das Gleichgewicht auch in den Folgegenerationen erhalten. Für eine Mäusepopulation in der Natur gelten die genannten Voraussetzungen aber nicht. Eine Reihe von Faktoren beeinflusst nämlich dieses Gleichgewicht. So werden z. B. durch die Selektion Gene ausgelesen, die sich für deren Träger als nachteilig erweisen. Solche Gene setzen die Überlebenswahrscheinlichkeit und die Fortpflanzungsfähigkeit herab. Individuen mit nachteiligen Genen tragen also weniger zum Genpool der nächsten Generation bei. Die auffälligen weißen Individuen unserer Mäusepopulation zum Beispiel würden von Beutegreifern stärker dezimiert als die andersfarbigen (Selektion). Weiße Mäuse gelangten seltener zur Fortpflanzung. Dabei würden sich die Genhäufigkeiten der Population ändern. Als Maß für die Fähigkeit, zum Genpool der Folgegeneration beizutragen, benutzt man den Begriff der **relativen Fitness.** Sie ergibt sich aus dem Quotienten des betrachteten Genotyps und des besten Genotyps der Population, dessen Wert gleich 1 gesetzt wird.

$$\text{Relative Fitness (W)} = \frac{\text{Nachkommenschaft des betrachteten Genotyps}}{\text{Nachkommenschaft des besten Genotyps}}$$

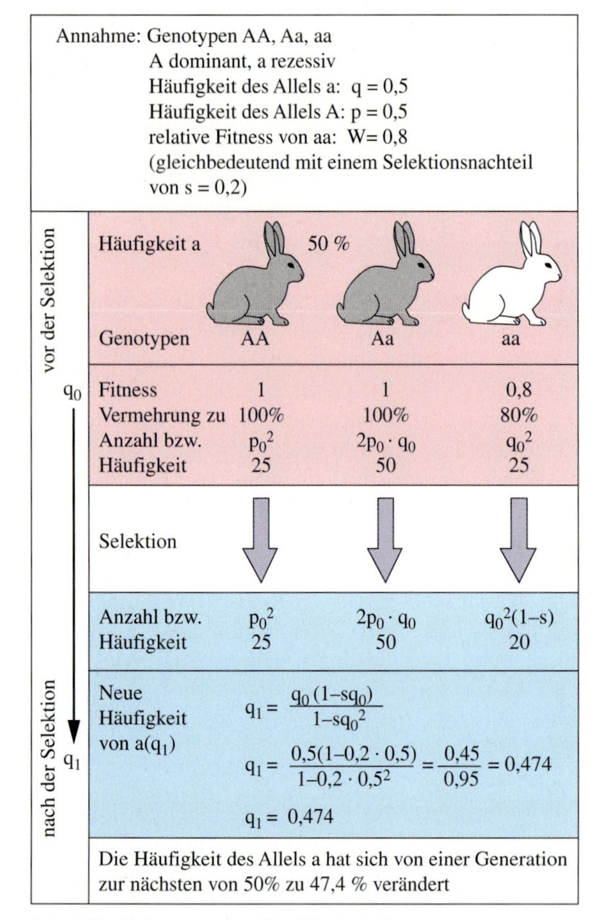

34.1 Veränderung der Genhäufigkeit

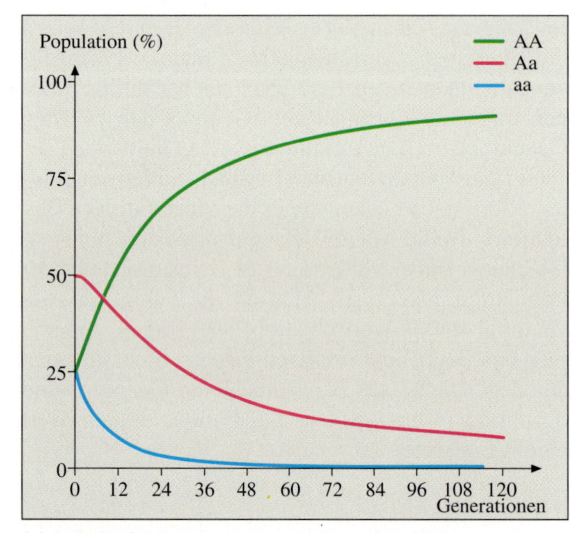

34.2 Beispiel 1: Populationsgröße: 1 000 000; Allelfrequenz für Merkmal A (p): = 0,5; Allelfrequenz für Merkmal a (q): = 0,5; Selektion gegen a: 20 % (s = 0,2)

Nehmen wir also eine Pflanzenpopulation an, in der Aa- und AA-Pflanzen rote Blüten haben, aa-Pflanzen dagegen weiße. Wenn die weiß blühenden Pflanzen nur 80 % soviele Nachkommen hervorbringen wie die rot blühenden (auf 100 % oder 1 gesetzt), dann ist ihre relative Fitness gleich 0,8 oder 80 %.

Je kleiner die Fitness eines Genotyps ist, desto stärker wird er durch die Selektion eliminiert. Abbildung 34.1 gilt für eine Kaninchenpopulation mit den Genotypen AA/grau, Aa/grau und aa/weiß. A ist dominant gegenüber a. Das Allel a tritt mit einer Häufigkeit von q = 0,5 (= 50 %) auf. Die Genotypen AA und Aa haben jeweils die Fitness 1. Sie sind gleich fit und nicht benachteiligt. Von jeweils 100 AA- bzw. Aa-Tieren kommen alle zur Fortpflanzung. Der Genotyp aa mit dem Phänotyp weiß soll dagegen die Fitness 0,8 (= 80 %) haben. Er ist vermindert fortpflanzungsfähig. Nur 80 von 100 Tieren geben ihre genetische Information weiter. Der Selektionsnachteil s beträgt also 20 % oder 0,2.

Abbildung 34.1 stellt den Einfluss der Selektion auf die Genhäufigkeit dar. Die Berechnungen in der vorletzten Spalte der Abbildung zeigen, wie sich der Selektionsnachteil für das Gen a in der folgenden Generation auswirkt. Die Häufigkeit des Allels a sinkt unter dem Einfluss der Selektion von 0,5 auf 0,474.

Die Ableitung der Formel für die Berechnung soll hier nicht näher ausgeführt werden. Sie ist aber die Basis für Computersimulationen mit vielen Generationen, die das Schicksal des durch die Selektion benachteiligten Gens zeigen sollen. Abbildung 34.2 *(Beispiel 1)* stellt das Kaninchenbeispiel über 120 Generationen weitergeführt dar. In der ersten Generation zeigt das Diagramm die HARDY-WEINBERG-Verteilung von jeweils 25 % für die Homozygoten und 50 % für die Heterozygoten. Die Genotypen AA und Aa entsprechen den von der Selektion nicht betroffenen dunklen Kaninchen, aa soll der benachteiligte weiße Typ sein. Das Ergebnis ist wie erwartet: Die weißen aa-Kaninchen sterben nach etwa 80 Generationen fast aus, die dunklen gewinnen die Oberhand. Es ist aber auffällig – und das ist eine wesentliche Erkenntnis aus den Simulationen – dass das rezessive Gen im Genotyp der Heterozygoten noch lange vorhanden bleibt. Sein Abstieg ist wesentlich weniger steil. So bleibt es in der Population noch lange erhalten. Das ist wichtig, denn wenn sich die Umweltbedingungen ändern, kann es möglicherweise durch Kombination mit anderen Genen wieder eine positive Bedeutung bekommen. *Beispiel 2* zeigt die Entwicklung einer neu auftretenden Mutante a, die lange Zeit mit einer sehr geringen Häufigkeit (q = 0,001) ihr Leben fristet. In der 40. Generation ändern sich die Lebensbedingungen, d. h. ein Umweltfaktor richtet sich gegen den Phänotyp A. Das begünstigt a, und so nimmt seine Häufigkeit im Genpool zu. Damit steigt aber auch die Zahl der Heterozygoten, bis sie etwa in der 75. Generation ein Maximum von 50 % erreicht. Das entspricht dem HARDY-WEINBERG-Gleichgewicht von p = q = 0,5. Danach sinken die Heterozygoten ebenfalls ab, aber ihre Kurve ist flacher als die der AA-Individuen, d. h. das benachteiligte Gen bleibt noch lange im Genpool erhalten.

In *Beispiel 3* soll das neuentstandene Gen a mit einer Rate von 5 pro Generation in das Gen A zurückmutieren. Es erlebt also einen Vorteil durch die Selektion (s = 0,2), aber seine Häufigkeit wird durch die Mutationsrate immer wieder verringert. So stellt sich nach der 60 Generation (für diesen hier behandelten Fall) ein Gleichgewicht ein, in dem das Aussterben von A unterbleibt. Wir sprechen von einem Gleichgewicht zwischen **Mutationsdruck** und **Selektionsdruck.** Die Häufigkeiten, auf die sich das Gleichgewicht einpendelt, sind natürlich in jedem Fall von den jeweiligen Selektionsfaktoren und der Mutationsrate abhängig.

Beispiel 4 zeigt einen völlig unregelmäßigen Kurvenverlauf. Die Bedingungen entsprechen genau Beispiel 1, nur ein Parameter ist in der Simulation verändert: Die Populationsgröße beträgt statt einer Million nur 100 Individuen. Da das Simulationsprogramm sehr realistisch gestaltet ist, berücksichtigt es auch Zufallsereignisse, wie sie in der Natur sehr häufig vorkommen. Während die Beispiele 1 bis 3 bei jedem Programmlauf praktisch dieselben Diagramme liefern, berechnet das Programm für eine so geringe Populationsgröße wie in Beispiel 4 jedesmals ein anderes Diagramm. Die meisten Programmläufe sagen voraus, dass eines der Gene nach sehr wenigen Generationen schon ganz ausstirbt. Im vorliegenden Beispiel schafft es das Gen a immerhin noch bis etwa zur 88. Generation. Aber jeder andere Verlauf ist denkbar. Dieses Chaos ist durchaus realistisch, denn in der Natur wirkt nicht nur die Selektion einschränkend auf die Genhäufigkeit ein, sondern die unterschiedlichsten zufälligen Einflüsse wie plötzliche Katastrophen können dafür sorgen, dass der Genpool auf ein Minimum, d. h. auf wenige Individuen zusammengestrichen wird. Dabei gehen möglicherweise sehr erfolgreiche Gene unwiederbringlich verloren, und andere, bisher benachteiligte Gene bekommen eine vorher nicht denkbare Entfaltungsmöglichkeit. Wir bezeichnen diese Veränderung der Genhäufigkeit durch Zufälle als **Gendrift.** Sie ist neben Mutation, Selektion und Rekombination auch ein wesentlicher Evolutionsfaktor.

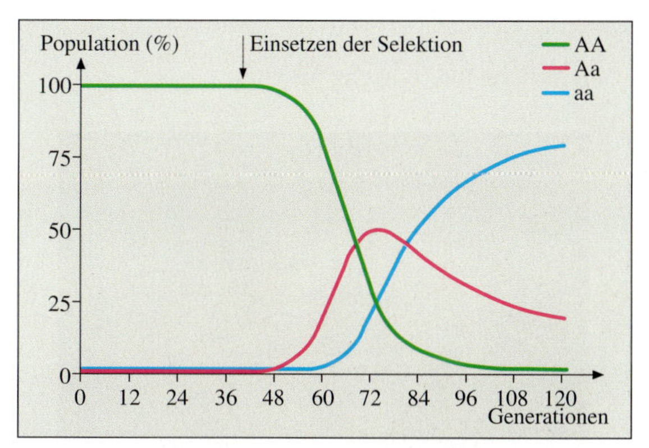

35.1 Beispiel 2: Populationsgröße: 1 000 000; Allelfrequenz für Merkmal A (p): = 0,999; Allelfrequenz für Merkmal a (q): = 0,001; Selektion gegen A: 20 % (s = 0,2); Selektionsbeginn in der 40. Generation

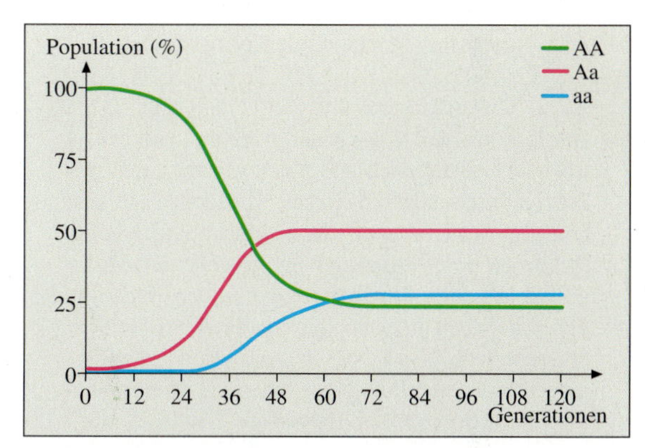

35.2 Beispiel 3: Populationsgröße: 1 000 000; Allelfrequenz für Merkmal A (p): = 0,999; Allelfrequenz für Merkmal a (q): = 0,001; Selektion gegen A: 20 % (s = 0,2); Mutationsrate a → A:5

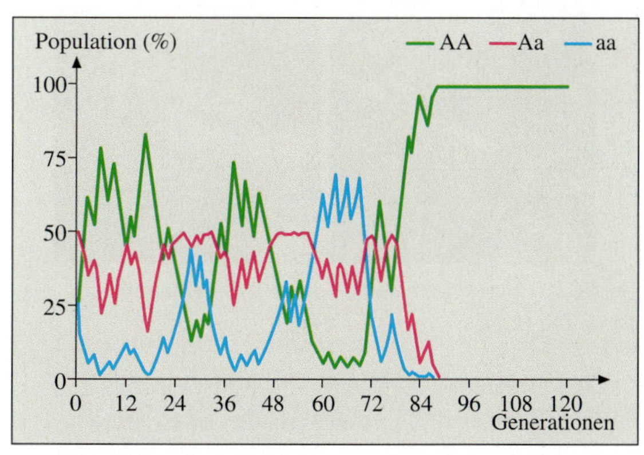

35.3 Beispiel 4: Populationsgröße: 100; Allelfrequenz für Merkmal A (p): = 0,5; Allelfrequenz für Merkmal a (q): = 0,5; Selektion gegen a: 20 % (s = 0,2)

Ähnliche ökologische Nischen

36.1 Spechtfink stochert mit Kaktusstachel

Zwei **Spechtfinkenarten** der Galapagos-Inseln stochern mit Kakteenstacheln oder mit Ästchen in Löchern von Bäumen und holen mit diesen Werkzeugen Insektenlarven heraus, von denen sie sich ernähren. Sie haben damit die Nische, die die **Spechte** in Europa besetzen, eingenommen. Die auf Madagaskar lebenden **Fingertiere**, die zu den Halbaffen gehören, haben an einem ganz anderen Ort der Welt eine ähnliche Nische besetzt. Mit dem besonders langen, dünnen Mittelfinger holen sie wie Spechtfinken und Spechte Käferlarven aus dem Holz.

36.2 Fingertier. A das Tier im Lebensraum; B die Hand

A1 Erläutern Sie, wie die Entwicklung von Spechtfink und Fingertier verlaufen sein könnte.

A2 Erläutern Sie den Begriff ökologische Nische anhand der Beispiele.

3.2.3 Das Habitatgefüge

Eine alte Eiche bietet vielen Tierarten *Lebensraum*. So lebt der Maikäfer von Eichenblättern, seine Larve, der Engerling, dagegen von feinen Wurzeln. Der große Eichenbock saugt die Säfte verletzter Zweige. Seine Larven ernähren sich von Rinde und Holz. Die Larven einer Gallwespenart leben parasitisch von der Eiche als Wirt. Die Wespe legt die Eier in das Blatt. Der Baum bildet dann apfelförmige Gallen, in denen die Larven heranwachsen. Viele Spinnen und Vögel leben auf der Eiche räuberisch von anderen Tieren. Einen solchen für eine Art charakteristischen *Lebensraum* bezeichnet man als sein **Habitat**.

Jede der auf der Eiche lebenden Tierarten verfügt über eine Kombination von Fähigkeiten. Damit zieht sie Nutzen aus der Umwelt, und zwar in einem Bereich, den ihr bislang keine andere Art hat streitig machen können. Jede Art übt in ihrer Umwelt gewissermaßen einen *Beruf* aus. Man nennt diesen Beruf auch **ökologische Nische** einer Art. Dieser Begriff ist also nicht räumlich zu verstehen, sondern meint das System von Wechselwirkungen zwischen Organismus und Umwelt. Prinzipiell spielen bei der so genannten *Einnischung* alle wirksamen Einflussgrößen eine Rolle. Dazu gehören das Nahrungsangebot, Druck durch Feinde, Krankheiten und abiotische Faktoren wie Licht, Feuchtigkeit und Temperatur. *Die spezifischen Fähigkeiten der einzelnen Art und das Gefüge des Ökosystems gestalten also die ökologische Nische gemeinsam.*

Gibt es eine ähnliche Kombination von Umweltfaktoren in verschiedenen Regionen der Erde, so können jeweils unterschiedliche Organismen diese Nische besetzen. So wird die Nische des grabenden, Insekten fressenden Säugetiers in Europa vom Maulwurf, in Australien vom Beutelmull eingenommen. Beide haben walzenförmige Körper, Grabgliedmaßen und ein Fell, das in beide Richtungen gestrichen werden kann, was Vor- und Rückwärtsbewegung in der Erde erlaubt. Das ist ein Beispiel von gleich gerichteter Evolution aufgrund ähnlicher Umweltfaktoren.

Wechselseitige Anpassungen zwischen Blüte und Insekt. Bienen ernähren sich vom Nektar der Blüten und sammeln Pollen für ihre Larven. Sie haben leckend-saugende Mundwerkzeuge, Pollenbürsten, Pollenkämme und Pollenkörbchen, also ganz spezielle Einrichtungen zur Aufnahme von Nektar und zum

Sammeln des Pollens. Ewa 20000 Bienenarten besuchen fast ausnahmslos Blüten. Ihr Selektionsdruck auf die jeweils von ihnen besuchten *Bienenblumen* hat auch bei diesen zu entsprechenden Anpassungen geführt. Bienenblumen besitzen leuchtende, häufig blau oder gelb gefärbte Blüten. Ihre Nektarien sitzen am Blütengrund und Landeplätze sind ausgebildet.
Die Staubblätter junger Salbeiblüten pudern den Pollen auf dem Bienenrücken ab. In älteren Blüten nimmt die sich nach unten krümmende Narbe den Pollen vom Rücken der Biene auf.
Biene und Bienenblume beeinflussen sich wechselseitig und üben dabei starken Selektionsdruck aufeinander aus. Die daraus resultierenden Anpassungen haben bei beiden zu entsprechenden Spezialisierungen geführt. Solch wechselseitige Beeinflussung der Entwicklung wie die von Biene und Bienenblume nennt man **Koevolution.**

Das Beispiel Bienen und Bienenblumen zeigt: Zur Umwelt eines Lebewesens gehören auch andere Lebewesen. Der wesentliche Unterschied solcher biotischen Faktoren gegenüber abiotischen besteht darin, dass sie, wie die Organismen, die sie beeinflussen, selbst der Evolution unterliegen.

Andere Blütenpflanzen, die so genannten Käferblumen, haben mit Käfern eine wechselseitige Anpassung durchlaufen. Beispiele sind die kleinen zu Blütenständen vereinigten Blüten von Hartriegel und Holunder. Die Käfer haben ein sehr viel besseres Geruchs- als Sehvermögen. Käferblumen strömen daher einen starken Duft aus und sind oft weiß.

37.1 Honigbiene an Salbeiblüte

Einige besonders raffinierte Anpassungen hat die Koevolution bei einigen Orchideen und ihren Bestäubern hervorgebracht: So haben Bienen- und Fliegenragwurz Blüten, die dem Hinterleib der namengebenden Insekten auffällig ähneln. Einige Orchideen scheiden sogar Sexuallockstoffe aus, die denen von Insektenweibchen entsprechen. Dadurch locken sie Männchen der entsprechenden Arten an. Bei deren Begattungsversuchen mit solchen Weibchenattrappen bleiben Pollenpakete am Körper haften, die dann andere Blüten bestäuben.

Von der Wind- zur Insektenbestäubung

Die ersten Samenpflanzen waren Nacktsamer. Sie wurden vom Wind passiv bestäubt wie unsere heutigen Nadelbäume. Bei Kiefern kann man zur Blütezeit sehen, wie Windstöße gelbe „Staubwolken" von Pollen wegwehen. Die Samenanlagen der Nadelbäume liegen offen auf den Zapfenschuppen. Sie scheiden einen klebrigen Saft aus. Damit halten sie herbeigewehten Pollen fest. Wie könnten sich aus ursprünglichen Nacktsamern bedecktsamige Blütenpflanzen entwickelt haben?
Insekten, die sich von den Blättern oder vom Harz der Nacktsamer ernährten, könnten irgendwann die klebrige Flüssigkeit der Samenanlagen und den eiweißreichen Pollen als Nahrung entdeckt haben. Besuchten sie die entdeckten „Futterplätze" nun häufiger und schließlich regelmäßig, so brachten sie auch Pollen zu den Blüten mit. Für einige Pflanzen könnte diese Insektenbestäubung wirksamer gewesen sein als die Windbestäubung allein. Traten nun durch Rekombination oder Mutation Pflanzen mit farblichen oder geruchlichen Veränderungen der Blüte auf, die zu häufigeren Besuchen der Insekten führten, so war das ein Selektionsvorteil für die betreffenden Pflanzen. Räuberische Insekten, die die Samenanlagen fraßen, übten dann einen Selektionsdruck aus, der zur Ausbildung einer Schutzeinrichtung für die Samenanlage, zum Fruchtknoten, geführt haben könnte. Die ersten Bedecktsamer waren entstanden.

38.1 Fledermaus an Bananenblüte. Das Tier fliegt die Blüte an, um mit der langen Zunge Nektar zu lecken.

Fledermaus und Fledermausblumen. Fledermäuse bestäuben die Blüten vieler Pflanzen im Regenwald Südamerikas. Man spricht deshalb von *Fledermausblumen* und umgekehrt von *Blumenfledermäusen.*
Die Blüten der Fledermausblumen sind groß, stabil und unscheinbar gefärbt. Fledermäuse sehen keine Farben. Die Blüten erzeugen viel Pollen und reichlich Nektar mit charakteristischem Duft, der die nachtaktiven Fledermäuse anlockt. Die Pflanzen blühen monatelang, was dem guten Ortsgedächtnis der Fledermäuse entgegenkommt. Blumenfledermäuse fliegen nachts von Baum zu Baum. Sie haben ein schnabelartig verlängertes Maul und eine sehr lange, vorstreckbare Zunge. Sie saugen Nektar aus den becher- oder rachenförmigen Blüten und fressen Pollen. Mit den Pollenkörnern, die auf ihrem Pelz haften bleiben, bestäuben sie weitere Blüten.
Der Selektionsdruck, der zu dieser wechselseitigen Anpassung geführt hat, lag darin, dass beide Partner profitieren: Die Fledermäuse erhalten reichlich Nahrung, und die Pflanzen sichern dadurch, dass sie von ihren Besuchern bestäubt werden, ihre eigene Fortpflanzung.

Interessenkonflikt zwischen Orchideenblüte und Schwärmer trotz vorteilhafter Beziehung

Die Orchidee *Angraecum sesquipedale* auf Madagaskar hat Blüten mit einem 25 bis 30 cm langen Nektarsporn. Wie diese Blüten bestäubt werden, wusste man zunächst nicht. CHARLES DARWIN vermutete 1862, dass es auf Madagaskar ein Insekt mit hinreichend langem Rüssel geben müsse, um den Nektar aus dem Sporn dieser Blüten zu saugen und sie dabei zu bestäuben.
Im Jahre 1903 wurde der Schwärmer entdeckt und erhielt den Namen *Xanthopan morgani-praedicta.* Der letzte Name bedeutet „vorhergesagt" und erinnert an die 41 Jahre vorher gemachte Voraussage.
Wie die Abbildung zeigt, liegt der Wechselbeziehung zwischen Orchidee und Schwärmer ein Interessenkonflikt zugrunde: Ein Schwärmer mit längerem Rüssel als der Blütensporn gelangt leicht an den Nektar am Grunde des Sporns, braucht dabei aber Staubblätter und Narben nicht zu berühren. Er bestäubt sie also nicht. Ein längerer Rüssel als der Blütensporn ist also ein Selektionsnachteil für die Pflanze, aber ein Vorteil für den Schwärmer. Der Selektionsdruck des Schwärmers auf die Blüten wirkt in Richtung längere Sporne, weil der Schwärmer beim tiefen Eindringen die Narbe bestäubt. Längere Blütensporne führen ihrerseits zu einem Selektionsdruck hin zu längeren Rüsseln, weil Schwärmer mit zu kurzen Rüsseln die Nektarien nicht erreichen. Koevolutive Beziehungen darf man sich also nicht so vorstellen, als herrsche in der Natur nur Harmonie, vielmehr liegen ihnen häufig vergleichbare Interessenkonflikte wie im geschilderten Beispiel zugrunde.

38.2 Blüte und Schwärmer

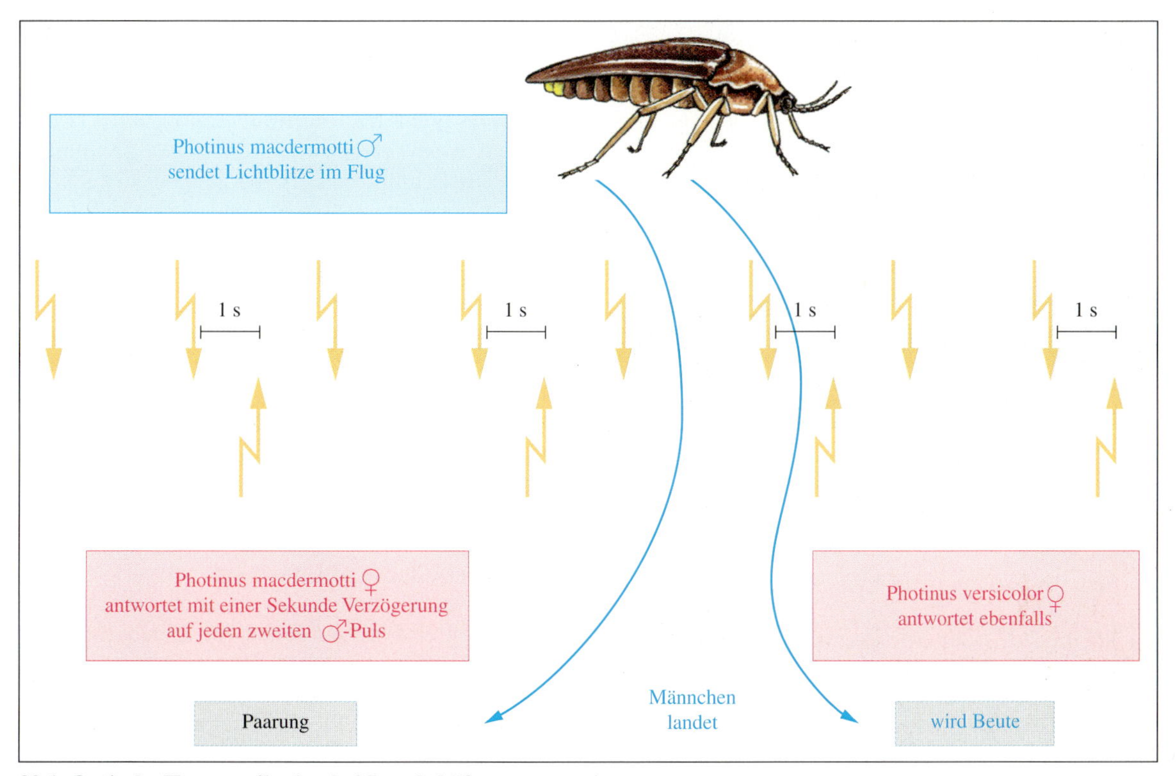

39.1 Optische Kommunikation bei Leuchtkäfern

Leuchtkäfer. Männchen und Weibchen von Leuchtkäfern kommunizieren mit Lichtsignalen. Beide Geschlechter haben jeweils als Sender und Empfänger eine Koevolution durchlaufen. Lichtsignale dienen der Partnerfindung. Das Schema zeigt: Die Männchen der Leuchtkäfer-Art *Photinus macdermotti* senden fliegend artspezifische rhythmische Folgen von Lichtblitzen aus. Das Weibchen antwortet vom Boden aus mit einer Verzögerung von einer Sekunde auf jeden zweiten Lichtblitz des Männchens mit einem eigenen Lichtblitz. Das Männchen erkennt dieses Signal als artspezifische Antwort, landet bei dem blinkenden Weibchen und paart sich mit ihm. Artfremde Weibchen konnten diesen Signalcode brechen. Sie antworten den Männchen mit genau dem Blinkmuster der *Macdermotti*-Weibchen. Die angelockten fremden Männchen werden nach der Landung als Beute gefressen. Hier kommt eine Koevolution zwischen Räuber und Beute hinzu. Der durch die Räuberart ausgeübte Selektionsdruck zwingt die Beuteart, ihre Kommunikation so abzuändern, dass sie wenigstens zeitweilig fälschungssicher kommunizieren kann.

A 1 Stellen Sie die Anpassungen von Fledermausblumen und Fledermäusen tabellarisch zusammen.

Einsiedlerkrebs und Seeanemone – eine Partnerschaft

Einsiedlerkrebse schützen ihren ungepanzerten Hinterleib, indem sie ihn in ein Schneckengehäuse stecken. Wird es zu klein, ziehen sie in ein größeres Gehäuse um. Manche Arten pflanzen auf das Schneckengehäuse eine Seeanemone, die sie vorher mit den Scheren vom Untergrund gelöst haben.

Beide Tiere haben von dieser Gemeinschaft Nutzen. Der Krebs ist durch die Nesselzellen der Seeanemone geschützt. Die Seeanemone profitiert von der Nahrung und Mobilität des Krebses. Eine solche Beziehung heißt Symbiose.

40.1 Sumpfrohrsänger füttert jungen Kuckuck

Brutparasitismus. Das Bild wirkt absurd. Der im Verhältnis winzige Sumpfrohrsänger füttert den viel größeren Jungkuckuck. Der kleine Vogel hat das Ei ausgebrütet, das ihm ein Kuckucksweibchen ins Nest gelegt hatte. Schon wenige Stunden nach dem Schlüpfen warf der junge Kuckuck die Eier der Wirte aus dem Nest und sicherte sich so die gesamte Nahrung.

Das Kuckucksweibchen nutzt das Brutverhalten des Sumpfrohrsängers aus. Es betreibt *Brutparasitismus*. Dabei muss es einiges investieren: Es muss brütende Wirte finden, deren Eier seinen eigenen ähneln. In Abwesenheit der Wirte muss es schnell jeweils ein Ei entfernen und durch ein eigenes ersetzen. Dieses Verhalten nutzt ihm aber auch: Es erspart sich die Mühen der Aufzucht eigener Jungen. Ein weiterer Vorteil liegt in der Risikoverteilung. Wird nämlich ein Nest ausgeraubt, ist jeweils nur ein Jungkuckuck davon betroffen.

Der Kuckuck schädigt das Vermehrungspotential seiner Wirte. Manche Wirtsvögel zeigen eine evolutionäre Anpassung. Sie erkennen fremde Eier im Nest und werfen sie hinaus. Als Gegenanpassung wiederum ähneln die Eier der Brutparasiten den Eiern ihrer Wirte. Bei einer solchen Folge wechselseitiger Anpassungen spricht man auch von einem „evolutiven Wettrüsten".

Sichelzellanämie und Malariaerreger

Bei der Sichelzellanämie des Menschen zeigt das Blutbild infolge einer Genmutation sichelförmige Rote Blutkörperchen. Homozygote Träger des Sichelzellallels leiden unter Anämie bei geringer Lebenserwartung. Das Sichelzellallel müsste also selten sein. Heterozygote Träger zeigen aber nur eine leichtere Form der Anämie. Darüber hinaus sind sie malariaresistent. In Malariagebieten haben sie deshalb eine höhere Lebenserwartung als Malariainfizierte ohne Sichelzellanämie. Die Entwicklung des Malariaerregers in den Roten Blutkörperchen ist bei heterozygoten Trägern des Sichelzellallels gestört. Wegen dieses Selektionsvorteils des Sichelzellallels hat es sich in Malariagebieten stark ausgebreitet.

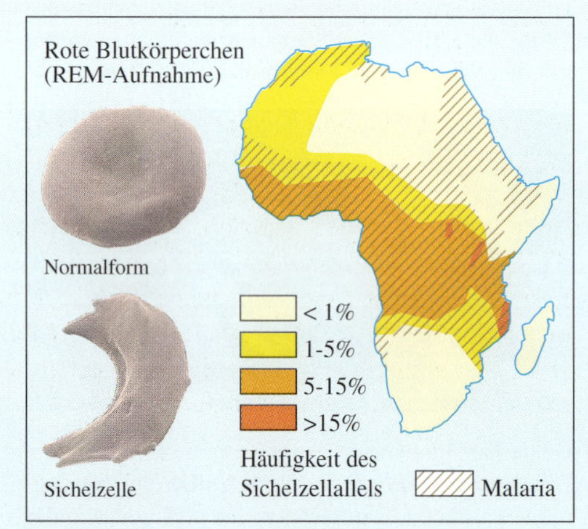

40.2 Verbreitung von Sichelzellanämie und Malaria in Afrika

Das Resistenzproblem in der Medizin

Pilze stehen in Wechselbeziehung zu ihrer Umwelt, zu der auch Bakterien gehören. Diese können den Pilz schädigen. Er schützt sich, indem er *Antibiotika* produziert. Auch der Mensch setzt Antibiotika gegen krankheitserregende Bakterien ein. Nun beobachtet man, dass ein Antibiotikum, mit dem ein Erreger lange Zeit wirksam bekämpft wurde, wirkungslos werden kann. Es können *resistente* Mutanten des Erregers auftreten. Nach dem Ausschalten ihrer nichtresistenten „Artgenossen" können sie sich schnell ausbreiten, weil sie von der Selektion begünstigt sind. Dabei wird kein endgültiger Anpassungszustand des Erregers erreicht, vielmehr herrscht ein ständiger evolutiver Wettlauf zwischen dem Krankheitserreger und dem befallenen Organismus. Die Selektion fördert das Überleben der Wirtsindividuen mit einem entsprechenden Abwehrmechanismus. Bei den Krankheitserregern werden diejenigen selektiert, die die Fähigkeit zur Überwindung des Abwehrmechanismus haben.

Schutztrachten. Zum Schutz vor Fressfeinden haben viele Tiere *Schutztrachten*. In tropischen Gebieten leben die „wandelnden Blätter", die zu den Gespenstheuschrecken gehören. Sie ähneln in ihrer Gestalt und der grünen Farbe den Blättern der Pflanzen, von denen sie leben. Die Tarnung ist so perfekt, dass man sie auch bei längerem Hinsehen kaum erkennt. Die mit ihnen verwandten Stabheuschrecken sind durch ihre lang gestreckte Körperform, mit der sie Halmen oder Ästen ähneln, ebenfalls perfekt getarnt. Viele Wieseninsekten sind grün gefärbt. Man spricht in solchen Fällen von **Tarntrachten**.

Die wehrhafte Wespe braucht sich nicht zu verbergen. Sie ist auffällig gelbschwarz gemustert. Sie trägt eine **Warntracht.** Fressfeinde lernen aus Erfahrung solch auffällig gezeichnete Tiere zu meiden.

Die abgebildete Schwebfliege ähnelt der Wespe stark. Sie „ahmt" deren Warntracht nach, obgleich sie keinen Stachel hat. Sie „täuscht" ihren Feinden mit einer **Scheinwarntracht** Wehrhaftigkeit nur vor. Solche Ähnlichkeit, die nicht auf stammesgeschichtlicher Verwandtschaft, sondern auf täuschender Nachahmung beruht, heißt **Mimikry**. All diese Schutztrachten sind also evolutionäre Anpassungen.

Ein Beispiel für Mimikry im Pflanzenreich sind die zahlreichen Staubblattattrappen im Eingangsbereich der Kronröhre des Roten Fingerhutes. Sie täuschen anfliegende Hummeln mit dem vermeintlich hohen Pollenangebot. Dieses Verfahren ist für die Pflanze ökonomischer als die Produktion von Pollen im Überschuss.

Räuber-Beute-Beziehung. Fuchs und Hase stehen in einer *Räuber-Beute-Beziehung* zueinander. Da der eine den anderen frisst, lautet die Frage: Warum können sie längerfristig nebeneinander bestehen?

Der Selektionsdruck wirkt beim Fuchs in Richtung Schnelligkeit. Schnellere Individuen machen mehr Beute. Ihre bessere Nahrungssituation erlaubt ihnen, mehr Erbanlagen in den Genpool der Folgegeneration einzubringen als langsamere Individuen. Das führt beim Hasen zu einem entsprechenden Selektionsdruck. Auch hier werden die schnelleren Individuen von der Selektion begünstigt. Sie haben eine größere Chance zu entkommen. So besteht ein steter „evolutiver Wettlauf" zwischen Fuchs und Hasen. Die Koexistenz von Räuber und Beute beruht unter anderem auf diesem evolutiven Wettlauf.

41.1 Tarnen, Warnen, Mimikry. A Wandelndes Blatt; B Wespe; C Roter Fingerhut; D Schwebfliege

Symbiose. Flechten sind eine enge Lebensgemeinschaft zwischen bestimmten Pilzen und Algen. Die von Pilzfäden umsponnenen Algen liefern dem Pilz Fotosynthese-Produkte. Pilze stellen gewissermaßen als Gegenleistung Wasser und Nährsalze zur Verfügung. Es ist also eine Lebensgemeinschaft mit gegenseitigem Nutzen. Man spricht auch von *Symbiose*. Sie ist ebenfalls ein Beispiel für Koevolution, also für wechselseitige Anpassung.

A1 Nennen Sie weitere Beispiele für Schutztrachten.

A2 Erläutern Sie, welche Rolle Selektion und wechselseitige Anpassung bei der Entstehung von Schutztrachten gespielt haben können.

42.1 Bewohner der Galapagos-Inseln. A Meeresechse; B Riesenschildkröte

Der Grand Canyon – eine natürliche Barriere

42.2 Erdhörnchenarten. A vom Südrand des Grand Canyon; B vom Nordrand

Zwei Erdhörnchenarten derselben Gattung bewohnen die einander gegenüberliegenden Ränder des Grand Canyon. Die eine Art lebt am Südrand, die andere Art nur wenige Kilometer entfernt am Nordrand. Diese Art ist etwas kleiner und hat einen Schwanz mit weißer Unterseite. Dagegen haben sich Vögel, die ebenfalls auf beiden Canyonrändern leben, den Canyon aber fliegend überwinden können, nicht in unterschiedliche Arten aufgespalten.

3.2.4 Isolationsmechanismen

In der Biologie definiert man eine Art als Population oder Gruppe von Populationen, die miteinander fruchtbare Nachkommen hervorbringen, sich aber mit anderen Arten nicht fortzupflanzen vermögen. Dies wird durch verschiedene Isolationsmechanismen verhindert. Jede Form der Isolation ist also letzten Endes **reproduktive Isolation**. Da sich für fossile Arten die Möglichkeit fruchtbarer Fortpflanzung zwischen bestimmten Individuen nicht nachweisen lässt, fasst man die Gesamtheit aller Individuen zusammen, die in ihren wesentlichen Merkmalen untereinander übereinstimmen Man spricht dann von einem morphologischen Artbegriff.

Darwin fand 1835 auf den Galapagos-Inseln Riesenschildkröten in großer Zahl vor. Ihn interessierten die sich unterscheidenden Tiere, da sie nur auf den Galapagos-Inseln vorkamen. Wie könnten der Artbildungsprozess der Galapagos-Riesenschildkröte und die Entstehung von Unterarten abgelaufen sein? Wahrscheinlich hat sich die Riesenschildkröte aus einem Vorfahren entwickelt, der von Südamerika kommend mit Treibholz die Inseln erreicht hatte. Dessen Nachkommen waren von ihrer ursprünglichen südamerikanischen Population geografisch isoliert.
Nun ist nach dem HARDY-WEINBERG-Gesetz *Panmixie* eine Voraussetzung dafür, dass eine Population in ihrer Allelfrequenz konstant bleibt. Die Fortpflanzungschance zwischen allen Angehörigen der Population muss gleich sein, damit es zu einer regelmäßigen Durchmischung des Erbgutes kommt. Durch die

geografische Isolation war der Genfluss zwischen alter und neuer Population unterbrochen. Neu auftretende Mutationen blieben im Genpool der neuen Inselpopulation. So entstanden zunächst neue Rassen oder Unterarten, die mit der eingewanderten Art noch kreuzbar waren. Die Ansammlung weiterer Mutationen führte in einem lang andauernden Evolutionsprozess zur Bildung der neuen Art Galapagos-Riesenschildkröte. Sie war mit der Ausgangsart nicht mehr kreuzbar. *Geografische Isolation* kann also zur Entstehung neuer Arten führen. Erster Schritt ist die Abtrennung des Genpools einer Population von weiteren Populationen der Elternart. Die abgetrennte Population kann dann mit ihrem isolierten Genpool eine eigene evolutive Entwicklung durchlaufen, die zu einer neuen Art führt. Diese Artentstehung in getrennten Arealen nennt man *allopatrische Artbildung* (*allos:* griech. = anderes, *patris*: griech. = Heimatland).

Verschiedene geologische Prozesse können zu geografischer Isolation führen. Sucht sich ein Fluss ein neues Bett und teilt dabei das Areal, in dem eine Kaninchenpopulation lebt, so können zwei Teilpopulationen isoliert werden. Ähnliche Wirkungen können die Entstehung eines Gebirgszuges oder die Trennung von vorher zusammenhängenden Landmassen durch das Meer haben.

Wegen der langen Zeiträume kann man Artbildungsprozesse nur selten beobachten. Meist liegt mit den Arten nur das Ergebnis von Isolationsvorgängen vor. Deshalb sind Rassenbildungsprozesse in unserer Zeit von Interesse. Die Kohlmeise beispielsweise ist mit verschiedenen Rassen weit verbreitet. Im Verbreitungsgebiet, das von Europa über Kleinasien, den Iran und Indien bis nach China und Japan reicht, stoßen verschiedene Rassengrenzen aneinander. Der Genfluss zwischen weit voneinander getrennt lebenden Populationen ist eingeschränkt. So sind 30 Meisen-Rassen mit unterschiedlicher Gefiederfärbung entstanden. Sie bilden drei Rassengruppen. Die europäische Rassengruppe ist oberseits grün mit gelbem Bauch. Die südasiatische Rassengruppe ist oberseits grau mit weißem Bauch. Die ostasiatische Rassengruppe ist oberseits grün mit weißem Bauch. In den Grenzgebieten treten Bastardierungen auf. Die europäische Rasse ist über Europa und Zentralasien verbreitet. Sie stößt im Amurgebiet mit der ostasiatischen Rasse zusammen. Beide Arten leben dort sympatrisch, kreuzen sich aber nicht. Diese beiden Endglieder des **Rassenkreises** verhalten sich also zueinander so wie verschiedene Arten.

43.1 Rassenkreis der Kohlmeise

DARWIN über die Isolation

DARWIN schrieb in seiner „Entstehung der Arten“: *„Auch die Isolirung ist ein wichtiges Element bei der (…) Veränderung der Arten. In einem umgrenzten oder isolirten Gebiete werden, wenn es nicht sehr grosz ist, die organischen wie die unorganischen Lebensbedingungen gewöhnlich beinahe einförmig sein; so dasz die natürliche Zuchtwahl streben wird, alle veränderlichen Individuen einer und derselben Art in gleicher Weise zu modificiren. Auch Kreuzungen mit solchen Individuen derselben Art, welche die den Bezirk umgrenzenden Gegenden bewohnen, werden hier verhindert. (…) Die Bedeutung der Isolirung ist (…) insofern grosz, als sie nach irgend einem physikalischen Wechsel im Clima, in der Höhe des Landes u. s.w. die Einwanderung besser passender Organismen hindert; es bleiben daher die neuen Stellen im Naturhaushalte der Gegend offen für die Bewerbung und Anpassung der alten Bewohner. (…) Thatsache ist (…), dasz Schranken verschiedener Art oder Hindernisse freier Wanderung mit den Verschiedenheiten zwischen Bevölkerungen verschiedener Gegenden in engem (…) Zusammenhange stehen. Wir sehen dies in der groszen Verschiedenheit fast aller Landbewohner der alten und der neuen Welt, mit Ausnahme der nördlichen Theile, wo sich das Land beinahe berührt und wo vordem unter einem nur wenig abweichenden Clima die Wanderungen der Bewohner der nördlichen gemäszigten Zone in ähnlicher Weise möglich gewesen sein dürften, wie sie noch jetzt von Seiten der (…) arktischen Bevölkerung stattfinden.“*

A1 Nennen Sie die wichtigsten Aussagen DARWINs zur Isolation.

Ökologische Isolation. DARWIN erforschte als Erster die 13 Finkenvogelarten der Galapagos-Inseln. In seinem Buch „Reise eines Naturforschers" schrieb er: „Die merkwürdigste Tatsache ist die vollkommene Abstufung der Schnabelgrößen bei den verschiedenen Arten (…), von einem Schnabel, der so groß ist wie der eines Kernbeißers, bis zu dem eines Buchfinken und (…) sogar bis zu dem einer Grasmücke."
Wie stellt man sich das Entstehen der Darwinfinken vor? Wahrscheinlich gelangten Individuen einer Körner fressenden Stammform vom südamerikanischen Festland auf die Galapagos-Inseln. Damit waren sie von der Stammpopulation geografisch isoliert. Auf den Inseln fanden sie keine Konkurrenten vor. Sie ernährten sich auch hier von Körnern. Eine auftretende Mutante mit einem feineren Schnabel konnte sich auf Insekten als Nahrung umstellen, also die Nische des Insektenfressers bilden. Die Schnabelform hatte also in Verbindung mit der Nahrung Konsequenzen für die Fitness der Mutante. Sie war bei der Weitergabe ihrer Gene bevorzugt. Träger des Merkmals waren „fit für die Nische".
Andere Mutanten besetzten andere ökologische Nischen. So entstanden 13 neue Arten. Sie leben auf dem Boden, auf Kakteen oder Bäumen und ernähren sich mithilfe ihrer unterschiedlichen Schnäbel von Körnern, Pflanzen oder Insekten. Innerhalb des gemeinsamen Lebensraumes hat jede Art bestimmte Umweltgegebenheiten in besonderer Weise genutzt. Durch die Nischenbildung sind sie voneinander isoliert. Die *ökologische Isolation* ist also ein weiterer Isolationsfaktor. Die Aufspaltung einer Population in Unterarten und Arten unter Bildung neuer ökologischer Nischen heißt **adaptive Radiation**. Nach neueren Erkenntnissen ist die ökologische Isolation bei den Darwinfinken einiger Inseln durchbrochen. Man fand viele Mischlinge unter ihnen.

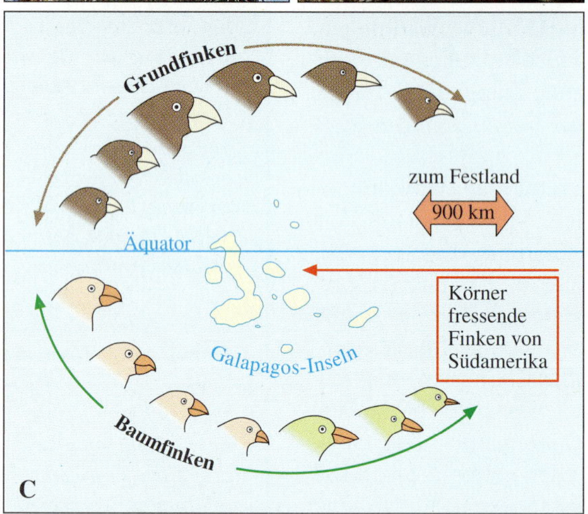

44.1 Darwinfinken. A Kleiner Baumfink; B Kaktus-Grundfink; C adaptive Radiation

Zeitliche Isolation. Gras- und Wasserfrosch sind miteinander kreuzbar. Da ihre Paarungszeiten von der Temperatur des Laichgewässers abhängen und bei beiden unterschiedlich sind, kommt es normalerweise nicht zu Kreuzungen. Es liegt *jahreszeitliche Isolation* vor. Bei anderen Tieren ist die sexuelle Aktivität auf bestimmte Tageszeiten begrenzt.

Zeitliche Isolation gibt es auch im Pflanzenreich. So ist der früher blühende Rote Holunder vom Schwarzen Holunder dadurch isoliert, dass dieser erst später im Jahr blüht. Werden beide Arten experimentell gleichzeitig zur Blüte gebracht, lassen sie sich kreuzen.

Ethologische Isolation. Mehr als 30 Grillenarten leben in Nordamerika im selben Biotop. Alle lassen zur gleichen Tages- und Jahreszeit ihre Lockgesänge hören. Jede Art hat aber ihr artspezifisches Lautmuster. So ist sichergestellt, dass sich nur die Individuen der jeweils selben Art paaren. Es liegt ethologische Isolation vor. Artspezifische Signale sorgen dafür, dass der artgleiche Sexualpartner erkannt wird.
Bei den Winkerkrabben wirken optische Signale isolierend. Die Männchen können mit ihrer stark vergrößerten Schere rhythmisch winken. Die verschiedenen Arten winken unterschiedlich. Nur die jeweils artgleichen Weibchen reagieren auf die Signale. Einige Arten strecken die Schere vor dem Heben seitwärts. Die kleine Schere kann mitbewegt werden. Die Winkbewegungen können unterschiedlich schnell sein oder die Abstände differieren. Sie betragen z.B. eine viertel, eine dreiviertel oder eine ganze Sekunde.

Isolation durch Sterilität. Viele Pflanzen haben nicht nur zwei, sondern drei, vier oder sechs Chromosomensätze. Sie sind also statt diploid triploid, tetraploid oder hexaploid. Bei solcher Vervielfachung der Chromosomensätze spricht man von **Polyploidie**. Eine tetraploide Nachtkerzenart mit 28 Chromosomen kann sich mit ihrer diploiden Stammform, die nur 14 Chromosomen besitzt, nicht mehr kreuzen. Sie ist eine neue Art. Ein genetischer Mechanismus verhindert hier die Vermischung beider Arten im selben Areal. Eine solche Artbildung kann innerhalb einer Generation erfolgen. Da die Isolation der Teilpopulation innerhalb des Verbreitungsgebietes der Ausgangspopulation erfolgt, spricht man von **sympatrischer Artbildung** (*sym:* griech. = zusammen).

Pferd und Esel lassen sich zwar kreuzen, aber ihre Bastarde sind unfruchtbar. Maultiere und Maulesel bilden nämlich bei der Meiose keine normalen Gameten. Die Chromosomenzahlen beider Eltern sind unterschiedlich: Das Pferd hat 64, der Esel nur 62 Chromosomen.

Isolation durch speziellen Bau der Kopulationsorgane. Bei Spinnen und Insekten gibt es einen besonderen Isolationsmechanismus. Die Kopulationsorgane passen so zueinander, dass sich nur artgleiche Individuen paaren können.

A1 Vergleichen Sie DARWINs Aussagen zur Isolation mit den im Kapitel Isolationsmechanismen beschriebenen Vorstellungen.

Isolation bei den Witwenvögeln

Granat-astrild ♂

Königs-witwe ♂

Die afrikanischen Witwenvögel sind Brutparasiten verschiedener Prachtfinkenarten. Deren Junge haben auffällige artspezifische Rachenzeichnungen. Diese finden sich auch bei Witwenjungen und stimmen mit denen ihrer Wirtsart genau überein. Sie dürften unter einem von den Wirten ausgehenden starken Selektionsdruck entstanden sein. Alle Prachtfinkenarten kennen nämlich die Rachenzeichnungen ihrer Jungen und füttern Individuen mit abweichender Zeichnung nicht. Für die Witwenjungen ist also das Füttern durch die Wirtseltern sichergestellt. Auch Bettellaute und Jugendkleider von Wirtsjungen und Jungen des jeweiligen Brutparasiten stimmen überein.
Die Witwenjungen lernen durch Prägung den Gesang ihres Wirts zu erkennen. So beherrschen die Witwenmännchen neben ihren angeborenen „Witwenstrophen" auch die „Wirtsvogelstrophen". Witwenweibchen finden ihre nestbauenden Wirtsvogelpaare nach deren Gesang. Zugleich paaren sie sich mit einem artgleichen, an die gleiche Prachtfinkenart angepassten Partner.
Die *Isolation* wird hier also durch artspezifische Signale und Verhaltensmuster bewirkt.

A2 Die Koevolution ist bei den Witwen und ihren Wirten „eine Spirale weiter" entwickelt als bei den Kuckucken und ihren Wirten. Erläutern Sie.

Königs-witwe

Granat-astrild

Jungvögel 20 Tage

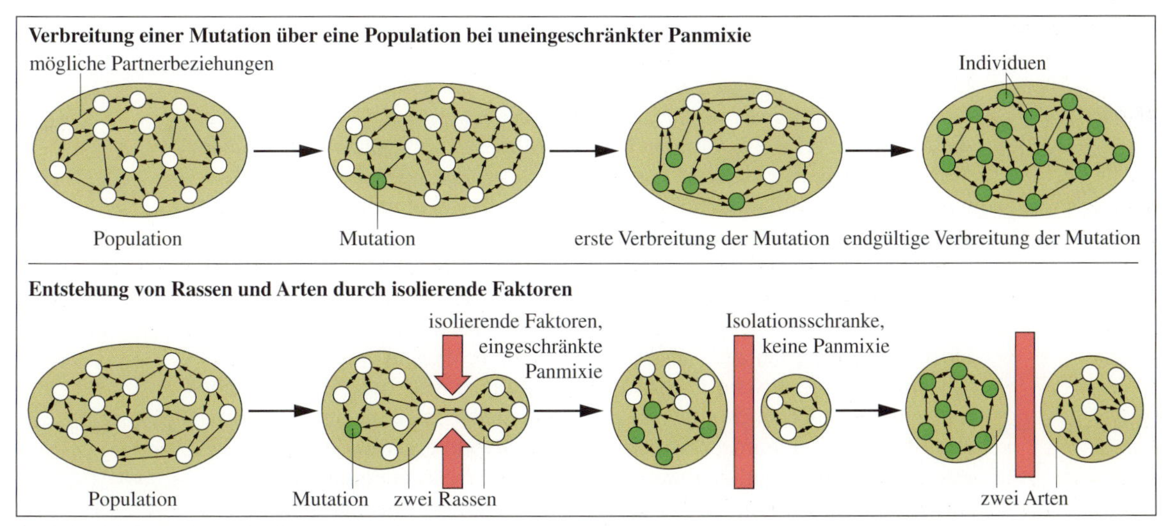

45.1 Artbildung durch Isolation (Schema)

3.2.5 Die Synthetische Theorie der Evolution

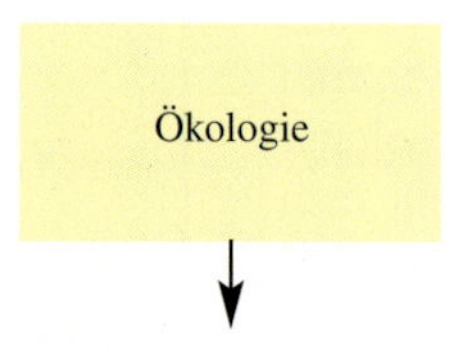

Genetik
Populationsgenetik
Molekulargenetik

Züchtungsforschung

Noch lange nachdem sich DARWINs Theorie von der Evolution der Arten aus einem gemeinsamen Vorfahren allgemein durchgesetzt hatte, tobte unter den Biologen der Streit darüber, welche Mechanismen für den Artenwandel verantwortlich waren. DARWINs und WALLACE' Überzeugung, dass die natürliche Selektion das wichtigste Mittel der Abänderung war und dass diese Abänderung in kleinen Schritten erfolgte, lehnten noch im ersten Drittel des 20. Jahrhunderts die meisten Biologen ab. Ein Grund für die Verwirrung lag in der Tatsache, dass sich DARWIN selbst über den Ursprung der Variabilität zutiefst unsicher war. Seine Ansichten über die Natur der Vererbung waren nebulös und zum größten Teil falsch. Auch die Wiederentdeckung der MENDELschen Gesetze durch CARL CORRENS, ERICH TSCHERMAK und HUGO DE VRIES im Jahre 1900 änderte an dieser Situation nichts. Die meisten frühen Genetiker wie der Holländer DE VRIES, der 1901 auch die Mutationen entdeckt hatte, meinten, neue Arten entstünden plötzlich durch große und sprunghafte Veränderungen des Erbgutes („Makromutationen"). Viele andere glaubten weiterhin an das LAMARCKsche Prinzip der Vererbung erworbener Eigenschaften. Wieder andere, wie der Jesuitenpater und Paläontologe TEILHARD DE CHARDIN meinten, der Evolution liege ein den Organismen innewohnendes Prinzip zur Vervollkommnung zugrunde.

Embryologie

Parasitologie

Tier- und Pflanzengeografie

Verhaltensbiologie

Rekombination
Mutation
Gendrift
Migration
Isolation

biologische Vielfalt
Anpassung

Genpool der Population

Selektion

Anatomie
Morphologie

Physiologie

Erst Anfang der vierziger Jahre kam es zu einer Einigung zwischen Genetikern und Selektionisten: Die „moderne Synthese" wurde formuliert. Nach dieser Theorie erfolgt Evolution durch die allmähliche Ansammlung kleiner Veränderungen im Genpool einer Art. Die Veränderungen selbst entstehen durch zufällige Mutationen und vor allem durch Rekombination, die dafür sorgt, dass sich alle Individuen einer Art – mit Ausnahme eineiiger Mehrlinge – genetisch voneinander unterscheiden. Diese enorme genetische Variabilität liefert das Rohmaterial für die Selektion, die in einem zweiten Schritt dafür sorgt, dass besser angepasste Individuen im Durchschnitt höhere Überlebens- und Fortpflanzungschancen haben als schlechter angepasste Individuen. Die Synthetische Theorie der Evolution ist heute weithin anerkannt und wird durch Beobachtungen aus den verschiedenen Teilgebieten der Biologie gestützt. So wurde beispielsweise die Hypothese von der Vererbung erworbener Eigenschaften durch die Molekulargenetik endgültig widerlegt: Informationen werden von Nucleinsäuren in Proteine übersetzt, nicht aber umgekehrt von Proteinen (dem Phänotyp) in Nucleinsäuren (den Genotyp).

Paläontologie

Molekularbiologie

Die Synthetische Theorie der Evolution – ein Jahrhundertirrtum?

Keine andere wissenschaftliche Theorie hat die Grundfesten des menschlichen Selbstverständnisses so sehr erschüttert wie die DARWINsche Evolutionstheorie. Insofern ist es nicht erstaunlich, dass diese Theorie immer wieder heftigen Angriffen ausgesetzt war. Auch der auf DARWINs Erkenntnissen aufbauenden *Synthetischen Evolutionstheorie* blieb dieses Schicksal nicht erspart. Noch hundert Jahre nach DARWIN wurde sie in der Presse und auch von manchen Biologen immer wieder als „Jahrhundertirrtum" angeprangert.

In Deutschland macht seit Anfang der achtziger Jahre eine **„kritische Evolutionstheorie"** von sich Reden, die die Synthetische Theorie für „grundsätzlich verfehlt" hält und mit „altdarwinistischen Dogmen" aufräumen möchte. Die auch als „Frankfurter Schule" bezeichneten Vertreter dieser Theorie bezweifeln nicht, dass die Evolution *stattgefunden* hat; sie glauben allerdings, dass dafür völlig andere Faktoren verantwortlich waren und sind, als es die Synthetische Theorie annimmt. Insbesondere die Theorie der natürlichen Selektion, die die Anpassung der Lebewesen an die Umwelt für die wichtigste Triebkraft der Evolution hält, lehnen die Vertreter der „kritischen Theorie" als „altdarwinistisches Dogma" ab. Lebewesen betrachten sie als lebendige Maschinen, deren Konstruktion den Verlauf der Evolution bestimmt: „So wie man eine Maschine bei Erhalt der Funktionstüchtigkeit abwandeln kann, indem man streng die Konstruktionsprinzipien einhält und die physikalischen Gesetze beachtet, so kann evolutiver Wandel von organismischen Maschinen nur in der Weise verlaufen, wie dies die organisatorischen Prinzipien zulassen und vorschreiben." In der Evolutionstheorie DARWINs und seiner Nachfolger fehlt ihrer Meinung nach das Verständnis der Konstruktion von Lebewesen, „die Einsicht, dass nicht nur die Umwelt, sondern auch der Organismus selbst mit seinen Organen Einfluss darauf nimmt, was für das Überleben von Vorteil ist."

Nach Ansicht der „traditionellen" Evolutionsbiologen rennen die Vertreter der „kritischen Theorie" mit dieser Auffassung allerdings offene Türen ein. Dass nicht allein die Umwelt für evolutiven Wandel verantwortlich ist, hatte nämlich schon DARWIN erkannt. In seinem Buch über die „Entstehung der Arten" schrieb er: „Es ist verkehrt, z. B. den Bau des Spechts (…) nur äußeren Ursachen zuzuschreiben." Um derartige Missverständnisse auszuschließen, betonte er: „Es sei vorausgeschickt, dass ich die Bezeichnung ‚Kampf ums Dasein' in einem weiten metaphorischen Sinne gebrauche, der die Abhängigkeit der Wesen voneinander, und, was noch wichtiger ist: nicht nur das Leben des Individuums, sondern auch seine Fähigkeit, Nachkommen zu hinterlassen, mit einschließt."

Auch ERNST MAYR, einer der Begründer der Synthetischen Theorie und zugleich einer ihrer prominentesten Vertreter, betont, dass die natürliche Auslese nicht in einen inneren und einen äußeren Anteil getrennt werden kann: „Nicht die Umwelt selektiert, sondern der Organismus, der sich im Meistern der Umwelt als mehr oder weniger erfolgreich erweist." Dass in diesem Zusammenhang auch biomechanische und funktionelle Konstruktionsprinzipien eine Rolle spielen, ist für die Vertreter der Synthetischen Theorie weder eine neue Erkenntnis noch eine, die im Widerspruch zur DARWINschen Evolutionstheorie stehen würde. Aber dass z. B. Eisbären ein weißes Fell haben, männliche Hirsche ein Geweih tragen oder die Männchen aller Säugetiere „begierig die Weibchen verfolgen", wie DARWIN beobachtet hatte, während das Umgekehrte eher selten der Fall ist, erklärt sich nicht durch konstruktionsmorphologische Prinzipien, sondern durch Anpassung. Dass Eisbären weiß sind, liegt z. B. einfach daran, dass ein weißer Bär in der Eiswüste der Arktis bessere Chancen hat Beute zu machen als ein brauner Bär. Dieser würde bald verhungern und somit weniger Nachkommen hinterlassen als sein weißer Konkurrent.

Kritiker der „kritischen Theorie" bemängeln auch, dass deren Vertreter hinsichtlich der eigentlichen *Evolutionsmechanismen* außerordentlich vage bleiben. DARWIN war „fest davon überzeugt, dass die natürliche Selektion das wichtigste, wenn auch nicht einzige Mittel der Abänderung war", und die Vertreter der Synthetischen Theorie sehen dies nicht anders. Völlig andere oder gänzlich neue Mechanismen hat auch die „kritische Theorie" nicht anzubieten. In der Fachwelt fand die „kritische Evolutionstheorie" daher kaum Beachtung und noch weniger Anerkennung.

Bislang hat sich die Synthetische Theorie der Evolution gegenüber alternativen Erklärungsansätzen als bemerkenswert robust erwiesen. Allerdings ist die Synthetische Theorie kein abgeschlossenes Konzept, das auf alle Fragen bereits Antworten hätte. Eher handelt es sich um ein Forschungsprogramm, das ständig weiterentwickelt und verbessert wird. Zu vielen für die Evolutionsbiologie bedeutsamen Entdeckungen und Einsichten kam es erst, nachdem die evolutionäre Synthese formuliert worden war. Dazu gehören beispielsweise die Aufklärung der DNA-Struktur und des genetischen Codes, die Entdeckung der Verwandtenselektion und die Wiederentdeckung der von DARWIN für wichtig erachteten, dann aber lange vernachlässigten sexuellen Selektion. Die Evolutionstheorie von DARWIN und seinen Nachfolgern ist durch diese Entwicklungen aber nicht widerlegt, sondern eindrucksvoll bestätigt worden!

AUFGABEN

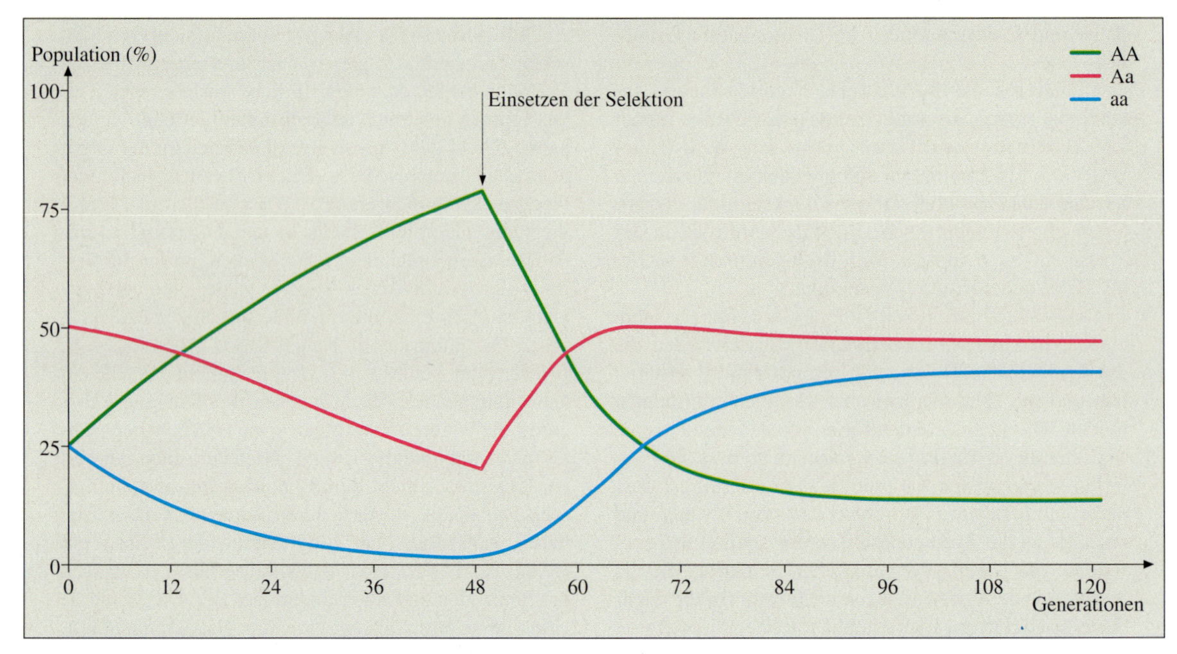

48.1 Modellsimulation zur Populationsgenetik. Populationsgröße 1 000 000; Allelfrequenz für Merkmal A (p) = 0,5; Allelfrequenz für Merkmal a (q) = 0,5; Selektion gegen A: 20 % (s = 0,2); Mutationsrate a → A: 3 pro Generation; Selektionsbeginn in der 49. Generation

A1 Erklären Sie die Kurven der Modellsimulation.

A 2 Schadinsekten zeigen häufig eine sehr hohe Populationsdichte. Neben der chemischen Bekämpfung setzt man auch die biologische Methode der „Selbstvernichtung" ein. Dazu setzt man gezüchtete, steril gemachte Männchen aus. Sie konkurrieren mit den fruchtbaren Wildmännchen um die Weibchen. Paarungen mit sterilen Männchen bleiben ohne Nachkommen, wodurch die Population reduziert wird. Auf diese Weise hat man z. B. in subtropischen und tropischen Bereichen Amerikas eine Schmarotzer- und Aasfliege sehr wirksam bekämpft.

Gäbe man z. B. zu einer zahlenmäßig konstanten Wildpopulation, die 1200 Männchen enthält, 1200 sterilisierte Männchen hinzu, so wäre in dieser P-Generation das Verhältnis von Wildmännchen zu sterilen Männchen 1:1. Nur die Hälfte der Paarungen erfolgte mit fruchtbaren Männchen. Die F_1 enthielte nur noch die Hälfte der Individuen, also nur noch 600 Männchen. Würde man erneut 1200 sterile Männchen aussetzen, so wäre das Verhältnis Wildmännchen zu sterilen Männchen in der F_1 1:2. Nur noch ⅓ der Paarungen führte zur Befruchtung. Die F_2 hätte also nur noch ⅓ der Männchen der F_1 und mithin ⅓ x ½ = ⅙ der Männchen der P-Generation. Den 1200 Männchen der Ausgangspopulation ständen also 200 Männchen der F_2 gegenüber.

Generation	Zahl der zugefügten sterilen Männchen	Wildmännchen : sterile Männchen	Reduktion der Population
P	n	1 : 1	½
F_1	n	1 : 2	⅙
F_2	n	1 : 6	1/42
F_3	n		
F_4	n	1:1806	1/3 263 442

a) Ergänzen Sie in der Tabelle die Werte für die 4. Generation. Erläutern Sie.
b) Wie ließe sich die Wirkung dieser Schädlingsbekämpfungsmethode steigern?
c) Welche Voraussetzungen sind in den Überlegungen und Berechnungen stillschweigend enthalten?
d) Erläutern Sie den Zusammenhang zwischen Fitness, Evolution und Sterilität.

AUFGABEN

A3 Bei der Keimzellbildung kommt es zur Neuverteilung der homologen Chromosomen, zur Rekombination.

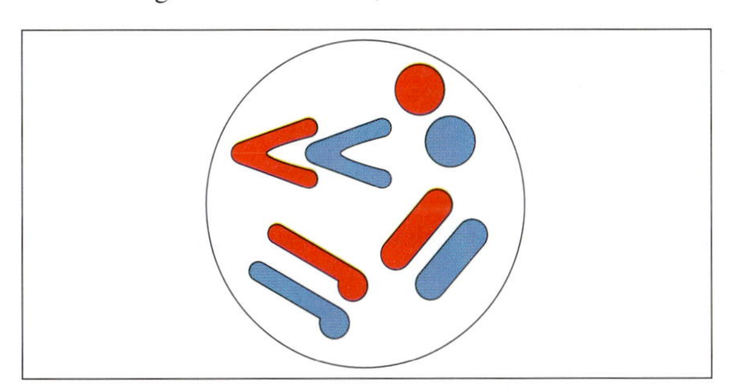

a) Zeichnen Sie alle Keimzellen, die aus dieser Urkeimzelle mit 2n = 8 Chromosomen hervorgehen können.
b) Wie viele Gametensorten können also in jedem Geschlecht entstehen?
c) Wie viele Gametensorten wären es bei m Chromosomen-Paaren?
d) Wie viele Zygotensorten könnten aus den Keimzellen in b) entstehen?
e) Welche anderen Vorgänge führen ebenfalls zur Rekombination?

A4 Die Mustangs der nordamerikanischen Prärie sind verwilderte Nachfahren von Hauspferden, die aus Europa eingeführt wurden. In jeder Generation einer Population variieren die Individuen in Muster und Fellfarbe.
a) Führen Sie diese Variabilität auf Neumutationen in der vorhergehenden Generation oder auf sexuelle Rekombination zurück? Begründen Sie Ihre Entscheidung.
b) Welche Rolle spielen Mutation und Rekombination als Evolutionsfaktoren?

A5 Der britische Insektenforscher KETTLEWELL machte Freilandexperimente mit dem Birkenspanner. Er setzte helle und dunkle Formen des Birkenspanners in verschiedenen Gegenden Englands aus und fing die überlebenden Individuen nach einiger Zeit wieder ein. Die Tabelle zeigt die Ergebnisse.

Versuchsort	helle Form	dunkle Form
Dorset (nichtindustrielle, waldreiche Gegend)		
ausgesetzt	496	473
wieder gefangen	62	30
prozentualer Anteil	12,5 %	6,3 %
Birmingham (Industrielandschaft)		
ausgesetzt	137	447
wieder gefangen	18	123
prozentualer Anteil	13,1 %	27,5 %

a) Werten Sie die Tabelle aus.
b) Beschreiben Sie an diesem Beispiel das Wirken der Selektion.
c) Wirkt die Selektion direkt auf den Genotyp, auf jedes Allel, auf den Phänotyp oder auf den gesamten Genpool ein? Begründen Sie Ihre Entscheidung.

A6 Die Abbildung verdeutlicht die Wirkung zweier Selektionsformen auf die Färbung von Schneckengehäusen.

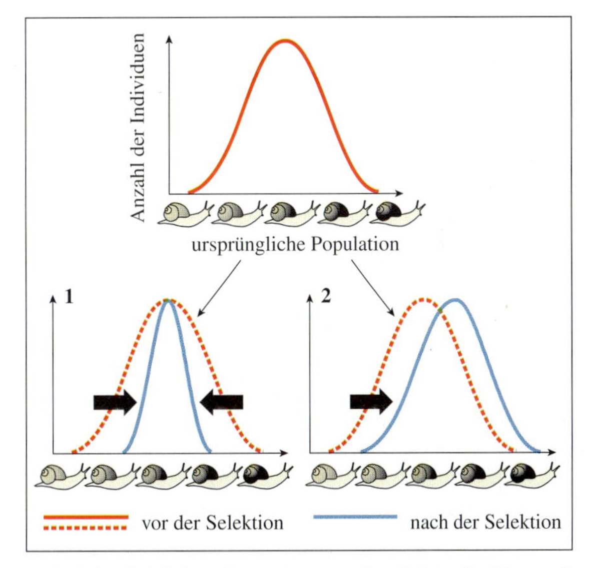

a) Welche Selektionsformen veranschaulichen die Kurven?
b) Was ist jeweils das Ergebnis?
c) Wie wirkt disruptive Selektion?

A7 Die natürliche Selektion sondert ungünstige Genotypen über den Phänotyp aus. Sie hat also die Tendenz, Variation zu verringern. Dem wirkt Diploidie entgegen.
a) Erläutern Sie diese Aussage.
b) Welche Bedeutung hat dieser Sachverhalt für das Evolutionsgeschehen?

A8 Durch ein großes Weidegebiet wird eine mehrspurige Autostraße gebaut. Biologen interessieren sich für die Auswirkungen dieses Großprojekts auf die dort lebenden Organismen. In den folgenden Jahren werden deshalb die Genpools verschiedener Populationen auf beiden Seiten der Autostraße verglichen, und zwar von einigen windbestäubten Pflanzen, von mehreren Vogelarten, Mäusen, Käfern und einigen Schneckenarten.
a) Bei welchen Lebewesen würden Sie am ehesten evolutive Veränderungen erwarten?
b) Welche Form der Artbildung könnte hier beginnen?
c) Charakterisieren Sie sie anhand des Beispiels.

AUFGABEN

A9 Bei den Bankivahühnern, der Stammform unseres Haushuhns, sehen die Hähne deutlich anders aus als die Hennen. Leuchtende Farben und auffällige Merkmale, wie der rote Kamm der Hähne, sind für die Männchen vieler Vogelarten kennzeichnend, während die Weibchen meist viel unscheinbarer sind.

a) Erklären Sie den Begriff Sexualdimorphismus. Auf welche geschlechtsspezifischen Merkmale bezieht sich der Begriff nicht? Nennen Sie andere Beispiele für Sexualdimorphismus.

b) Wie kann man die Entstehung derartiger Merkmale erklären?

c) Die Weibchen sind für das Aussehen der Männchen verantwortlich. Begründen Sie diese Aussage.

A10 In einem Biologielehrbuch lesen wir: „Offensichtlich beruht die Koexistenz zwischen Räuber und Beute auf einem ständigen evolutiven Wettlauf von Anpassung und Gegenanpassung: Koevolution als Rüstungswettlauf."
Erklären Sie das Zitat anhand eines Beispiels und füllen Sie dabei den Begriff Koevolution mit Inhalt.

A11 Die Kurven zeigen die jahreszeitliche Verteilung der Paarungsrufe von Männchen sympatrisch lebender Froscharten Nordamerikas. (Gleichfarbige Kurven stehen für Arten, die am selben Ort leben.)

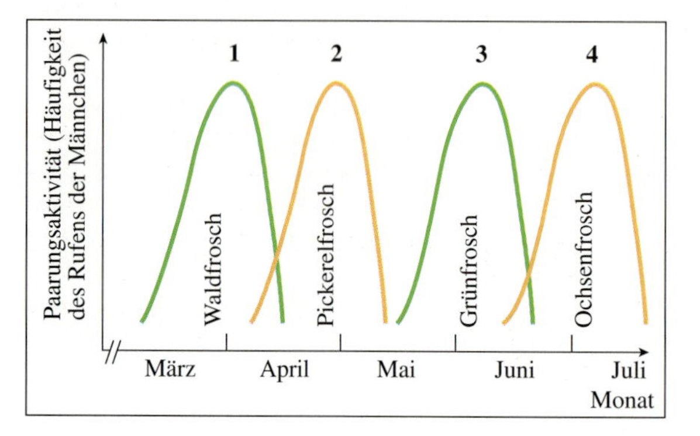

a) Beschreiben und erläutern Sie die Kurven.

b) Welche Isolationsform liegt vor?

c) Was heißt sympatrisch leben?

A12 Beuteltiere gelangten in der Kreidezeit von Südamerika über die antarktische Landbrücke nach Australien. Plazentatiere lebten dort damals noch nicht. Heute ist die Beuteltierfauna Australiens außerordentlich typenreich. Beutelmaus, Beutelmaulwurf (Beutelmull) und Flugbeutler fressen Insekten. Der Ameisenbeutler ist auf Ameisen spezialisiert. Der inzwischen ausgerottete Beutelwolf war ebenso wie der Beutelteufel ein Raubtier. Koala und Känguru sind Pflanzenfresser, der Wombat ist ein nagetierähnlicher Wurzelfresser. Die Honigbeutler sind Nektarsauger.
Beutelfledermäuse fehlen in der Beuteltierfauna. Es gibt in Australien Fledermäuse. Sie sind die einzigen Plazentatiere, die schon vor Ankunft des Menschen in Australien lebten.

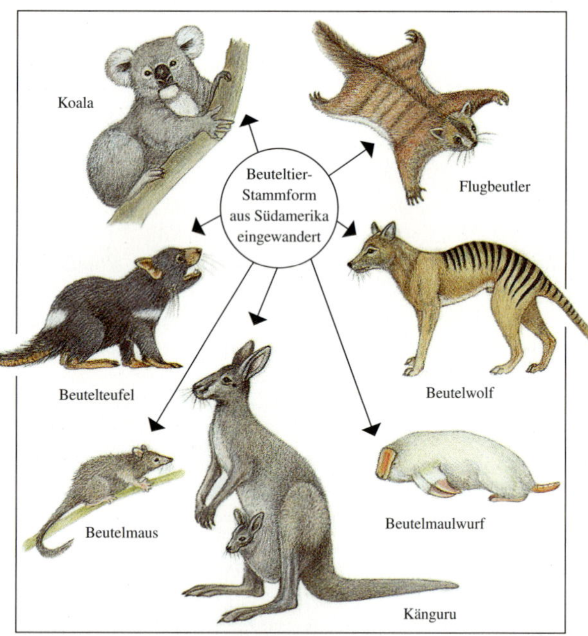

Erläutern Sie am Beispiel der Beuteltiere Australiens den Vorgang der adaptiven Radiation.

A13 Stellen Sie in einer Tabelle die verschiedenen Isolationsmechanismen zusammen und charakterisieren Sie sie nach folgendem Muster:

Isolationsmechanismus	Charakterisierung

GLOSSAR

adaptive Radiation: Aufspaltung einer Art in neue Arten unter Anpassung an verschiedene ökologische Bedingungen

allopatrische Artbildung: Artbildung als Folge geografischer Isolation verschiedener Populationen einer Ausgangsart

Angepasstheit: absolutes Maß für die Fähigkeit zu überleben und sich fortzupflanzen

Anpassung: Prozess, der durch Selektion der Tauglichsten zur → Angepasstheit führt

Art: verschiedene Populationen von Lebewesen, die eine Fortpflanzungsgemeinschaft bilden

Domestikation: Vorgang, bei dem durch Eingriff des Menschen Wildformen zu Haustieren oder Nutzpflanzen werden

Evolutionsfaktoren: Faktoren, die für die Veränderung der Zusammensetzung des Genpools einer Population und für die Entstehung biologischer Vielfalt verantwortlich sind (z. B. Rekombination, Mutation und Selektion)

Gen: Erbfaktor; DNA-Abschnitt, der ein bestimmtes Protein codiert

Genotyp: Erbbild eines Organismus, umfasst alle seine Gene

Genpool: Gesamtbestand aller Gene einer Population

Habitat: der für eine Art charakteristische Lebensraum

HARDY-WEINBERG-Gesetz: Die Genhäufigkeiten in einer → Idealpopulation stehen in einem stabilen Gleichgewicht.

Idealpopulation: Modell einer Population, die 1. ausreichend groß ist, sodass keine Zufallsschwankungen auftreten, und in der 2. Panmixie herrscht, 3. keine Mutationen auftreten und 4. keine Selektion herrscht

Industriemelanismus: Anreicherung dunkel gefärbter Mutanten von Insekten in Industrieregionen durch selektive Begünstigung; auf rußgeschwärztem Untergrund sind die Tiere für Fressfeinde schwerer zu erkennen und damit besser geschützt als die hellere Wildform.

Isolation: Evolutionsfaktor, der die Fortpflanzung, also den ungestörten Genaustausch in einer Fortpflanzungsgemeinschaft, verhindert (reproduktive Isolation)

Koevolution: wechselseitige Beeinflussung der Evolution z. B. zweier Arten, etwa Bestäuber und zu bestäubende Pflanze

künstliche Selektion: selektive Züchtung von Nutzpflanzen oder Haustieren durch den Menschen auf bestimmte erwünschte Merkmale hin

Meiose: Reifeteilung, bei der der diploide Chromosomensatz auf den haploiden reduziert wird

Mimikry: Ähnlichkeit, die auf der „täuschenden Nachahmung" von Signalen beruht (z. B. Scheinwarntracht der Schwebfliege)

Mitose: Zellkernteilung, bei der aus einem diploiden Zellkern zwei diploide Zellkerne entstehen

Mutation: Erbänderung, die ein Gen, ein Chromosom oder durch Veränderung der Chromosomenanzahl den ganzen Chromosomensatz betreffen kann

Mutationsdruck: von den Mutationen in einer Population hervorgerufener, dem Selektionsdruck entgegenwirkender Druck

natürliche Selektion: aus der Wechselbeziehung zwischen Lebewesen und ihrer Umwelt resultierender unterschiedlicher Fortpflanzungserfolg verschiedener Phänotypen

ökologische Nische: die Rolle, die eine Art in einem Ökosystem spielt, oder der „Beruf", den sie in diesem ausübt

Panmixie: die Paarung beliebiger heterosexueller Partner erfolgt mit gleicher Wahrscheinlichkeit

Phänotyp: Erscheinungsbild eines Organismus mit all seinen Merkmalen

Population: lokal begrenzte Gruppe von Lebewesen einer Art

Populationsgenetik: Wissenschaft, die sich mit der Veränderung der Genhäufigkeiten im Genpool einer Population im Laufe der Zeit befasst

Rekombination: Neukombination von Erbanlagen bei der Keimzellbildung und bei der sexuellen Fortpflanzung

relative Fitness: in der Populationsgenetik Quotient aus der Nachkommenschaft des betrachteten Genotyps der betrachteten Generation und des besten Genotyps der betrachteten Generation, dessen Wert gleich 1 gesetzt wird

Schutztracht: Aussehen, das durch Form, Farbe und Zeichnung vor Fressfeinden schützt

Selektion, Auslese: unterschiedlicher Fortpflanzungserfolg der Individuen einer Population aufgrund unterschiedlicher Eignung

Selektionsdruck: Druck, den die Umweltfaktoren auf die Individuen einer Population ausüben; dadurch nehmen die Gene der bestangepassten Individuen im Genpool zu

Selektionsfaktoren: abiotische und biotische Umweltfaktoren, die als Auslesefaktoren wirken (z. B. Temperatur, Windverhältnisse, Nahrungsbedingungen und Bodenbeschaffenheit sowie Fressfeinde)

Sexualdimorphismus: Unterschiede in Gestalt, Verhalten und anderen Merkmalen zwischen den Geschlechtern

sexuelle Selektion: unterschiedlicher Fortpflanzungserfolg der Individuen einer Population aufgrund unterschiedlicher Eignung in der Konkurrenz um den Zugang zu Sexualpartnern

Symbiose: Zusammenleben von Lebewesen verschiedener Arten mit wechselseitigem Nutzen

sympatrische Artbildung: Artbildung, bei der durch Veränderung des Genoms eine reproduktiv isolierte Teilpopulation inmitten der Ursprungspopulation entsteht

4 Spurensuche – Indizien für die Evolution

4.1 Fossile Spuren

4.1.1 Fossilien und Paläontologie

Der versteinerte Seeigel, der Donnerkeil und das in Bernstein eingeschlossene Insekt sind Überreste von Organismen aus vergangener Zeit. Solche Versteinerungen und eingeschlossenen Tiere wurden schon im Altertum und im Mittelalter gefunden. Wo sie massenhaft auftraten, trugen sie zu Sagen- und Geschichtenbildung bei. Man nennt die Hartteile des Innenskeletts ausgestorbener Tintenfische von der Gegend abhängig „Donnerkeile", „Teufelsfinger" oder „Gespensterkerzen".
Fast jeder hat solche versteinerten Tiere oder Pflanzen schon gesehen oder mit etwas Glück im Urlaub gefunden. So kann man versteinerte Seeigel an der Ostsee, Donnerkeile auf Rügen oder in Thüringen finden. So manches Bernsteinschmuckstück enthält eingeschlossene Insekten. Man bezeichnet die erhalten gebliebenen Reste von Pflanzen und Tieren früherer Erdzeitalter als Fossilien. Auch die erhalten gebliebenen Spuren von Tieren wie Fußabdrücke und Fraßspuren gehören dazu.
Die Wissenschaft, die sich mit dem Leben der geologischen Vorzeit und damit mit den Fossilien befasst, ist die **Paläontologie**. Sie ist für die Evolutionstheorie von großer Bedeutung. Sie liefert nämlich direkte Dokumente für die Stammesgeschichte. Mithilfe der Paläontologie gewinnt man einen Überblick über die Evolutionszeiträume: So schätzt man Lebensspuren aus Rhodesien – möglicherweise von *Cyanobakterien* – auf 2,5 bis 3,4 Milliarden Jahre. Noch ältere prokaryotische Spuren zeigen die so genannten Stromatolithen. Im Präkambrium traten vor etwa 700 Millionen Jahren die ersten Vielzeller auf. Am Beginn des Kambriums vor ca. 550 Millionen Jahren waren, wie die Fossilien zeigen, nahezu alle Wirbellosenstämme vertreten.
Die Paläontologie zeigt weiter: Es gab in früheren Erdepochen Lebewesen, die es heute nicht mehr gibt. Nicht alle Lebewesen waren von Anfang an da. Die verschiedenen Tier- und Pflanzengruppen sind vielmehr nacheinander aufgetreten, Lurche und Reptilien zum Beispiel lange nach den Fischen.

52.1 Versteinerter Seeigel

52.2 Donnerkeil (Skelettelement eines Kopffüßers)

4.1.2 Die Entstehung der Fossilien

Man kennt heute ca. 150000 ausgestorbene Arten. Ihre Gesamtzahl wird aber auf wenigstens 10 Millionen geschätzt.
Fossilien sind wichtige Belege für die Evolution. Die wenigen Fossilienfunde geben aber nur ein sehr lückenhaftes Bild. Das hat verschiedene Gründe: Tote Organismen werden in der Regel von Fäulnisbakterien zersetzt, sodass sie keine Spuren hinterlassen. So müssen viele günstige Umstände zusammentreffen, damit ein Fossil entsteht. Der tote Organismus muss zum Beispiel schnell von Sand oder anderen Ablagerungen (Sedimenten) eingeschlossen werden, um damit vom Sauerstoff abgeschlossen zu sein. So wird der Zersetzungsprozess verhindert. Das Sediment muss zum Schutz des Fossils schnell erhärten und es darf keine zerstörenden Stoffe enthalten. Deshalb findet man Fossilien vor allem an Orten rascher Sedimentation wie Sümpfen, Mooren, Seen oder Flachmeeren.
Veränderungsprozesse der Erdkruste wie Faltung, Verformung und Verwitterung zerstören allerdings viele der entstandenen Fossilien wieder. Darum enthalten die Schichten mit zunehmendem Alter immer weniger Fossilien, bis sie in den ältesten Gesteinen ganz ausbleiben. Das Auffinden von Fossilien, z. B. beim Arbeiten in Steinbrüchen, ist oft von Zufällen abhängig.

Welche Überreste können von Lebewesen als Fossilien erhalten bleiben? In günstigen, allerdings selteneren Fällen ist es der ganze Körper. Man spricht dann von einem **Körperfossil**. So können kleinere Tiere wie Fliegen, Ameisen, Käfer, Spinnen oder Asseln in fossilen Harzen, also in Bernstein, als **Einschlüsse** erhalten sein. Solche Einschlüsse sind so zahlreich und aufschlussreich, dass man von der Bernsteinfauna spricht. Einschlüsse gibt es auch in Salz, Erdwachs oder Eis. Aus dem Dauerfrostboden Sibiriens sind zum Beispiel mit allen Weichteilen erhaltene Mammuts geborgen worden, bei denen auch der Mageninhalt weitgehend erhalten war. Ein 1977 gefundenes Exemplar hatte 44000 Jahre im ständig gefrorenen Boden konserviert gelegen.
In Gegenden mit extremer Trockenheit können tote Lebewesen auch durch Austrocknung konserviert werden. Man spricht dann von **Mumien**. Meist bleiben aber von Lebewesen nur die **Hartteile** wie Gehäuse, Schalen, Panzer, Zähne oder Knochen erhalten. Beispiele hierfür sind die Gehäuse von Schnecken oder die Schalen von Muscheln, die im Kalk oft in großer Zahl gefunden werden.

53.1 Insekt, in Bernstein eingeschlossen

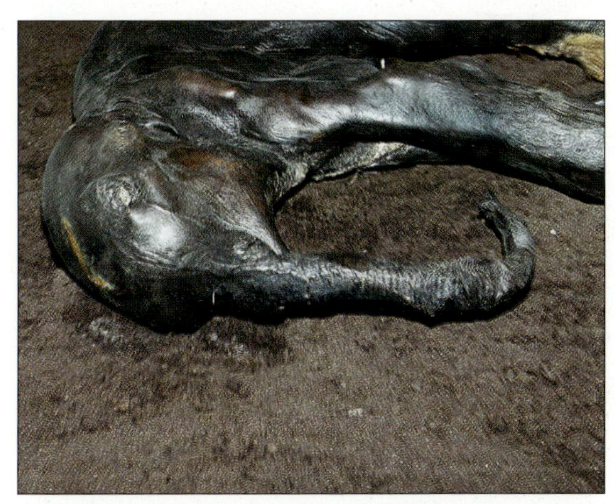

53.2 Mammut (Jungtier aus Dauerfrostboden)

53.3 Schneckengehäuse in Süßwasserkalk

54.1 Abdrücke von Blütenstand und Blättern

54.2 Saurierfährte

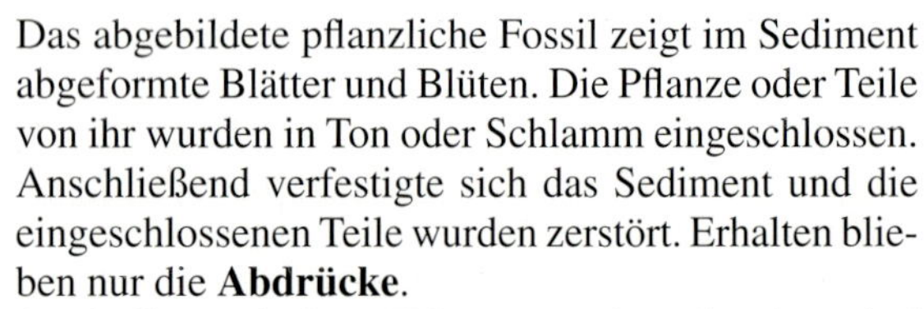

Das abgebildete pflanzliche Fossil zeigt im Sediment abgeformte Blätter und Blüten. Die Pflanze oder Teile von ihr wurden in Ton oder Schlamm eingeschlossen. Anschließend verfestigte sich das Sediment und die eingeschlossenen Teile wurden zerstört. Erhalten blieben nur die **Abdrücke**.

Auch die entdeckten Trittspuren eines Sauriers sind Abdrücke. Im Plattenkalk von Solnhofen hat man sogar Abdrücke von Quallen gefunden.

Der Ammoniten-**Steinkern** entstand anders. Diese Kopffüßer hatten spiralige Schalen. Der Hohlraum der Schale füllte sich nach Absterben des Tieres mit Sediment, das später erhärtete. Der entstandene Steinkern zeigt den inneren Abdruck der Schale mit allen Einzelheiten.

Bei dem fossilen Baum handelt es sich um eine **Versteinerung**. Dabei dringen Minerallösungen in die Gewebe eines toten Baumes ein, und ausfallende Mineralien ersetzten das organische Material. Geschieht das mit Kieselsäure, so spricht man von Verkieselung. Verkieselte Bäume kennt man aus dem Raum Chemnitz in Sachsen und aus den USA.

Ein weiterer Fossilisationsprozess ist die **Inkohlung**. Unter Luftabschluss durch Wasser findet bei bestimmten Temperaturbedingungen ein Umwandlungsprozess statt, bei dem Kohlenstoff übrig bleibt. Dabei entstehen abhängig von den Bedingungen Torf, Braun- oder Steinkohle.

Ein noch nicht vollständig geklärter Fossilisationsprozess ist die Entstehung des Erdöls.

A 1 Stellen Sie die verschiedenen Fossilien in einer Tabelle zusammen und beschreiben Sie jeweils den Entstehungsprozess.

54.3 Ammoniten-Steinkerne

54.4 Versteinerte Baumstämme

Erdzeitalter	Periode	Epoche	Beginn vor (in Mio. Jahren)	wichtige Ereignisse der Evolution
Känozoikum (Erdneuzeit)	Quartär	Holozän	0,01	gegenwärtige Pflanzen und Tiere
		Pleistozän	1,8	Entstehung des Menschen; Pflanzen und Tiere der Eiszeit
	Tertiär	Pliozän	5	menschenaffenähnliche Vorfahren des Menschen treten auf
		Miozän	23	Radiation von Bedecktsamern und Säugern
		Oligozän	34	die meisten Säugerordnungen und die Menschenaffen entstehen
		Eozän	57	Vorherrschaft der Bedecktsamer; Vielfalt der Säuger nimmt zu
		Paläozän	65	Radiation von Säugern, Vögeln und Pollen übertragenden Insekten
Mesozikum (Erdmittelalter)	Kreide	Oberkreide		Bedecktsamer erscheinen; Dinosaurier und andere Organismen sterben zum Ende dieser Periode aus
		Unterkreide	144	
	Jura	Malm		vorwiegend Nacktsamer; Hauptzeit der Dinosaurier, erste Vögel
		Dogger		
		Lias	208	
	Trias	Keuper		Nacktsamer vorherrschend; erste Dinosaurier und Säugetiere
		Muschelkalk		
		Buntsandstein	245	
Paläozoikum (Erdaltertum)	Perm	Zechstein		Reptilien-Radiation, Entstehung säugetierähnlicher Reptilien und der meisten Insektenordnungen
		Rotliegendes	286	
	Karbon	Oberkarbon		Bärlapp- und Schachtelhalmwälder, erste Samenpflanzen; Reptilien entstehen, Amphibien herrschen vor
		Unterkarbon	360	
	Devon	Oberdevon		große Mannigfaltigkeit der Knochenfische, erste Insekten und Amphibien
		Mitteldevon		
		Unterdevon	408	
	Silur	Obersilur		Vielfalt kieferloser Wirbeltiere; Pflanzen und Gliederfüßer besiedeln das Land
		Untersilur	438	
	Ordovizium	Oberordovizium		erste Wirbeltiere, Rundmäuler; Meeresalgen
		Mittelordovizium		
		Unterordovizium	505	
	Kambrium	Oberkambrium		Leben nur im Meer; die meisten Wirbellosenstämme tauchen auf; Algen
		Mittelkambrium		
		Unterkambrium	544	
Präkambrium			700	die ersten Tiere entstehen
			1500	älteste fossile Eukaryoten
			2500	Sauerstoffansammlung in der Atmosphäre
			3500	älteste bekannte fossile Prokaryoten
			4600	geschätzter Zeitpunkt der Entstehung der Erde

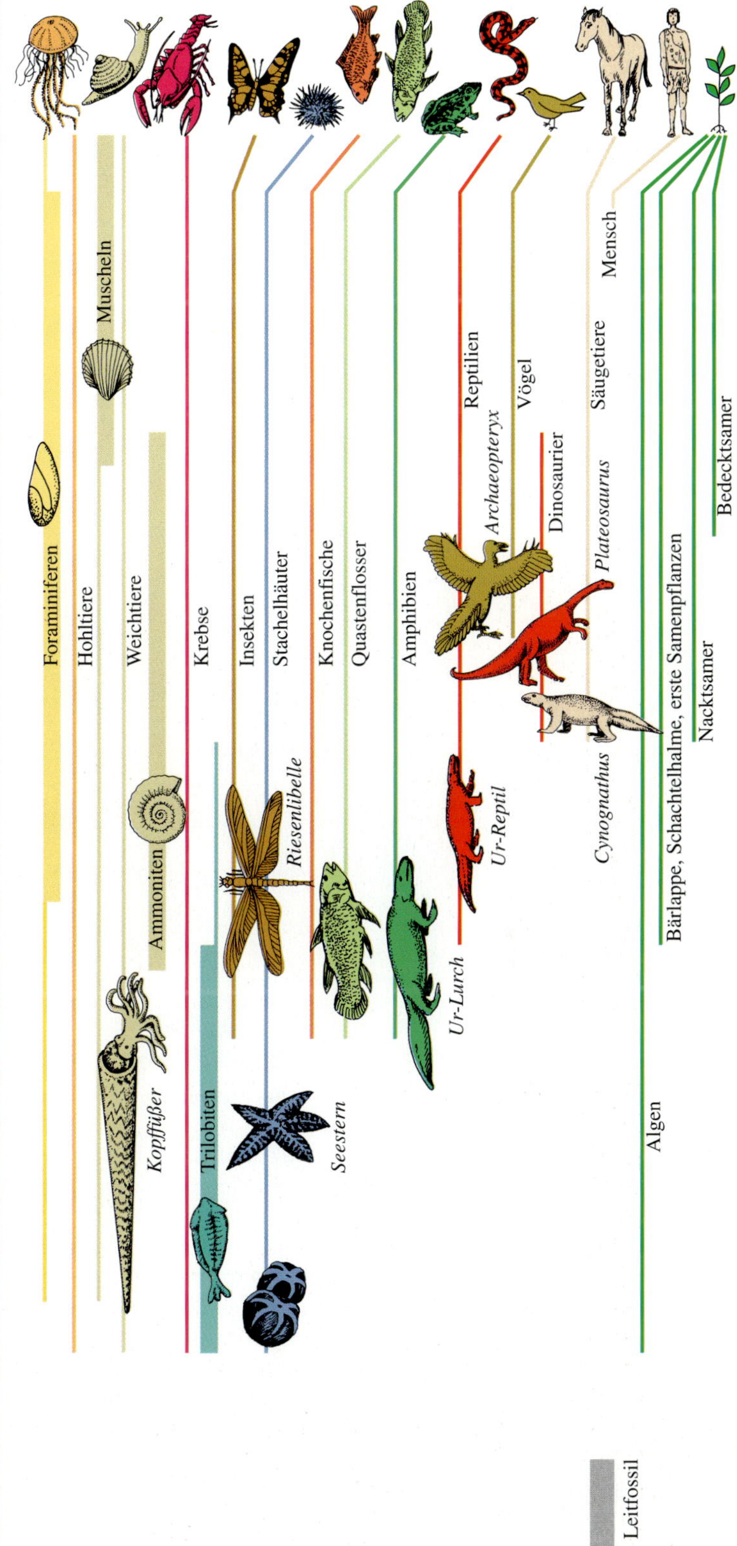

.1 Erdzeitalter und ihre Lebewesen

4.1.3 Datierungsmethoden

Will ein Paläontologe für ein gefundenes Fossil den Ablauf seiner Evolution klären oder es in einen Stammbaum einordnen, muss er das Alter des Fossils kennen. Er wird also fragen: *Wann hat das Tier gelebt?* Es gibt verschiedene Datierungsmethoden, mit denen sich das Alter eines Fossils bestimmen lässt. Fossilien überdauern vielfach in Sedimentgesteinen. Diese entstehen aus Sand oder Schlamm, die sich auf dem Grund von Seen oder Meeren ablagern. In solche Sedimente können in unterschiedlich großer Zahl Fossilien eingebettet sein, z. B. die Schalen oder Skelette von Muscheln, Korallen oder Foraminiferen (Schalen tragende Einzeller). Sedimentation erfolgt an einem bestimmten Ort nicht kontinuierlich, z. B. beim Austrocknen von Sümpfen oder Seen.
Aber auch in einem überfluteten Gebiet schwankt die Sedimentation. So bildet das entstehende Gestein Schichten oder *Straten.* Im Grand Canyon der USA hat der Colorado das Gestein 2000 Meter tief eingeschnitten. Das Foto zeigt die vielen Schichten unterschiedlicher Dicke und Farbe. Jede Schicht ist in einer bestimmten Periode der Erdgeschichte entstanden. Sie enthält Fossilien der Lebewesen, die zu jener Zeit lebten. Auf dieser Grundlage arbeitet die **Biostratigrafie.** Sie ist eine **relative Altersbestimmungs-** oder **Datierungsmethode.** Man geht davon aus, dass die durch Ablagerungen gebildeten Schichten horizontal verlaufen. Sind die Gesteinsschichten später nicht durch geologische Vorgänge verschoben worden, ist die oberste Schicht am jüngsten. Sie ist zuletzt entstanden. Die nach unten folgenden Schichten sind älter, die unterste Schicht ist die älteste.

56.1 Schichtung des Sedimentgesteins (Grand Canyon)

Aus dem relativen Alter einer Schicht ergibt sich das relative Alter eines darin enthaltenen Fossils. Die Schichtenfolge zeigt also die Reihenfolge an, in der die Evolution der Artengruppen verlief. Fossilien einer höheren Schicht sind jünger als die einer tieferen Schicht. Die *relative Datierung* erlaubt nur die Aussage, dass ein Fossil A älter ist als ein Fossil B. Die Schichtenfolge sagt aber nichts über das absolute Alter der Fossilien aus.
In den Sedimentgesteinen bestimmter Epochen der Erdgeschichte findet man typische Fossilien. Offenbar haben jeweils optimale Lebensbedingungen dafür gesorgt, dass diese Lebewesen zu bestimmten Zeiten in großen Massen aufgetreten sind. Ihre Reste findet man in entsprechend großer Zahl. Man nennt sie **Leitfossilien.** Sie erlauben, Schichten einer Fundstelle mit solchen anderer Fundstellen zu vergleichen. So dienen Leitfossilien als Unterscheidungs- und Einordnungskriterien. Als Leitfossilien nutzt man z. B. die Schalen oder die Gehäuse verschiedener Meerestiere, wie die von Muscheln oder Foraminiferen. Auch die Trilobiten oder Dreilappenkrebse sind solche Zeitmarken. Trilobiten sind z. B. für den Zeitraum vom Kambrium bis zum Devon Leitfossil. Die Ammoniten (Tintenfischverwandte), deren Gehäuse einem Widderhorn ähneln, sind für den Zeitraum vom Devon bis zur Kreide Leitfossilien.
Eine weitere relative Datierungsmethode ist die **Fluormethode.** Sie beruht auf der Erkenntnis, dass in der Erde liegende Knochen aus dem Boden Fluor aufnehmen. Je länger die Knochen in der Erde gelegen haben, desto höher sind sie mit Fluor angereichert. Ein fossiler Knochen mit höherem Fluorgehalt ist also älter als ein anderer mit niedrigerem Fluorgehalt.

Im Unterschied zu den vorher beschriebenen Methoden erlaubt die *absolute* oder *chronometrische Datierung* eine exakte Altersangabe wie: Das Fossil ist 500 000 Jahre alt.
Für die absolute Datierung werden vor allem radiometrische Methoden eingesetzt. Sie beruhen alle auf der Tatsache, dass radioaktive Elemente unabhängig von äußeren Einflüssen wie Druck, Temperatur oder anderen Umwelteinflüssen mit konstanter Rate zerfallen. Die Zerfallsrate eines radioaktiven Elements wird durch die Halbwertszeit ausgedrückt. Das ist die Zeit, die verstreicht, bis die Hälfte aller ursprünglich vorhandenen Atome zerfallen ist. Jedes radioaktive Isotop hat eine charakteristische Halbwertszeit.

Bei der **Radiokarbonmethode** nutzt man den Zerfall des radioaktiven Kohlenstoff-Isotops ^{14}C zu ^{14}N unter Abgabe von Elektronen. Durch kosmische Strahlung aus dem Weltraum wird regelmäßig ein bestimmter Teil des atmosphärischen Stickstoffs in radioaktiven Kohlenstoff ^{14}C verwandelt. Dieser ist ein β-Strahler. Das heißt, das Isotop strahlt beim Zerfall Elektronen ab. Bewegungen der Atmosphäre verteilen diesen radioaktiven Kohlenstoff gleichmäßig über die ganze Erde. Über die Fotosynthese und die Nahrungsaufnahme wird er dann in alle Lebewesen in gleicher Konzentration eingebaut. Organismen enthalten deshalb den gleichen Anteil ^{14}C wie die Lufthülle. Messungen haben ergeben, dass in jedem Gramm lebender Substanz 15,3 Atome ^{14}C pro Minute zerfallen. Die dabei frei werdenden Elektronen kann man messen.
Stirbt ein Lebewesen, so nimmt es keinen radioaktiven Kohlenstoff mehr auf, der vorhandene zerfällt aber fortlaufend. Damit beginnt die „radioaktive Uhr zu ticken". Die Halbwertszeit von ^{14}C beträgt 5730 Jahre. Misst man bei einem Fossil die ausgestrahlten Elektronen und stellt z. B. fest, dass nur noch die Hälfte von 15,3 Atomen pro Gramm und Minute zerfällt, so ist das Fossil 5730 Jahre alt. Das Lebewesen ist also vor 5730 Jahren gestorben. Mit der Radiokarbonmethode hat man z. B. das Alter eines 1977 im sibirischen Dauerfrostboden gefundenen Mammuts auf 44 000 Jahre bestimmt.
Die Radiokarbonmethode kann wegen der im Vergleich zur Erdgeschichte kurzen Halbwertszeit nur für die Datierung relativ junger Fossilien bis zu etwa 50 000 Jahren genutzt werden.

A1 Mithilfe der Radiokarbonmethode lassen sich nur relativ junge Fossilien datieren. Erläutern Sie dies anhand der Abbildung 57.1.

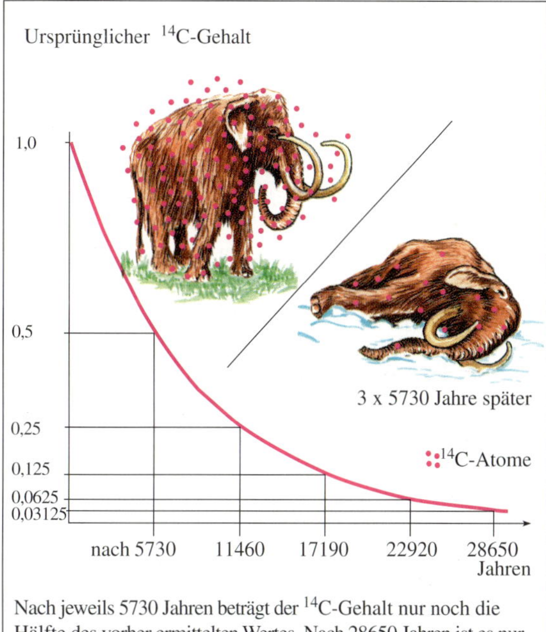

Nach jeweils 5730 Jahren beträgt der ^{14}C-Gehalt nur noch die Hälfte des vorher ermittelten Wertes. Nach 28650 Jahren ist es nur noch $^{1}/_{32}$ des Ausgangswertes.

57.1 Halbwertszeitkurve von ^{14}C

Eine absolute, nichtradiometrische Datierung

Die magnetischen Eigenschaften der Erde können ebenfalls für die Altersdatierung genutzt werden. Der positive Pol des Magneten Erde liegt heute am Nordpol, der negative Pol liegt am Südpol.

Durch das erdmagnetische Feld wurden in früheren erdgeschichtlichen Epochen vulkanische Gesteine, die eisenhaltige Mineralien enthielten, beim Erstarren magnetisiert.

Nun hat das erdmagnetische Feld in fast allen Epochen der Erdgeschichte immer wieder seine Richtung geändert, es gab Perioden der Polumkehrung, in denen der Nordpol negativ und der Südpol positiv waren. Durch Einregelung kleinster magnetischer Teilchen blieben solche Umpolungen in Gesteinen konserviert. Durch die Untersuchung magnetischer Kristalle in Gesteinen hat man diese Umpolungen bis in die Zeit vor mehreren Millionen Jahren zurückverfolgen können. Die Abfolge der verschiedenen Magnetisierungsepochen erlaubt im Zusammenhang mit radiometrischen Methoden die Altersbestimmung der Gesteine. Man spricht von Paläomagnetismus.

Während die Radiokarbonmethode also nur für die Altersbestimmung relativ junger Fossilien geeignet ist, erlauben andere radioaktive Elemente mit längeren Halbwertszeiten auch die Datierung sehr viel älterer Funde. So hat das ^{238}U eine Halbwertszeit von 4,5 Milliarden Jahren. Man kann mit der **Uranmethode** das Alter Hunderte oder Tausende Millionen Jahre alter Gesteine datieren und so auch das Alter darin enthaltener Fossilien bestimmen.

Eine wichtige radiometrische Methode, mit der man ebenfalls das Alter der Gesteine und dadurch indirekt das der eingeschlossenen Fossilien bestimmt, nutzt den Zerfall des radioaktiven Isotops ^{40}K. Dieses Isotop ist in gewöhnlichem Kalium nur zu einem sehr geringen Teil (1/25 000) enthalten. Bei seinem Zerfall entsteht das Edelgas Argon. Man spricht deshalb von der **Kalium-Argon-Methode.**
Die Halbwertszeit von ^{40}K beträgt 1,3 Milliarden Jahre. Von 1000 ^{40}K-Atomen sind also nach 1,3 Milliarden Jahren 500 zerfallen. So beträgt der Argongehalt der heutigen Atmosphäre trotz des Milliarden Jahre andauernden Zerfallsprozesses des ^{40}K nur 1 %. Im Magma ist ^{40}K enthalten. Solange das Magma flüssig ist, entweicht das beim ^{40}K-Zerfall entstehende Argon. Erstarrt das vulkanische Gestein, bleibt das weiterhin entstehende Argon im Kristallgitter gefangen. Mithilfe der Messung dieser Argonmenge kann man das Alter des betreffenden Gesteins bestimmen. Die Datierung kann allerdings nur dann gelingen, wenn das Gestein und die Kristalle, die das eingeschlossene Argon enthalten, unbeschädigt sind. Ist nämlich bereits ein Teil des Argons entwichen, gelangt man zu fehlerhaften Ergebnissen.
Wissenschaftler haben für diese Datierung ein kompliziertes Verfahren entwickelt: Man ermittelt zunächst, wie viel Kalium in einer geeigneten Probe vulkanischen Materials enthalten ist. Daraus berechnet man die Zerfallsrate der Probe. Man weiß, dass in einem Gramm gewöhnlichen Kaliums etwa 3,5 ^{40}K-Atome pro Sekunde zerfallen und in Argon übergehen. Mithilfe einer besonderen Apparatur wird die Anzahl der Argonatome in der Probe bestimmt. Dazu werden aus der Apparatur mittels Pumpen zunächst 99,99 % der Luft herausgesaugt. Die in der Luft vorhandenen Argonatome würden anderenfalls eine Messung unmöglich machen. In einem Glasgefäß der Apparatur wird die Probe dann verdampft. Anschließend wird die Anzahl der Argonatome ermittelt. Daraus wird dann das Alter der Probe errechnet.
Indirekt werden damit auch im betreffenden Gestein eingeschlossene Fossilien datiert.

Absolute Datierungsmethoden für Fossilien und besonders die Kalium-Argon-Methode haben unser Wissen über die Evolution des Menschen entscheidend beeinflusst.

Die langen Zeiträume, um die es bei der Datierung geht, bleiben nicht ohne Einfluss auf die Fossilien. So können beispielsweise durch Diffusion zwischen Fossil und Boden Stoffe ausgetauscht werden. Dadurch kann sich z. B. der ^{14}C-Gehalt eines Fossils ändern. Die Altersbestimmung wäre in einem solchen Fall fehlerhaft.
Bei radiometrischer Datierung wird nur selten das Fossil selbst datiert wie bei der ^{14}C-Methode. Meist wird das umgebende Gestein datiert. Dabei reicht in einigen Fällen die absolute, radiometrische Datierung nicht aus; relative Verfahren müssen hinzutreten. Die Paläontologen verlassen sich deshalb bei der Datierung selten auf eine Methode allein. Sie verwenden möglichst mehrere Methoden und berücksichtigen sorgfältig alle Begleitumstände an der Fossillagerstätte.

Altersbestimmung anhand von Aminosäuren

Paläontologen fanden Fossilien früherer Menschen zusammen mit Straußeneischalen. Möglicherweise dienten die Straußeneier der Ernährung dieser Menschen. Die Eischalen könnten sie als Gefäße genutzt haben. Die Altersbestimmung der Schalen gelang mit einer besonderen nichtradiometrischen Methode, bei der man Umwandlungsprozesse von Aminosäuren nutzt.

Aminosäuren haben jeweils zwei Spiegelbildisomere, eine L-Form und eine D-Form). Lebewesen synthetisieren nur L-Aminosäuren und bauen aus ihnen Proteine auf.
Stirbt ein Lebewesen, so werden die L-Aminosäuren langsam in D-Aminosäuren umgewandelt, sodass ein Gemisch aus L- und D-Aminosäuren entsteht. Das Verhältnis beider Formen in einem Fossil kann man messen. Weiß man, mit welcher Geschwindigkeit der Umwandlungsprozess, die **Aminosäure-Racemisierung,** abläuft, so lässt sich ermitteln, wie lange das Lebewesen schon tot ist.

A1 Die Geschwindigkeit der Racemisierung ist temperaturabhängig. Was bedeutet das für die Anwendung der Methode?

4.1.4 Die Rekonstruktion eines Lebewesens

Die Rekonstruktion eines Lebewesens aus fossilen Resten ist schwierig. Ein Fund kann aus lediglich einem Unterkiefer oder einem einzelnen Zahn bestehen, sodass erst Vergleiche mit früheren oder späteren Funden weiterhelfen. Hat man in seltenen Fällen ein fast vollständiges Skelett gefunden, müssen die Knochen zunächst vorsichtig aus dem Gestein herauspräpariert werden. Oft entspricht ihre Lage nicht der ursprünglichen Anordnung. Ein Vergleich mit früheren Funden kann hier klärend helfen. Fehlende Teile müssen ergänzt werden. Schließlich werden die Knochen und die nachgebildeten Teile mit Draht oder auf andere Weise miteinander verbunden.

In einem nächsten schwierigeren Schritt erfolgt die Rekonstruktion der Muskulatur. Hilfreich sind dabei die Muskelansatzstellen am Skelett. Große Ansatzstellen deuten auf kräftige Muskeln hin. Gibt es noch lebende Verwandte des Fossils, kann man möglicherweise an ihnen die Knochen-Muskel-Beziehungen untersuchen.

Skelett und Muskulatur zusammen geben dem Präparator Hinweise darauf, wie Haltung und Form des Tieres ausgesehen haben könnten. So erlaubt das leicht gebaute hohlknochige Skelett eines Flugsauriers den Schluss, dass das Tier fliegen konnte. Das Skelett kann also auch Hinweise auf die Bewegungsweise des Tieres geben. Hinsichtlich der Erscheinungsform bleiben aber viele Unsicherheiten. Fossilien mit Resten von Haut und Haaren, wie sie vom Flugsaurier gefunden wurden, sind selten. Höchst selten sind Farben auf kleinen Hautresten erhalten. Aber sie müssen nicht den ursprünglichen Farben entsprechen.

Fossilien von Pflanzen und Tieren, die man gemeinsam mit dem zu rekonstruierenden Fossil gefunden hat, lassen eventuell Rückschlüsse auf die Umwelt und die Lebensweise zu.

Lebensbild eines Flugsauriers

Das Bild zeigt uns, wie der Flugsaurier *Rhamphorhynchus* gelebt haben könnte.

Der Name des Tieres bedeutet „Schnabelschnäuziger“. Tatsächlich hat das Tier einen langen Schnabel wie ein Vogel, aber mit langen spitzen Zähnen. Die gut erhaltenen Funde aus dem bayerischen Solnhofen lassen die Gestalt des Skeletts mit dem langen Schwanz gut erkennen.

In der Abbildung sieht man die rekonstruierten Tiere fliegen, jagen und schwimmen, erfährt also auch vieles über ihre Lebensweise. Dabei hat kein Mensch *Rhamphorhynchus* je beobachten können. Als der Mensch auf der Erde erschien, war dieser Flugsaurier bereits seit über 100 Millionen Jahren ausgestorben.

A1 Erklären Sie, wie man Lebensbilder ausgestorbener Lebewesen gewinnt.

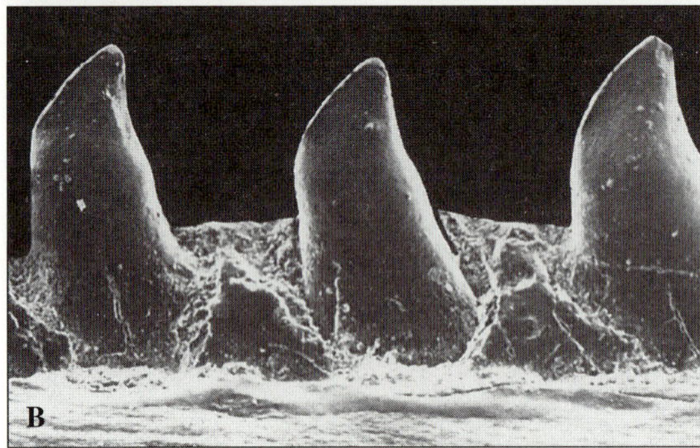

60.1 ***Archaeopteryx.*** A Berliner Exemplar von 1876; B Interdentalplatten des *Archaeopteryx bavarica* von 1992; C Rekonstruktion

4.1.5 Besondere Fossilienformen

Das abgebildete Fossil fand man 1876 im bayerischen Solnhofen. Es ist etwa 150 Millionen Jahre alt und trägt den Namen *Archaeopteryx* oder *Urvogel.* Das erste Exemplar des Urvogels hatte man schon 1861 gefunden. Inzwischen gibt es sieben Exemplare, die alle aus dem fränkischen Jura stammen. *Archaeopteryx* hat außer einem Federkleid noch weitere *Vogelmerkmale,* nämlich Flügel, entsprechend geformte Unter- und Oberarmknochen und drei Finger, zum Gabelbein verschmolzene Schlüsselbeine und einen Vogelschädel mit großen Augen. Fußwurzel- und Mittelfußknochen sind zum Lauf verschmolzen, die Großzehe ist nach hinten gerichtet. *Archaeopteryx* zeigt aber auch *Reptilienmerkmale.* Dazu gehören: ein kleines Gehirn, Kegelzähne, Krallen an den drei Zehen der Vordergliedmaßen und eine lange Schwanzwirbelsäule mit nicht ineinander greifenden Wirbeln, Rippen ohne Rippenfortsätze, Beckenknochen, die durch Bindegewebe miteinander verbunden sind und nicht verwachsene Schien- und Wadenbeine. Beim 1992 gefundenen siebten Exemplar, *Archaeopteryx bavarica,* ist der Unterkiefer vom Schädel gelöst. Die dadurch sichtbare Kieferinnenseite lässt zwischen den 12 Zähnen dreieckige Knochenplatten, die Interdentalplatten, erkennen (Abbildung 60.1 B). Sie sind ein eindeutiges Merkmal einer bestimmten Sauriergruppe, zu der unter anderem *Tyrannosaurus rex* gehört. Diese Tatsache beweist die Verwandtschaft zwischen *Archaeopteryx* und den Sauriern.

Mit dem „Urvogel“ liegt eine **Übergangsform** zwischen Reptilien und Vögeln vor. Man spricht auch von *Mosaikformen* oder **Brückentieren.** Sie stehen zwischen größeren systematischen Gruppen und zeigen ein Mosaik ursprünglicher und abgewandelter Merkmale. Sie können helfen, evolutive Entwicklungen zu erklären.

Für den hervorragenden Fossilienkenner GEORGES CUVIER (1769 bis 1832) war das Fehlen solcher Übergangsformen Stütze für die Artkonstanz. Nach seiner Vorstellung starben sämtliche Lebewesen durch Naturereignisse aus und wurden dann neu erschaffen. Er argumentierte in seiner Katastrophentheorie:

Ichthyostega

„Wenn die Arten sich gradweise geändert hätten..., müsste man Zwischenformen finden, was bisher noch nicht vorgekommen ist." *Archaeopteryx* ist eine solche Zwischenform, wie sie CUVIER gefordert hat.
Auch das älteste bekannte Landwirbeltier, *Ichthyostega* aus dem Devongestein Grönlands ist eine *Übergangsform.* Es hat einen Schädel, der etwas breiter als lang ist. *Ichthyostega* zeigt ein Mosaik aus Merkmalen von Fischen und Amphibien. Der Bau des Schädels, die Wirbelsäule und die von Knochenstrahlen gestützte Schwanzflosse erinnern an Fische. Die fünfstrahligen Gliedmaßen und der Anschluss des Beckens an die Wirbelsäule sind dagegen Amphibienmerkmale.
Ein säugetierähnliches Reptil, *Cynognathus* aus Triasschichten Südafrikas, ist ein Bindeglied zwischen Reptilien und Säugern. Säugetierartig sind die Ausbildung des Gaumendaches und die des sekundären Kiefergelenks sowie die differenzierten Zähne. Sie werden im Gegensatz zu denen der Reptilien nur einmal gewechselt.

Neben Übergangsformen und allmählichem Formenwandel lassen Fossilien auch das Aussterben größerer Organismengruppen erkennen. Man spricht von **Floren-** und **Faunenschnitten.** So starben an der Wende von der Kreide zum Tertiär Ammoniten, Saurier und ein großer Teil der Planktonfauna aus. In einigen Fällen haben einzelne Formen das Aussterben ihrer Gruppe überlebt. Meistens zeigen sie über lange geologische Zeiträume nur geringe Veränderungen, sodass man sie fossilen Arten oder Gattungen zuordnen kann. Das gilt z. B. für die *Pfeilschwanzkrebse.* Man spricht von **Dauerformen** oder **lebenden Fossilien.** Sie haben oft in relativ stabilen Meeresbiotopen viele Millionen Jahre nahezu unverändert überlebt. Das gilt auch für den Quastenflosser *Latimeria.* Auch die Lungenfische Afrikas, Südamerikas und Australiens, die stehende Gewässer und Sümpfe bewohnen, sind lebende Fossilien. Die auf einigen neuseeländischen Inseln lebende Brückenechse ist ebenfalls eine Dauerform.

Cynognathus

Lungenfische – Vorfahren der Landwirbeltiere?

Ein im Jahre 1938 vor der südafrikanischen Küste gefangener unbekannter Fisch wurde beim Vergleich mit Fossilien als *Quastenflosser* identifiziert. Bis dahin hatte man die Quastenflosser für seit 70 Mio. Jahren ausgestorben gehalten. Das *lebende Fossil* erhielt den Namen *Latimeria chalumnae.* Die Tiere haben verdickte quastenartige Flossen, von denen man lange glaubte, sie könnten der Fortbewegung auf dem Meeresboden dienen. Quastenflosser wurden lange Zeit als Übergangsformen zwischen den Fischen und landbewohnenden vierfüßigen Wirbeltieren angesehen. Ihre Flossen hielt man für die ursprüngliche Form der Gliedmaßen der Landwirbeltiere.

61.2 Quastenflosser

Neuerdings geht man davon aus, dass die ersten Landwirbeltiere nahe Verwandte der Lungenfische und nicht der Quastenflosser waren. Molekulargenetiker stellten nämlich fest, dass Lungenfische in ihrem Erbgut die meisten Übereinstimmungen mit den Landwirbeltieren aufweisen.

Außerdem zeigen neue Fossilienfunde aus Grönland, dass sich die Gliedmaßen der Landwirbeltiere nicht erst auf dem Land, sondern bereits im Wasser entwickelt hatten. Die ersten Amphibien aus dem Devon, wie *Acanthostega,* atmeten durch Kiemen, waren also noch Wassertiere. *Acanthostega* hatte aber schon Schreitbeine, die sich noch im Wasser aus Flossen entwickelt hatten. Sie wurden, wie man vermutet, benutzt, um im dichten Pflanzenbewuchs flacher, tropischer Küstensümpfe unter Wasser zu waten.

Die ersten Landgänger bewegten sich also nicht, wie lange angenommen, robbend fort, sondern bereits auf vier beinartigen Gliedmaßen.

Die ältesten Fossilien. Vor etwa 4,6 Milliarden Jahren entstand die Erde. Etwa eine Milliarde Jahre später traten die Prokaryoten auf und bestimmten für etwa drei Milliarden Jahre den Lauf der Evolution. Die ältesten gesicherten Fossilreste aus dem Präkambrium fand man in etwa 3,5 Milliarden Jahre alten Gesteinsschichten. Es handelt sich um Kalkkrusten, so genannte Stromatolithen, die von cyanobakterienartigen Lebewesen, die im Meer lebten, gebildet wurden.

Die ältesten eukaryotischen Fossilien sind ca. 1,5 Milliarden Jahre alt. Die ersten Tiere traten vor 700 Millionen Jahren auf. So fand man 1947 in Südaustralien Fossilien von abgeflachten, scheiben- und bandförmigen Tieren. Die Vertreter dieser *Ediacara-Fauna* hatten eine relativ große Oberfläche im Verhältnis zur Dicke. Das könnte die Aufnahme von Nährstoffen aus dem Meereswasser begünstigt haben.

Zu Beginn des Kambriums vor etwa 550 Millionen Jahren erfolgte eine auffällige Radiation der vielzelligen Tiere, verbunden mit großer Formenvielfalt. Seit Ende des vorigen Jahrhunderts ist die *Burgess-Fauna* bekannt. Beim Eisenbahnbau am Mt. Burgess in Kanada entdeckte man reiche Fossilienvorkommen aus dem mittleren Kambrium mit Vertretern fast aller Wirbellosenstämme in vorzüglichem Zustand. Man findet Einzeller, Schwämme, Nesseltiere, Ringelwürmer, Gliederfüßer, Weichtiere, Stachelhäuter, frühe Vertreter der Chordatiere und andere.

Das plötzliche Auftreten einer großen Fossilienvielfalt mit dem Beginn des Kambriums könnte damit zusammenhängen, dass die präkambrischen Tiere nur wenig Hartteile hatten. Skelette treten erst mit Beginn des Kambriums auf, was die Fossilisation natürlich begünstigte.

Die stark verzweigte fossile Abwandlungsreihe der Pferdeartigen

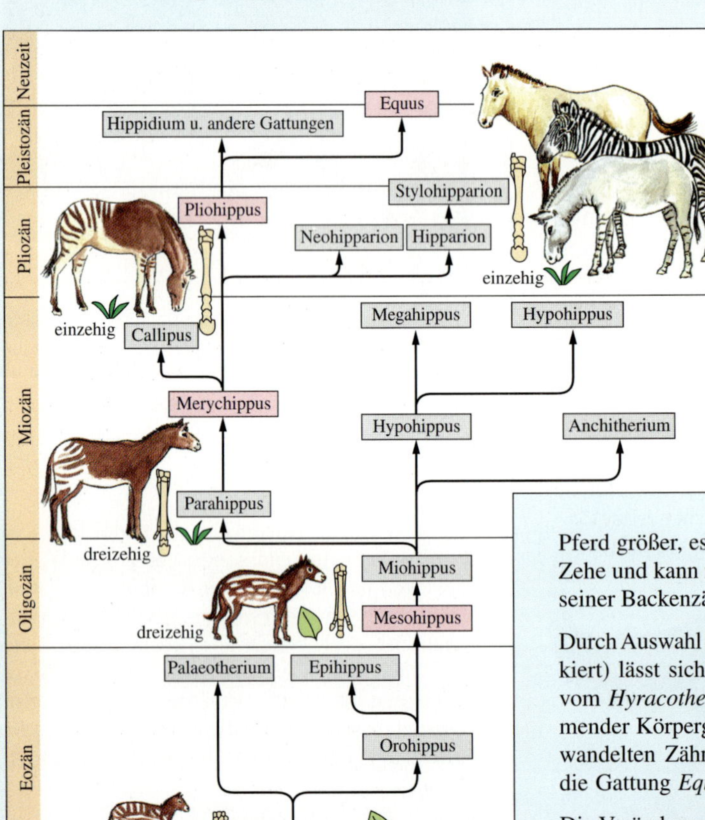

Die Evolution der Pferdeartigen spielte sich hauptsächlich in Nordamerika ab. Die in Asien und Europa gefundenen Gattungen sind jeweils über die damals landfeste Beringstraße eingewandert und zum Teil wieder ausgestorben. Nur in Nordamerika lässt sich durch Fossilienfunde eine echte Entwicklung nachweisen: Das heutige Pferd ist Abkömmling eines viel kleineren, wolfsgroßen Tiers mit dem Namen *Hyracotherium*, das vor 40 Millionen Jahren als Blattfresser in den Wäldern des Eozäns lebte. Im Vergleich zu diesem Vorfahren ist das heutige Pferd größer, es läuft statt auf vier Zehen nur auf einer Zehe und kann mit den veränderten breiten Kauflächen seiner Backenzähne Gras zerkleinern.

Durch Auswahl bestimmter Arten von Fossilien (rot markiert) lässt sich eine Abfolge von Tieren erstellen, die vom *Hyracotherium* ausgehend einen Trend zu zunehmender Körpergröße, verringerter Zehenzahl und abgewandelten Zähnen erkennen lässt. Tatsächlich hat nur die Gattung *Equus* mit Pferd, Esel und Zebra überlebt.

Die Veränderung der Körpermerkmale steht im Zusammenhang mit dem Übergang vom Wald- zum Steppenleben und dem dadurch veränderten Nahrungsangebot.

4.1.6 Das Aussterben von Organismengruppen

Fossilien lassen in vielen Perioden der Erdgeschichte das Aussterben größerer Organismengruppen erkennen. Einer dieser *Floren- und Faunenschnitte* lag am Ende der Kreidezeit vor ca. 65 Millionen Jahren. Die Hälfte aller marinen Arten, viele landlebende Pflanzen und Tiere einschließlich aller Dinosaurier starben aus. Was waren die Ursachen?

Arten können z. B. wegen der Veränderung oder Zerstörung ihres Lebensraums aussterben. Für das Aussterben in der Kreidezeit werden viele Gründe diskutiert. So machte man das Absinken des Meeresspiegels am Ende des Erdmittelalters oder das kälter werdende Klima zu jener Zeit verantwortlich. Große Vulkanausbrüche könnten durch in die Atmosphäre gewirbelten Staub die Sonneneinstrahlung gedämpft haben.

Seit 1980 steht eine neue, Aufsehen erregende Hypothese, die *Meteoritenhypothese,* im Mittelpunkt der Diskussion. Danach prallte ein Meteorit mit einem Durchmesser von etwa 10 km auf die Erde und verursachte das Massensterben. Diese Hypothese wird durch folgende Tatsachen gestützt: Im Jahre 1977 entdeckten Forscher in der Nähe der italienischen Stadt Gubbio in Tonschichten einen ungewöhnlich hohen Iridiumgehalt. Iridium kommt im Erdinnern und in Meteoriten vor. Später erbrachten Untersuchungen von Gesteinen Dänemarks, Spaniens, Neuseelands und von Bohrkernen des Atlantiks und des Pazifiks ebenfalls ungewöhnlich hohe Iridiumwerte. Inzwischen hat man diese Iridiumanomalie an über 100 Orten weltweit nachgewiesen. Die Forscher vermuten, dass das Iridium von einem sehr großen Meteoriten stammt, der auf der Erde einschlug und mit einer Sprengkraft von 10^8 Megatonnen TNT explodierte. Bei dem Zusammenprall der Erde mit diesem Himmelskörper müssen riesige Massen staubfeiner Partikel in die Atmosphäre geschleudert worden sein. Dadurch müsste sich das Sonnenlicht so verfinstert haben, dass das Klima für Jahre verändert wurde und die Fotosynthese behindert wurde. Damit wurde die gesamte Biosphäre massiv gestört. Ein Krater im Golf von Mexico an der Nordwestküste der Halbinsel Yukatan mit einem Durchmesser von 180 km stützt diese heute weithin anerkannte Hypothese.

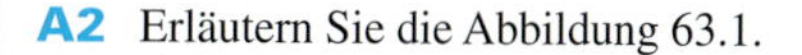

A1 Erläutern Sie, weshalb die Meteoritenhypothese von einer massiven Störung der gesamten Biosphäre ausgeht.

A2 Erläutern Sie die Abbildung 63.1.

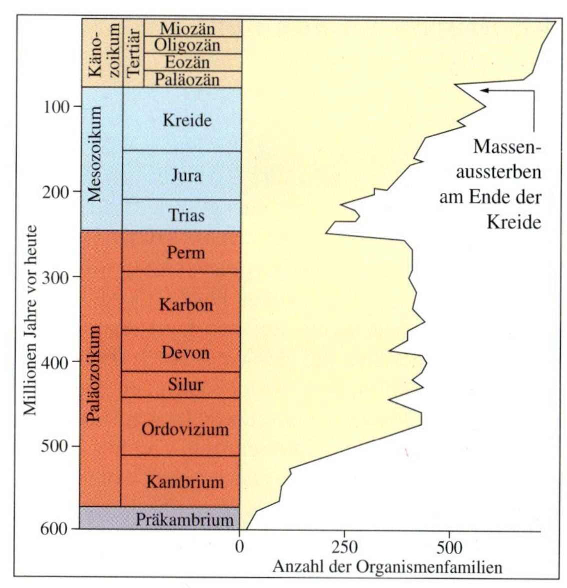

63.1 Massenaussterben in den Perioden der Erdgeschichte

Fossilien und der Punktualismus

DARWIN und die Synthetische Theorie der Evolution erklären die Artbildung durch kleine mikroevolutive Schritte. Danach entwickeln sich Arten allmählich, also graduell, über Varietäten zu reproduktiv isolierten Einheiten. Große Veränderungen erfolgen durch kontinuierliche Anhäufung vieler kleiner *(Gradualismus).*

Nun zeigen Fossilien nur selten graduelle Übergänge, vielmehr treten neue Arten oft plötzlich in einer Gesteinsschicht auf. Diese Arten bleiben dann über längere Zeit fast unverändert erhalten, um dann wieder zu verschwinden. Manche Paläontologen meinen deshalb, die Fossilien sprächen eher für eine punktuelle Evolution. Danach machen Arten unmittelbar nach Abspaltung von ihrer Elternart den größten Teil ihrer Umwandlung durch, um sich dann nur noch wenig zu verändern. Diese als *Punktualismus* bezeichnete Theorie geht also davon aus, dass lange Perioden des „Stillstandes" punktuell von der Artbildung unterbrochen werden.

Gradualisten erwidern z. B., dass „Evolutionssprünge" kein Gegenbeweis für eine graduelle Entwicklung sind, weil eben nur ein Bruchteil der Lebewesen fossil erhalten geblieben ist. Noch ist die Debatte zwischen Gradualisten und Punktualisten nicht entschieden.

4.2 Hinweise aus der Biogeografie

Auf den einzelnen Inseln des Galapagos-Archipels lebt eine jeweils unterschiedliche Anzahl von *Darwinfinken-Arten.* Auf Bindloe sind es z. B. sieben, auf Culpepper drei und auf James zehn Arten. Alle sind untereinander und mit Finkenarten des knapp 1000 km entfernten südamerikanischen Festlands verwandt. Darwinfinken gibt es nur auf den Galapagos-Inseln und sonst nirgendwo auf der Welt. Auch die zu den Halbaffen zählenden *Lemuren* kommen nur auf Madagaskar und den Komoren vor. In Australien und Neuguinea leben 170 Beuteltierarten, aber nur wenige Plazentatiere, obwohl sie dort sehr wohl leben könnten, wie etwa die rasante Vermehrung des vom Menschen eingeführten Kaninchens zeigt.
Daraus ergeben sich Fragen: Warum sind Inseln ähnlicher Umwelt, die in verschiedenen Teilen der Erde liegen, nicht von verwandten Arten bevölkert, sondern jeweils von solchen, die mit Arten des nächstgelegenen Festlands verwandt sind? Warum sind Organismen auf bestimmte geografische Gebiete beschränkt und fehlen in anderen, obwohl die Lebensbedingungen dort durchaus gegeben sind?
Für die Darwinfinken lautet die Antwort: Mit den durch Vulkantätigkeit entstandenen Galapagos-Inseln waren neue Lebensräume für Gründerorganismen geschaffen. Körner fressende Finken gelangten vom südamerikanischen Festland auf die Inseln. Die Evolution der Ausgangsart ging dann in zahlreiche verschiedene Richtungen. Man spricht von *adaptiver Radiation* und meint damit die Auffächerung einer Ausgangsform in mehrere oder viele Arten. Dabei nutzt jede Art den Lebensraum in besonderer Weise. Man nennt Lebewesen, die auf bestimmte Gebiete beschränkt sind, *Endemiten.* Da die Darwinfinken in ihrem heutigen Areal entstanden sind, spricht man von **Entstehungsendemismus.**

Die Vorfahren der Lemuren Madagaskars waren, wie Fossilfunde belegen, im frühen Tertiär auch in Nordamerika und Eurasien verbreitet. Madagaskar wurde im Mesozoikum von Afrika getrennt. Außer auf dieser Insel wurden die Lemuren in ihrem ursprünglichen Verbreitungsgebiet von den echten Affen verdrängt. Sie sind deshalb heute nur in einem beschränkten Gebiet erhalten. Man spricht von **Reliktendemismus.**
Die Beuteltiere dürften sich ursprünglich in Nordamerika entwickelt und Australien über Südamerika und die Antarktis erreicht haben, als diese Kontinente noch zusammenhingen. Sehr anschaulich heißt es in einem Biologielehrbuch: *„Das darauf folgende Auseinanderbrechen der Südkontinente ließ Australien wie eine große Arche voller Beuteltiere ‚in See stechen',*

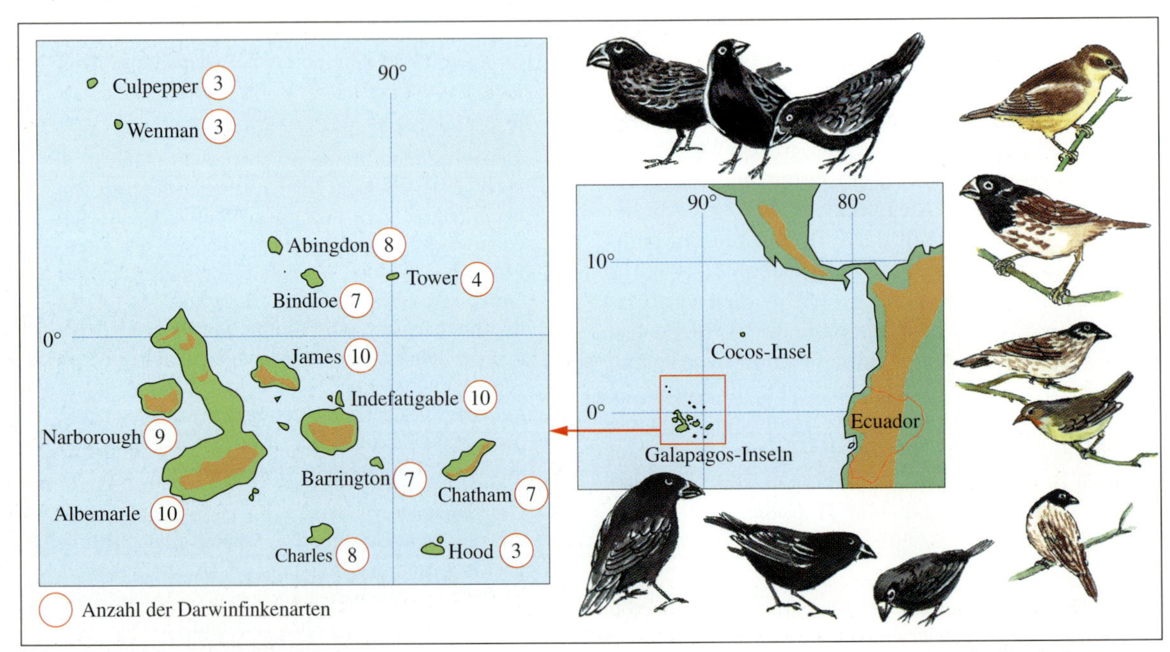

64.1 Galapagos-Inseln. Die 13 größeren und 17 kleineren Inseln sind fünf bis zehn Millionen Jahre alt. Sie sind Lebensraum der Darwinfinken.

während die plazentalen Säugetiere auf den anderen Kontinenten evolvierten und eine große Vielfalt hervorbrachten. Australien war 50 Millionen Jahre lang völlig isoliert.“
In diesem langen Zeitraum konnten sich die Beuteltiere zu ihrer heutigen Formenvielfalt entwickeln. Alle heute in Australien lebenden plazentalen Säugetiere außer den Fledermäusen wurden erst von den Europäern eingeschleppt. Aus Nord- und Südamerika wurden die Beuteltiere von den konkurrenzfähigeren Plazentatieren fast völlig verdrängt.

Die Beschränkung der Organismen auf bestimmte geografische Gebiete hängt also von vielen Faktoren ab. Entsprechend differenziert müssen die Antworten auf die eingangs gestellten Fragen gegeben werden:
Welche Arten in einer geografischen Region leben, hängt wesentlich von der Geschichte dieser Region ab. So müssen auf einer neu entstandenen Vulkaninsel erst entsprechende Lebensbedingungen gegeben sein, bevor bestimmte Pflanzen und Tiere dort leben können. Tiere müssen bestimmte Besiedlungswege nutzen können. Sie müssen die Insel z. B. durch entsprechende Meeresströmungen mit Treibholz, fliegend oder schwimmend erreichen können.
Zur Entwicklung neuer Arten ist Isolation erforderlich. Der Genfluss zwischen Gründerorganismen und der Ausgangspopulation muss unterbrochen sein. Solche Isolation kann auf einer Insel, aber auch durch Kontinentalverschiebung gewährleistet sein. Kontinente driften auseinander. Europa und Nordamerika entfernen sich gegenwärtig jährlich um zwei Zentimeter voneinander. Meere, Gebirge und Wüsten können ebenfalls als Ausbreitungsschranken wirken. Entstehende Gebirge oder die Abtrennung von Halbinseln führen ebenfalls zur Isolation von Populationen.

So erkennt man: Scheinbar zufällige Verbreitungsmuster von Tieren und Pflanzen hängen damit zusammen, dass sich Zugänglichkeit, aber auch das Klima geografischer Regionen im Laufe geologischer Zeiträume wandeln und dass sich isolierte Populationen unabhängig von ihrer Ausgangspopulation weiterentwickeln.

Die geografische Verbreitung der Lebewesen hat schon DARWIN beschäftigt. Sie machte ihn als Erstes auf die Evolution aufmerksam, und nicht von ungefähr hat er zwei Kapitel seines Werkes „Die Entstehung der Arten“ diesem Thema gewidmet.

Die Disziplin, die die geografischen Verbreitungsmuster der Lebewesen unter Berücksichtigung historischer Gegebenheiten untersucht, ist die **Biogeografie.** Sie klärt auch die Ursachen für Unterschiede in der Anpassung der Organismen an ihren Lebensraum. So leben in Wüsten andere Pflanzen und Tiere als in gemäßigten Zonen. Wüstenpflanzen haben z. B. weit verzweigte Wurzelsysteme zur Wasseraufnahme aus dem Boden. Ihre Verdunstung ist durch verschiedene Einrichtungen wie Wachsüberzüge auf den Blättern oder versenkte Spaltöffnungen stark herabgesetzt. Wüstentiere können z. B. tagsüber unterirdisch leben oder durch Konzentrierung ihres Harns Wasser sparen.

Die Untersuchung geografischer Verbreitungsmuster der Organismen gibt Hinweise auf stammesgeschichtliche Entwicklungen. Auch mit der Untersuchung von Isolation, Anpassung und Besetzung ökologischer Nischen liefert die Biogeografie wichtige Indizien für die Evolution.

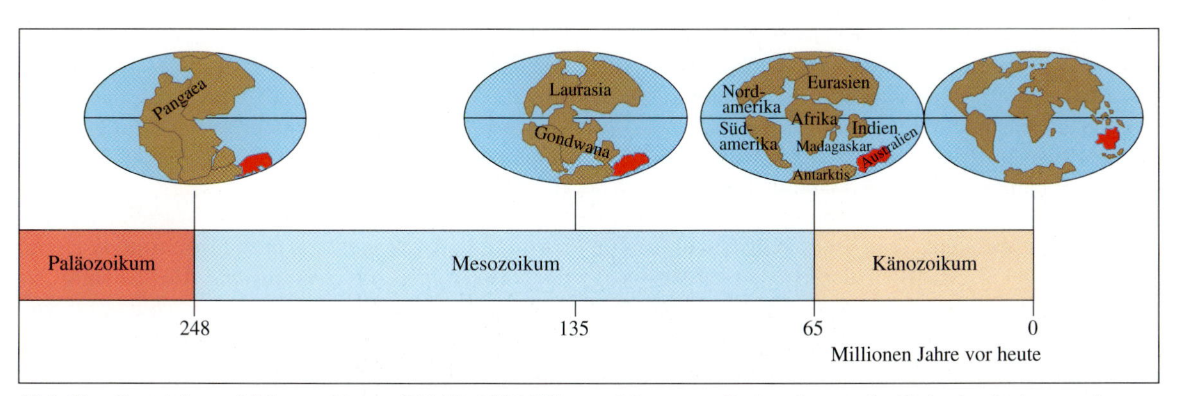

65.1 Kontinentalverschiebung. Vor ca. 200 bis 250 Millionen Jahren war die Landmasse der Erde ein einziger großer Kontinent. Dieser begann sich vor etwa 180 Millionen Jahren in eine nördliche und eine südliche Landmasse zu teilen. Dieses Auseinanderdriften der Kontinente, das auch heute noch andauert, führte zu einer geografischen Isolation riesigen Ausmaßes und jeweils unterschiedlicher evolutiver Entwicklung.

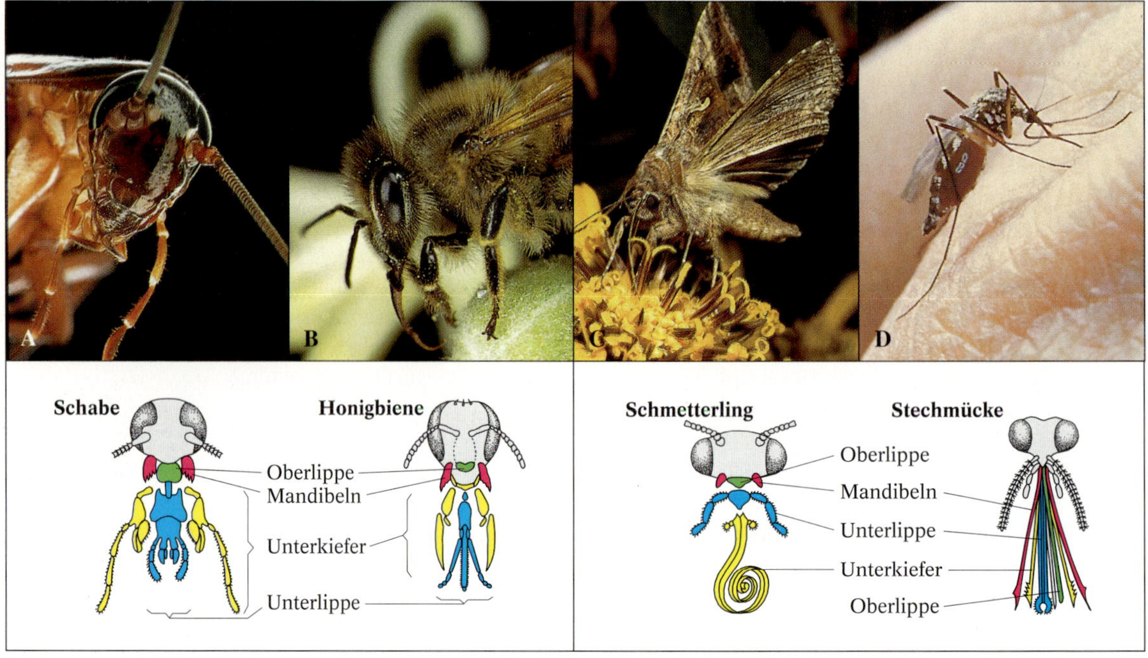

66.1 Mundwerkzeuge von Insekten

4.3 Hinweise aus der vergleichenden Anatomie und Morphologie

Die Mundwerkzeuge von Schabe, Honigbiene, Schmetterling und Stechmücke sind der unterschiedlichen Nahrungsaufnahme entsprechend sehr verschieden gestaltet. Schaben benagen z. B. Brot, Bienen und Schmetterlinge saugen Nektar, und Mücken ernähren sich von Blut.
Trotz dieser Unterschiede gibt es aber auch Übereinstimmungen. So haben die Mundwerkzeuge alle die gleiche Lage am Kopf. Sie lassen sich, obwohl sie jeweils Spezialwerkzeuge sind, auf einen gemeinsamen Grundbauplan zurückführen.
Sie bestehen aus den jeweils paarigen *Mandibeln* sowie den *1.* und den *2. Maxillen.* Dieser Bauplan ist je nach Nahrungsaufnahme abgewandelt. Bei Schaben sind die Mandibeln und Teile der 1. Maxillen kräftige Kauladen. Die 2. Maxillen der Bienen bilden ein Saugrohr zum Saugen des Nektars. Die 1. Maxillen bilden den Saugrüssel der Schmetterlinge. Bei den Stechmücken gleiten die aus Mandibeln und Teilen der 1. Maxillen entstandenen Stechborsten in der zu einer Rinne gewordenen Unterlippe. Sie wird von der Oberlippe bedeckt. Als Saugrohr dient eine Rinne an der Unterseite der Oberlippe.

Auch die Beine der Insekten sind in ihrer Form an die jeweilige Funktion geknüpft. Das Grabbein der Maulwurfsgrille ist kompakt und flächig. Die Biene sammelt in körbchenartigen Gebilden der Hinterbeine Pollen. Die Kopflaus kann sich mit ihren hakenartigen Klammerbeinen im Haar ihres Wirtes festhalten. Die gewinkelten Sprungbeine der Heuschrecke haben besonders kräftige Schenkel. Trotz dieser Unterschiede haben alle Insektenbeine einen gemeinsamen Grundbauplan. Sie sind aus den Elementen des Grundtyps, den z. B. der Laufkäfer vertritt, aufgebaut: *Hüftglied, Schenkelring, Schenkel, Schiene* und *Fuß.*
Trotz unterschiedlicher Ausformung lassen sich auch viele Organe der Wirbeltiere wie Vordergliedmaßen, Wirbelsäule, Augen, Verdauungskanal und Lungen jeweils einem gemeinsamen Grundbauplan zuordnen.

Organe mit gleichem Grundbauplan bezeichnet man als **homologe** Organe. *Man führt ihre morphologische Gleichwertigkeit auf gemeinsame Abstammung zurück, also auf das gleiche, für die verschiedenen Formen jeweils abgewandelte genetische Programm.*
Die verschiedenen Gliedmaßen der Insekten gehen also auf die Gliedmaßen einer gemeinsamen Ausgangsform zurück. Dabei ist zu beachten: Die gegebene Definition für Homologie ist keinesfalls Anleitung zum Erkennen von Homologien.

67.1 Beine von Insekten

Die Gefahr eines Zirkelschlusses liegt nahe: Homologe Merkmale sollen stammesgeschichtliche Zusammenhänge aufdecken, wären aber andererseits nur aufgrund solch stammesgeschichtlicher Zusammenhänge erkennbar.

Nun hat sich während der jahrmillionenlang andauernden Evolution bei vielen Organismen die Lebensweise geändert. Ihre Organe zeigen einen Funktionswechsel. Deren Bau ist der jeweiligen Funktion angepasst. Vogelflügel und Grabbein des Maulwurfs sind sehr unterschiedlich gestaltet. Wie erkennt man nun Homologie?

Der Zoologe REMANE hat dafür drei Homologiekriterien vorgeschlagen. Das erste, das **Kriterium der Lage,** lautet: *Zwei Organe sind homolog, wenn sie im Bauplan einer Organismengruppe die gleiche Lage einnehmen.* So ist die gleiche Lage von Maulwurfsbein und Vogelflügel im jeweiligen Skelett ein Indiz dafür, dass sie homolog sind.
Allgemein gilt: Je größer die Zahl der homologen Körperteile zweier Arten ist, desto näher sind sie miteinander verwandt.
Haben Organe während der Stammesentwicklung ihre Lage verändert, ist es schwierig, Homologie zu erkennen. Dann kann ein zweites Homologiekriterium REMANEs weiterhelfen, das **Kriterium der spezifischen Qualität:** *Komplexe, aus vielen Einzelelementen aufgebaute Organe können trotz voneinander abweichender Lage homologisiert werden, wenn sie in vielen Einzelmerkmalen übereinstimmen. Ihre Lage im Gefügesystem kann sich während der Stammesentwicklung verändert haben.*
Je komplexer zwei ähnliche Strukturen sind, desto unwahrscheinlicher ist es, dass sie sich unabhängig voneinander entwickelt haben. So erwiesen sich Ovarien und Hoden der Plattwürmer durch ihre spezifischen Bau- und Funktionsmerkmale als homolog, obwohl sie bei verschiedenen Arten an unterschiedlichen Stellen liegen.
Organe können aber selbst dann homolog sein, wenn sie weder das erste noch das zweite Kriterium erfüllen. Das dritte Homologiekriterium, das **Kriterium der Verknüpfung durch Zwischenformen,** besagt nämlich: *Auch einander unähnliche und verschieden gelagerte Strukturen können homologisiert werden, wenn sie sich durch eine Reihe von Zwischenformen miteinander verbinden lassen.*
Solche Zwischenformen können in der Individualentwicklung auftreten oder aus der Stammesentwicklung als Fossilien erhalten sein. So sind die Griffelbeine des Pferdes mit den Mittelhandknochen seiner Vorfahren, die auf mehreren Zehen liefen, homolog. Fossile Zwischenformen lassen die schrittweise Reduktion der Zehen erkennen.

68.1 Analogien. A Grabschaufel (Maulwurf, Maulwurfsgrille); B Flügel (Vogel, Schmetterling)

Analogie und Konvergenz. Die Vordergliedmaßen des Maulwurfs und die der Maulwurfsgrille stimmen in Funktion und Form überein. Sie sind kurz und verbreitert. Sie dienen als Grabschaufeln. Trotz dieser Übereinstimmung haben beide Tiere verschiedene Baupläne. Das Grabbein der Maulwurfsgrille hat ein Außenskelett aus Chitin, das des Maulwurfs hat ein knöchernes Innenskelett. Organe mit übereinstimmender Funktion, aber unterschiedlichen Grundbauplänen heißen **analog.** Sie zeigen *Analogie.*
Entwickeln analoge Organe während der Stammesentwicklung in Anpassung an die gleiche Funktion ähnliche Form und Gestalt, so spricht man von **konvergenter** Entwicklung oder *Konvergenz.*
Besonders eindrucksvoll sind Konvergenzen, wenn mehrere Organe oder Organsysteme in diese Entwicklung einbezogen sind. Manche Organismen stimmen in ihrer ganzen Gestalt überein, was als Ausdruck einer ähnlichen Lebensweise gelten kann. So findet sich beispielsweise die „Fischgestalt" bei schnellen Schwimmern verschiedener Tiergruppen: bei Hai (Knorpelfisch), Dorsch (Knochenfisch), Delfin (Säugetier), Pinguin (Vogel) und Ichthyosaurier (fossiles Reptil).

Die Linsenaugen von Tintenfisch und Wirbeltier haben so große Ähnlichkeit, dass man sie für homolog halten könnte: Übereinstimmend haben sie eine Hornhaut, eine Iris, eine Linse und eine Netzhaut. Ihre Embryonalentwicklung zeigt aber die Konvergenz: Die mehrschichtige Netzhaut und die Pigmentschicht des Wirbeltierauges gehen aus einer Zwischenhirnausstülpung hervor. Die einschichtige Tintenfisch-Netzhaut ist dagegen der hintere Teil einer Epidermisblase. Die Sehzellen sind beim Wirbeltier vom Licht weggewandt. Beim Tintenfisch sind die reizaufnehmenden Fortsätze der Netzhaut dem Licht zugewandt. Der unterschiedliche Grundbauplan weist die Augen als analoge Organe aus.
Neuere Erkenntnisse zwingen zur Differenzierung. Man hat ein Regulator-Gen entdeckt, das die zahlreichen an der Bildung eines Auges beteiligten Gene steuert. Es ist offenbar bei Tintenfischen, Wirbeltieren und Insekten identisch. Das deutet darauf hin, dass die Grundform des Auges, der Prototyp also, nur einmal während der Evolution entstand. Wirbeltier-, Tintenfisch- und Insektenauge sind daher in Bezug auf ihr Hauptkontrollgen homolog, in Bezug auf ihre Baupläne aber analog.

Während Homologien auf gleiche Abstammung hinweisen, deuten Analogien auf gleichen Selektionsdruck hin.

Hören mit dem Kiefergelenk

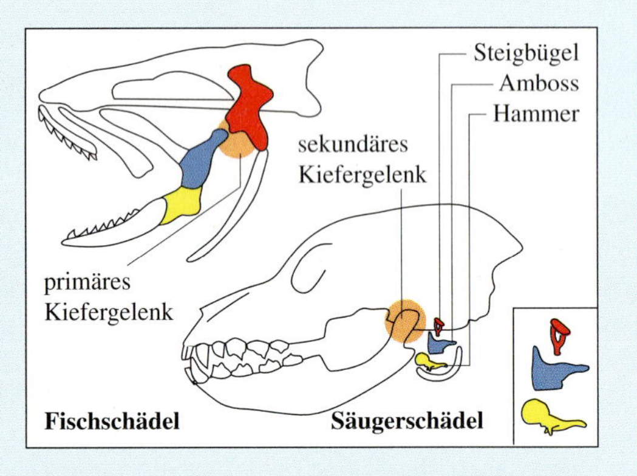

Während der Stammesentwicklung der Wirbeltiere entstand aus dem knorpligen Schädel ein knöcherner. Viele Schädelknochen wurden umgewandelt. Zwei Knochen des Kiefergelenks und ein weiterer Schädelknochen der Knochenfische haben bei den Säugetieren einen Funktionswechsel erfahren. Sie wurden zu den Gehörknöchelchen Hammer, Amboss und Steigbügel, also zu Bestandteilen des Hörorgans. Beim Säugetierembryo wird noch vorübergehend ein primäres Kiefergelenk ausgebildet. Aus einem kleinen Knorpelstück dieses Gelenks entsteht im Lauf der Embryonalentwicklung der Amboss. Gehörknöchelchen und Teile des primären Kiefergelenks der Fische sind also homolog.

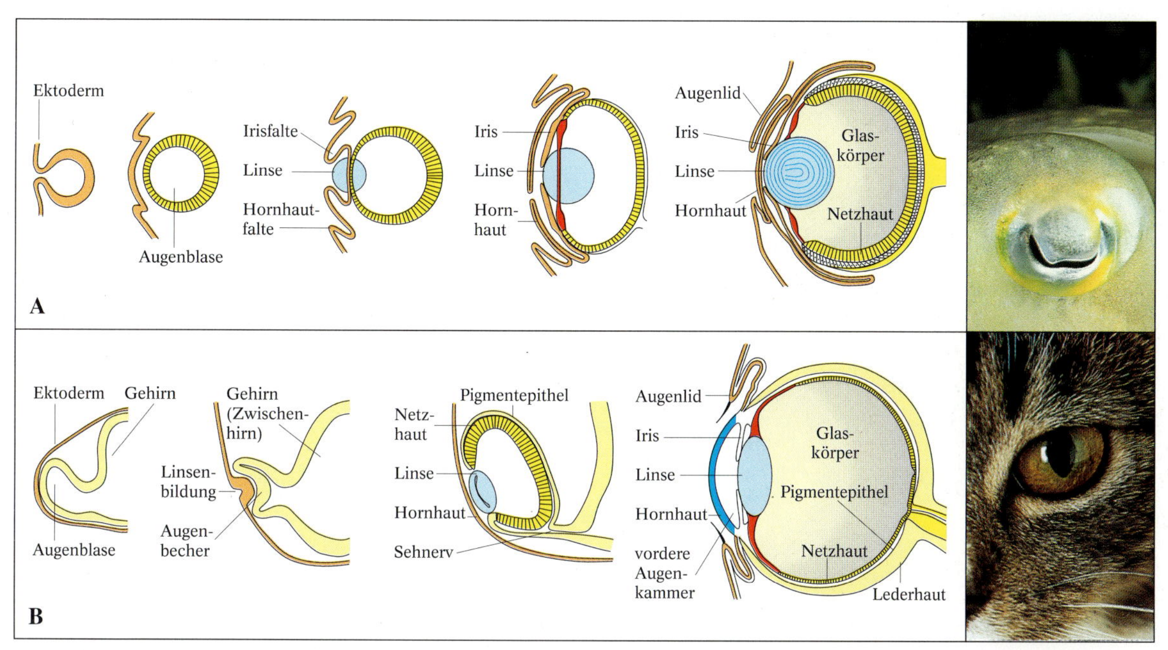

69.1 Die Entwicklung des Linsenauges. A Tintenfisch; B Wirbeltier

Rudimentäre Organe. Bartenwale haben keine Hinterextremitäten. Im Innern des Körpers sind jedoch Reste von Beckengürtel und Oberschenkelknochen erhalten. Daran erkennt man, dass die Bartenwale von vierfüßigen Formen abstammen. Solche nur noch als Reste vorhandenen Organe, die während der Evolution funktionslos geworden sind oder nur noch eingeschränkte Funktion zeigen, mitunter auch einen Funktionswechsel erfahren haben, bezeichnet man als *rudimentäre* Organe oder *Rudimente.* Die Griffelbeine des Pferdes, die reduzierten Flügel der Kerguelen-Fliege (S.24) und die Körperbehaarung des Menschen sind weitere Beispiele. Rudimentäre Organe können Hinweise auf die Struktur und die Funktion geben, die sie einmal hatten.

Atavismen. Hin und wieder wird ein Pferd mit einem zusätzlichen kleinen Huf geboren. Bei einem solchen Wiederauftreten eines Merkmals, das seit Generationen geschwunden war, spricht man von *Atavismus.*

Allgemein zeigen vergleichende Anatomie und Morphologie, dass altertümliche Strukturen durch die Evolution vielfach abgewandelt wurden und neue Aufgaben übernahmen.

Die Existenz funktionslos gewordener Organe, wie die Reste des Beckengürtels der Bartenwale, sind nur durch die Evolution erklärbar.

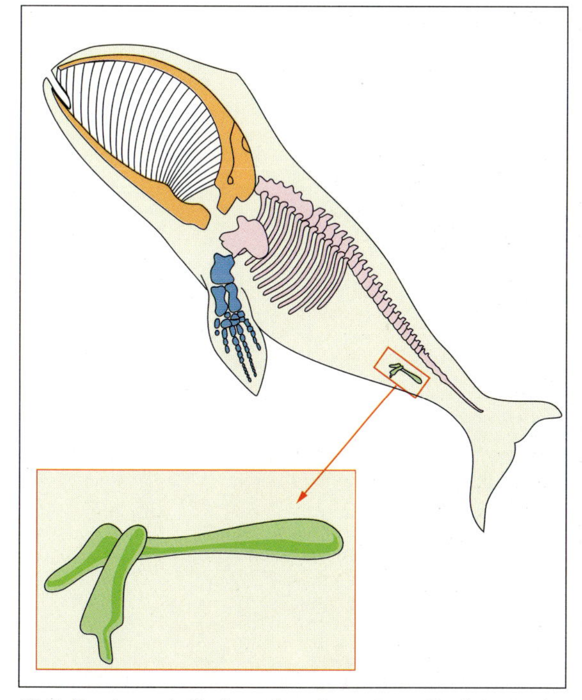

69.2 Bartenwal. Skelett mit rudimentärem Beckengürtel

A1 Untersuchen Sie verschiedene Gliedmaßenskelette von Wirbeltieren aus der Schulsammlung. Homologisieren Sie diese.

70.1 **Entwicklung der Scholle**

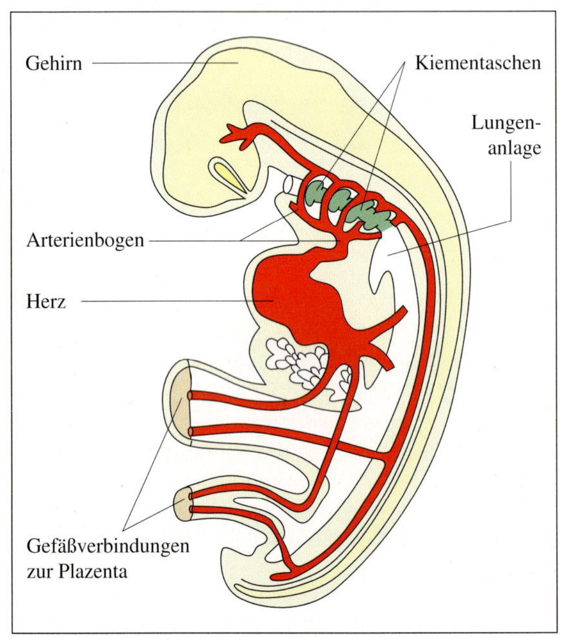

70.2 Innerer Bau des menschlichen Embryos Ende des ersten Monats (Schema)

4.4 Hinweise aus der vergleichenden Embryologie

Bei der Scholle liegen beide Augen auf einer Körperseite, und zwar auf der dunkler gefärbten, die nach oben zeigt. So kann das zu den Plattfischen gehörende Tier, farblich gut getarnt, im flachen Wasser auf dem Meeresboden liegen und das Wasser über sich beobachten.
Demgegenüber ist die Schollenlarve, wie andere Jungfische auch, zweiseitig symmetrisch gebaut. Ihre Augen liegen auf den beiden Seiten des Kopfes. Erst während der Jugendentwicklung verlagern sich ein Auge und die Mundöffnung auf die andere Körperseite, sodass dann beide Augen auf einer Seite liegen. Die zweiseitig symmetrisch gebauten Larven der Schollen geben Hinweise auf den Körperbau der Vorfahren der Scholle.

Bartenwale sind zahnlos. Sie ernähren sich von Kleingetier wie Krebsen und Schnecken. Ihre *Barten* bilden einen Reusenapparat, mit dem sie ihre Nahrung aus dem Wasser herausseihen. Obgleich die erwachsenen Tiere keine Zähne haben, bilden die Embryonen der Bartenwale Zahnanlagen aus. Das zeigt, dass Zahnwale die stammesgeschichtlich ältere Gruppe der Wale sind. Bartenwale sind in der Evolution erst später entstanden.
Dieses Beispiel ist – ebenso wie das folgende – von besonderem Interesse, weil hier in der Individualentwicklung eines Lebewesens embryonale Anlagen eines Organs nachweisbar sind, die im erwachsenen Stadium fehlen. In diesem Fall wird in der Individualentwicklung die stammesgeschichtliche Reduktion wiederholt.

Die innere Organisation des menschlichen Embryos zeigt Ausstülpungen des Vorderdarms, so genannte *Kiementaschen.* Alle Wirbeltiere durchlaufen Embryonalentwicklungen, in denen Anlagen eines *Kiemendarmes* mit *Kiemenbögen* und versorgenden Arterien auftreten.
Die Weiterentwicklung in den verschiedenen Wirbeltierklassen ist aber unterschiedlich. Bei den Fischen entwickelt sich daraus ein funktionstüchtiger Kiemenapparat. Bei den landlebenden, lungenatmenden Wirbeltieren entstehen daraus Teile des Zungenbeins und des Kehlkopfes.
Hier zeigt sich der konservative Charakter der Evolution. Evolutiver Wandel erfolgt nicht durch völlige Neukonstruktion, sondern durch schrittweise Umwandlung bereits existierender Strukturen.

Wirbeltierembryonen zeigen in vielen weiteren anatomischen Einzelheiten Übereinstimmungen. So wird während der Embryonalentwicklung zunächst ein stabförmiges, elastisches Stützorgan, die Chorda, gebildet, bevor eine knöcherne Wirbelsäule entsteht. Auch die Blutkreisläufe der Wirbeltierembryonen zeigen Gemeinsamkeiten in ihrem Bau.

Die frühen Entwicklungsstadien von Fisch, Schildkröte, Vogel und Mensch sind einander so ähnlich, dass man sie kaum unterscheiden kann. Erst während ihrer weiteren Entwicklung werden die Embryonen der verschiedenen Tierarten dann einander immer unähnlicher, bis man schließlich Fisch, Schildkröte, Vogel und Mensch erkennt.
Die Tatsache, dass sich die frühen Stadien der Wirbeltierembryonen gleichen, obwohl sich die erwachsenen Formen stark voneinander unterscheiden, hat der Zoologe K. E. VON BAER 1828 als Gesetz der Embryonenähnlichkeit bezeichnet.

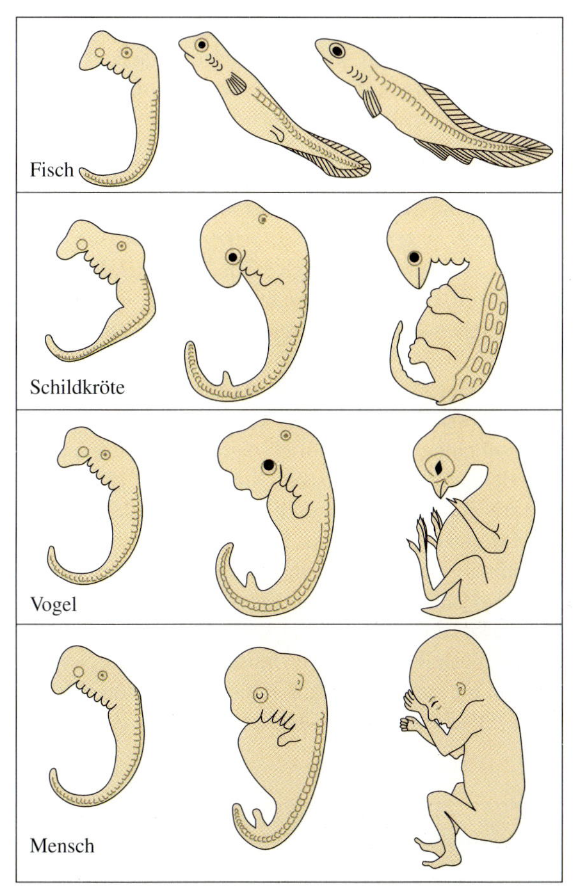

71.1 Entwicklungsstadien von Wirbeltieren. Zur besseren Vergleichbarkeit ist die Länge der Embryonen auf dieselbe Größe gebracht.

A1 Welche Hinweise auf die Evolution geben uns die Kiementaschen des menschlichen Embryos? Nehmen Sie den Lehrbuchtext auf Seite 70 zu Hilfe.

A2 Nennen Sie die übereinstimmenden Merkmale der frühen Embryonen von Fisch, Schildkröte, Vogel und Mensch, die zu deren großer Ähnlichkeit führen. Nehmen Sie die Abbildung 71.1 zu Hilfe.

Embryonenähnlichkeit

„Sollte sich aber für die Entwicklungsgeschichte des Individuums als Inhaber einer besonderen organischen Form gar kein Gesetz auffinden lassen? Ich glaube, ja, und will versuchen, es aus folgenden Betrachtungen zu entwickeln. Die Embryonen der Säugethiere, Vögel, Eidechsen und Schlangen, wahrscheinlich auch der Schildkröten, sind in frühern Zuständen einander ungemein ähnlich im Ganzen, so wie in der Entwicklung der einzelnen Theile, so ähnlich, daß man oft die Embryonen nur nach der Größe unterscheiden kann. Ich besitze zwei kleine Embryonen in Weingeist, für die ich versäumt habe, die Namen zu notiren, und ich bin jetzt durchaus nicht im Stande, die Klasse zu bestimmen, der sie angehören. Es können Eidechsen, kleine Vögel oder ganz junge Säugethiere seyn. So übereinstimmend ist Kopf- und Rumpfbildung in diesen Thieren. Die Extremitäten fehlen aber jenen Embryonen noch. Wären sie auch da, auf der ersten Stufe der Ausbildung begriffen, so würden sie doch nichts lehren, da die Füße der Eidechsen und Säugethiere, die Flügel und Füße der Vögel so wie Hände und Füße der Menschen sich aus derselben Grundform entwickeln. Je weiter wir also in der Entwicklungsgeschichte der Wirbelthiere zurückgehen, desto ähnlicher finden wir die Embryonen im Ganzen und in den einzelnen Theilen. Erst allmählich treten die Charactere hervor, welche die größern, und dann die, welche die kleinern Abtheilungen der Wirbelthiere bezeichnen. Aus einem allgemeinern Typus bildet sich also der speciellere hervor."

(Aus K. E. VON BAER: Über Entwicklungsgeschichte der Thiere, Königsberg 1828)

Biogenetische Grundregel. Im Jahre 1866 formulierte ERNST HAECKEL die biogenetische Grundregel. Danach ist die *Keimesentwicklung eine verkürzte und schnelle Wiederholung der Stammesentwicklung.* Das gibt die Verhältnisse zwar einprägsam, aber auch stark vergröbernd wieder.
Die Kritik an dieser Regel, aber auch an den Embryonenbildern in seinen Werken setzte schon frühzeitig ein. So kritisierte ein Baseler Zoologe im Jahre 1886 drei identische Embryonenabbildungen mit unterschiedlichen Unterschriften, zu denen HAECKEL schrieb: „Wenn Sie die jungen Embryonen des Hundes, des Huhns und der Schildkröte (...) vergleichen, werden Sie nicht imstande sein, einen Unterschied wahrzunehmen." Tatsächlich waren die Abbildungen mit demselben Druckstock hergestellt. HAECKEL musste auf solche Kritik hin zugeben, dass er die Zeichnungen dort, wo das Beobachtungsmaterial unvollständig war, seiner Theorie angepasst hatte.
Es ist HAECKELs Verdienst, dass er einen komplizierten Sachverhalt vereinfacht und allgemein verständlich dargestellt hat, aber er musste später die vergröbernde Formulierung seiner biogenetischen Grundregel einschränken. Tatsächlich wiederholt die Keimesentwicklung nicht einfach die Stammesentwicklung. Vielmehr zeigt die Embryonalentwicklung bei jedem Organismus Eigenanpassungen. Bei Reptilien, Vögeln und Säugetieren sind das z. B. die Keimhüllen, bei Libellenlarven ist es die Fangmaske zum Ergreifen der Beute. Auch die Raupen der Schmetterlinge haben andere Mundwerkzeuge als die erwachsenen Tiere.
Darüber hinaus betrifft die Wiederholung nicht etwa Erwachsenenstadien, sondern embryonale Merkmale. So hat der Säugetierembryo keine Kiemenspalten, sondern lediglich Anlagen dafür, wie sie bei den Fischembryonen auftreten. Aber nur bei den Fischen entwickeln sich daraus wirklich Kiemen.

Die Keimesentwicklung der Wirbeltiere zeigt uns also die Verwandtschaft der Säugetiere mit den Fischen, Reptilien und Vögeln. Sie liefert damit Hinweise auf die Stammesentwicklung, aber niemals durchläuft ein Säugetier in seiner Keimesentwicklung zunächst ein Fisch-, später ein Amphibienstadium usw.
Wiederholt wird also niemals die Erwachsenenform eines stammesgeschichtlichen Vorfahren. Wiederholt werden lediglich noch nicht vollständig ausgebildete Merkmale eines Bauplans.

Vom Ei über den Fisch zum Frosch?

Das Beispiel des Frosches zeigt: Auch bei Wirbeltieren kommen Larven vor. Aus den Eiern in den gallertigen Laichballen schlüpfen im zeitigen Frühjahr Larven, die Kaulquappen. Ihre Verwandlung zum Frosch demonstriert eindrucksvoll den Übergang vom Wasser- zum Landleben. Die zunächst beinlose Kaulquappe erinnert mit ihrem Leben im Wasser, ihrem Ruderschwanz und der Kiemenatmung an einen Fisch. Später entsteht aus einer Ausstülpung des Magen-Darm-Kanals die Lunge. Beine entwickeln sich, und das Tier wechselt schließlich – wenn auch weiterhin an feuchte Luft gebunden – zum Landleben.
Durchläuft der Frosch also in seiner Entwicklung eine Fisch-Phase? Sicherlich nicht. Zwar hat die Larve Merkmale, wie sie auch beim Fischembryo auftreten, aber eine Kaulquappe hat auch viele Merkmale, in denen sie sich vom Fisch unterscheidet. Sie ist trotz ihrer dem Wasserleben entsprechenden „Fischform" eine Froschlarve. Schon in der befruchteten Eizelle, aus der sie hervorgeht, ist die gesamte genetische Information für den Organismus Frosch enthalten.
Eine Eizelle des Frosches kann sich nur zu einem Frosch entwickeln, so wie aus der Eizelle eines Fisches nie etwas anderes entsteht als ein Fisch.

A1 Weshalb ist die Aussage, der Frosch durchläuft in seiner Entwicklung eine Fisch-Phase, falsch? Begründen Sie.

Larven. Im Boden des Nordseewatts findet man den Wattwurm (Sandpier), der von Anglern als Köderwurm benutzt wird. Er gehört zu den Ringelwürmern. Man findet aber auch viele Muscheln. Sie gehören zu den Weichtieren. Muschel und Wattwurm zeigen in ihrer Gestalt keine Übereinstimmung. Muscheln haben aber in ihrer Entwicklung Larven, die mit denen des Sandpiers übereinstimmende Merkmale zeigen. Sie haben zwei Wimperkränze und heißen *Trochophoralarven.* Die Larven stimmen auch in ihrem inneren Bau weitgehend überein. Die Larve der Muschel hat zusätzlich eine kleine Schale. Dass Wattwurm und Muschel gleiche Larvenformen zeigen, ist ein wichtiger Hinweis auf ihre gemeinsame Abstammung.

Betrachtet man den Fang eines Fischers, der seine Netze im Meer ausgeworfen hatte, so entdeckt man an manchen Schollen, Flundern oder Dorschen merkwürdig gestaltete, ca. vier Millimeter große sackförmige, blutrot gefärbte Gebilde. An ihrem Hinterende tragen sie aufgerollte Eischnüre. Am Vorderende entdeckt man Fortsätze, die der Befestigung am Fisch dienen. Die sackförmigen Gebilde sind Blut saugende Fischparasiten. Sie entziehen ihren Wirten Blut. Was für Tiere sie sind, erkennt man nicht. Erst die Untersuchung ihrer Entwicklung gibt Aufschluss. Aus ihren Eiern schlüpfen Larven. Sie haben große Ähnlichkeit mit den Larven von Ruderfußkrebsen. Die Larve wird *Naupliuslarve* genannt. Sie verrät, dass der Parasit mit dem Hüpferling verwandt ist, also zu den Krebsen gehört.

Die *Pluteuslarve* des Seeigels ist zweiseitig symmetrisch gebaut. Das weist darauf hin, dass die strahlensymmetrisch gebauten Seesterne und Seeigel möglicherweise zweiseitig symmetrische Vorfahren hatten. Embryonen, aber auch spätere Entwicklungsstadien wie Larven können Indizien für die Evolution liefern. Die vergleichende Embryologie kann helfen, Homologien von Strukturen zu identifizieren, die so abgewandelt sind, dass sie bei den erwachsenen Formen nicht mehr zu erkennen sind.

A1 Vergleichen Sie die biogenetische Grundregel HAECKELs mit den Aussagen VON BAERs im Exkurs Seite 71.

A2 Versuchen Sie, eine modifizierte Form der biogenetischen Grundregel aufzuschreiben. Nehmen Sie den Text dieses Kapitels zu Hilfe.

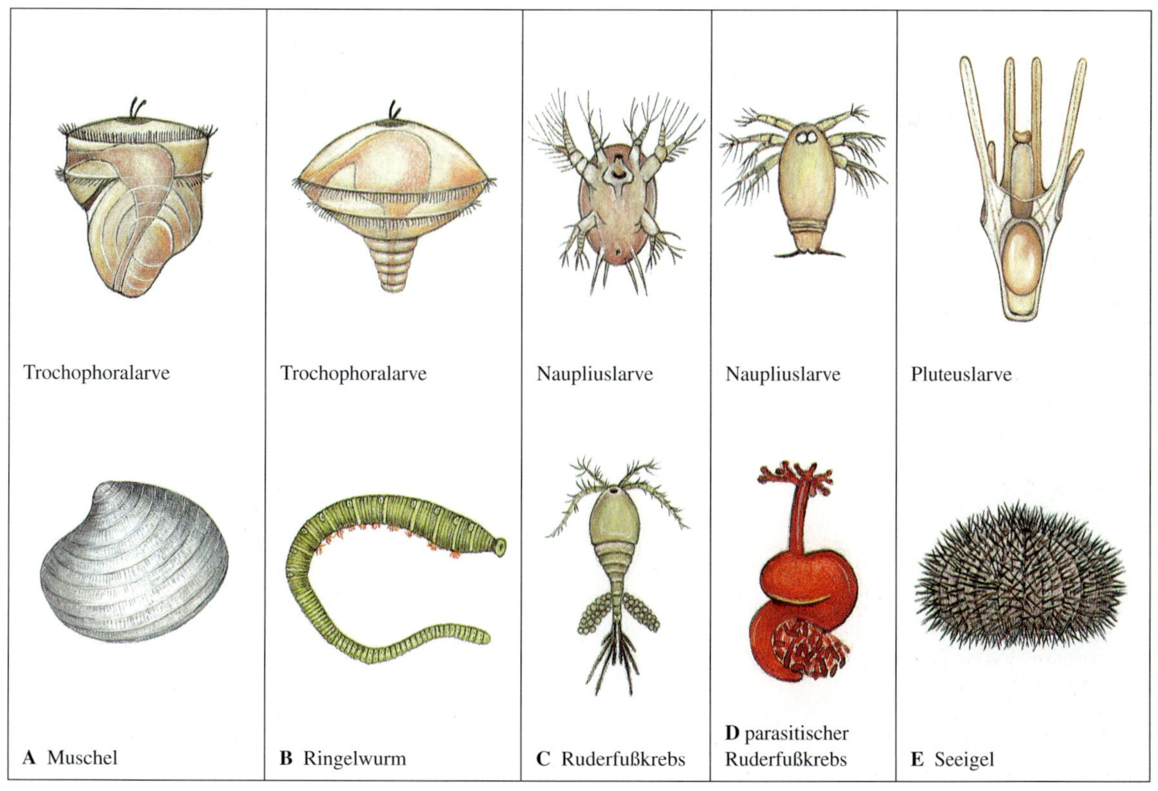

73.1 Larven und erwachsene Formen verschiedener Tiere

4.5 Hinweise aus der Parasitologie

Parasiten oder Schmarotzer sind Lebewesen, die auf oder in anderen Organismen, den Wirtsorganismen, leben und sich von diesen ernähren. Sie stammen von frei lebenden Formen ab, sind aber im Laufe der Entwicklung, oft hoch spezialisiert, an das Leben mit dem Wirt angepasst. Läuse zum Beispiel haben besonders geformte Beine, mit denen sie sich am Wirt festhalten können. Innenparasiten, die im Körper des Wirts leben, müssen die Abwehrmechanismen überwinden, die das Eindringen in den Körper des Wirts verhindern. So werden Lebewesen zum Beispiel bereits im Magen des potentiellen Wirts durch Säuren und Enzyme abgetötet, ehe sie in den durch Verdauungsenzyme für sie lebensfeindlichen Darm gelangen. Würmer aber, die schon im Freien in einem Milieu von Fäulnis und Zersetzung leben, wie etwa bodenbewohnende Fadenwürmer, halten unter Umständen den Abwehrmechanismen des zukünftigen Wirts stand und können so in den Darm gelangen. Spulwürmer, die in Säugetieren leben, könnten so eingewandert sein und widerstehen nun dem Sauerstoffmangel, den extremen pH-Werten und dem Angriff der Verdauungsenzyme. Die Wirte der Parasiten unterliegen im Laufe der Erdzeitalter den Evolutionsmechanismen und verändern sich ständig. So entstanden zum Beispiel aus dem Urkamel die Kamele Asiens und Afrikas und die Lamas in den Anden. Sie sehen heute sehr unterschiedlich aus. Im und am Körper der Tiere aber blieben die Umweltbedingungen weitgehend konstant. Die Körpertemperatur der Gleichwarmen änderte sich nur geringfügig und die Zusammensetzung der Körperflüssigkeiten blieb etwa gleich. Die Läuse, die auf dem Urkamel lebten, hatten deshalb eine über lange Zeit konstant bleibende Umwelt. Es bestand kein Selektionsdruck auf eine Veränderung ihrer Eigenschaften. So haben sowohl die Lamas Südamerikas und die Kamele Afrikas und Asiens heute die gleichen Kamelläuse. Dies ist – unter anderem – ein wichtiger Hinweis auf die gemeinsame Abstammung von Kamelen und Lamas von einem gemeinsamen Vorfahren, da Parasiten normalerweise so hoch wirtsspezifisch sind, dass man auch bei verwandten Arten verschiedene Parasiten erwarten würde. Selbst wenn sich die Wirtsorganismen im Laufe der Evolution in stark unterschiedlich gebaute Formen aufspalten, können die Parasiten unverändert weiter existieren. Parasiten konnten deshalb in vielen Fällen zur Klärung verwandtschaftlicher Beziehungen herangezogen werden.

Der Bandwurm – extrem angepasst!

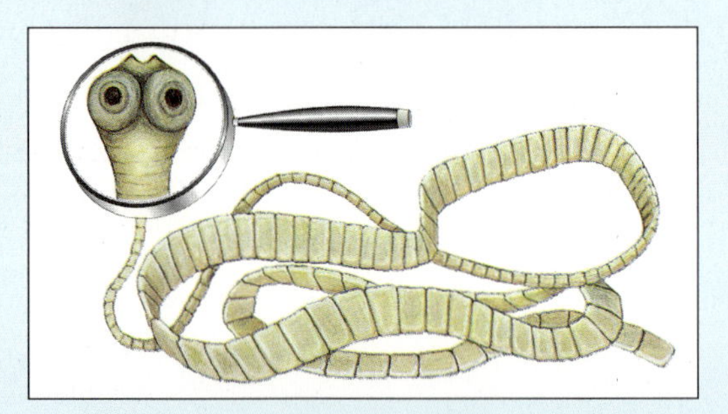

Der Rinderbandwurm, der bis zu zehn Meter lang wird, lebt parasitisch im Darm des Menschen. Dort wird die Nahrung verdaut, der Wurm aber nicht. Eine Schicht auf der Körperhaut schützt ihn gegen die Verdauungsenzyme. Diese Schutzschicht ist nur eine von vielen Spezialisierungen, die die enge Bindung des Parasiten an den Wirt erkennen lassen.

Der Bandwurm ist vielfältig an die parasitäre Lebensweise angepasst: Das als Kopf bezeichnete Vorderteil hat vier Saugnäpfe, sodass er sich festhalten kann und der Darmperistaltik widersteht. Das Tier hat weder Mund noch Darm. Die Nahrung wird durch die Haut aufgenommen. Das Nervensystem ist weitgehend zurückgebildet und Augen fehlen. Von den ca. 2000 Gliedern, die sowohl mit männlichen wie mit weiblichen Geschlechtsorganen ausgestattet sind, werden täglich acht bis neun abgestoßen. Jedes enthält etwa 80000 befruchtete Eier. Werden sie vom Rind mit der Nahrung aufgenommen, schlüpfen die Larven im Magen. Sie durchbohren die Darmwand, gelangen ins Blut und werden zu den Muskeln transportiert. Dort entwickeln sie sich zu Finnen. Werden diese beim Verzehr von rohem Fleisch durch den Menschen aufgenommen, entwickelt sich aus einer Finne ein Bandwurm, und der Entwicklungskreislauf ist geschlossen.

A1 Erklären Sie, inwiefern Zwittrigkeit und extrem hohe Eizahlen der Bandwürmer Hinweise auf die Anpassung an die parasitäre Lebensweise sind.

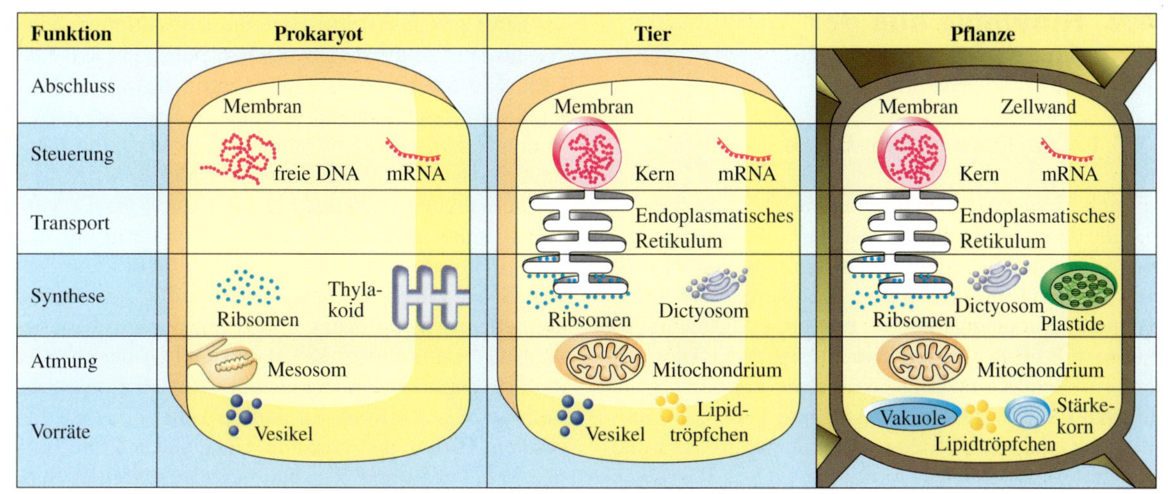

75.1 Unterschiede und Gemeinsamkeiten im Zellaufbau verschiedener Gruppen von Lebewesen

4.6 Hinweise aus der Cytologie

Allen Lebewesen gemeinsame Strukturen. Alle Lebewesen auf der Erde bestehen aus Zellen. Diese sind von einer semipermeablen, d.h. halbdurchlässigen **Biomembran** umhüllt. Sie besteht aus einer Doppelschicht von Lipidmolekülen, in die vielgestaltig strukturierte Proteinmoleküle eingelagert oder auf sie aufgelagert sind. Die **Prokaryoten,** d.h. die kernlosen Einzeller, bilden aus diesen Membranen bläschenförmige **Vesikel** und **Mesosomen** sowie **Thylakoide** für die Befestigung von Enzymmolekülen.
In den Zellen befinden sich **DNA-Moleküle**, die die Erbinformation tragen. Sie wird bei der Realisation auf **mRNA-Moleküle** übertragen und an **Ribosomen** in Proteinstrukturen übersetzt. Diese Proteine sind entweder direkt Strukturproteine des Körpers oder **Enzyme**, die die Stoffwechselprozesse des Lebewesens steuern. Allen Zellen gemeinsam ist das **Cytoplasma**.

Fast allen Lebewesen gemeinsame und abgewandelte Strukturen. Das **Endoplasmatische Retikulum** als Stofftransportbahn in der Zelle, der **GOLGI-Apparat** mit den Dictyosomen als Ort der chemischen Synthese und die **Vesikel** als Vorratsräume sind Strukturen, die von der Biomembran abgeleitet sind. Auch **Mitochondrien** sind aus Biomembranen aufgefaltete Strukturen zur Fixierung von Enzymen der Zellatmung. Freie **Lipidtröpfchen** können als „Vorratskammern" vorhanden sein.
Diese Formen findet man bei den kernhaltigen Einzellern, den Pilzen, den Pflanzen und den Tieren. Bei ihnen ist die frei in der Zelle bewegliche DNA der Prokaryoten in **Zellkernen** zusammengefasst, die aufwendige Proteingerüste zum Halten der DNA-Moleküle besitzen. Aufgrund des komplizierten Baus der Zellkerne sind bei Teilungsvorgängen die Prozesse der **Mitose** und bei der Gametenbildung die der **Meiose** notwendig.
Kernhaltige Einzeller, Pilze, Pflanzen und Tiere werden wegen der Zellkernstruktur als **Eukaryoten** zusammengefasst.

Unterschiedliche Strukturen. Bei einigen Formen der kernhaltigen Einzeller, zum Beispiel bei den einzelligen Algen, aber auch überall bei den grünen Pflanzen findet man **Chloroplasten**. Sie bestehen wie die Mitochondrien aus Faltstrukturen von Biomembranen, die hier als Gerüst für die Aufhängung des Chlorophylls und der Enzyme der Fotosynthese dienen. Das Ergebnis der Fotosynthese findet man als **Stärkekörner** in Pflanzenzellen.
Bei Pflanzen und einigen kernhaltigen Einzellern gibt es die **Zellwand aus Cellulose**. Cellulose kommt im Tierreich nur bei den Manteltieren vor. Bei Bakterien besteht die Zellwand aus **Murein**, einem Stoff, der dem bei Gliederfüßern als Gerüstsubstanz vorkommenden **Chitin** ähnelt.
Pflanzenzellen enthalten die mit Zellsaft gefüllte **Vakuole**, die man als riesiges Vesikel bezeichnen kann.

A1 Welche evolutionsbiologischen Folgerungen ziehen Sie aus den gemeinsam und unterschiedlich vorkommenden Strukturen in Zellen?

4.7 Hinweise aus der Molekularbiologie

4.7.1 Der Genetische Code

Es gehört zu den genialen wissenschaftlichen Leistungen des neunzehnten Jahrhunderts, dass der Augustinerprior GREGOR MENDEL in den Jahrzehnten nach 1857 nur aufgrund statistischer Auswertung von Kreuzungsexperimenten forderte, es müsse „Erbanlagen" geben, und diese müssten in den Körperzellen doppelt und in den Keimzellen einfach vorhanden sein. MENDEL hatte kein Mikroskop und kein Laboratorium. Er fand seine „Anlagen" einfach mit Papier und Bleistift. Auch hatte er keine Vorstellung, wie diese Anlagen beschaffen seien oder ob sie eine materielle Grundlage haben müssten. Etwa zur gleichen Zeit wurden Mitose und Meiose entdeckt. Die Zusammenführung der Ergebnisse MENDELs und der der Cytologie erfolgte erst 1902, als man erkannte, dass die Chromosomen die Träger der MENDELschen Erbanlagen sein müssten. Wiederum durch Kreuzungsexperimente konnten dann Anfang des zwanzigsten Jahrhunderts durch THOMAS HUNT MORGAN Erbanlagen auf den Chromosomen lokalisiert werden, erste Genkarten entstanden. Natürlich fragte man sich, welche chemische Natur die Gene auf den Chromosomen hätten. Die Chemie der Zellkerne war in den Grundzügen schon 1869 bekannt, als F. MIESCHER in Tübingen bei der Analyse von Zellkernen phosphorhaltige „Nucleine" fand. 1909 postulierte der britische Arzt ARCHIBALD GARROD, dass die Erbmerkmale aufgrund von Enzymwirkungen entstünden, die von Genen codiert würden. Er war seiner Zeit weit voraus. 1923 zeigte OSWALD THEODORE AVERY an Bakterienexperimenten, dass die DNA der Träger der Erbinformation ist. GARRODs Vermutung über die Enzymwirkung wurde 1940 durch BEADLE und TATUM mit der Ein-Gen-ein-Enzym-Hypothese bestätigt. Es dauerte noch 13 Jahre, bis JAMES WATSON und FRANCIS CRICK 1953 die räumliche Struktur des DNA-Moleküls aufklären konnten.

In den frühen sechziger Jahren des zwanzigsten Jahrhunderts wurde dann auf der Basis der Forschungen der vergangenen hundert Jahre der Code für die Verschlüsselung der Enzym-Molekülstrukturen auf der DNA geknackt: MARSHALL W. NIRENBERG synthetisierte ein mRNA-Molekül, das nur die Base Uracil enthielt. In einer Lösung von Aminosäuren, Ribosomen und weiteren Enzymen entstand an der mRNA das Polypeptid Polyphenylalanin. Durch fortgesetztes Verändern der mRNA-Strukturen konnte in den folgenden Jahren der gesamte Genetische Code entschlüsselt werden. Sein Prinzip ist in der Abbildung dargestellt: Drei Basen der mRNA (Basentriplett) bedeuten in der Schrift des Genetischen Codes jeweils eine Aminosäure, die von den Ribosomen an eine Polypeptidkette angehängt wird.

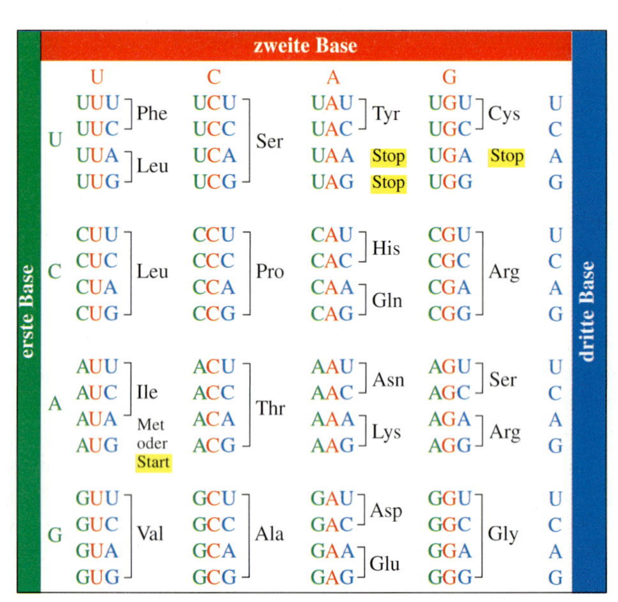

erste Base	zweite Base: U	C	A	G	dritte Base
U	UUU Phe	UCU Ser	UAU Tyr	UGU Cys	U
U	UUC Phe	UCC Ser	UAC Tyr	UGC Cys	C
U	UUA Leu	UCA Ser	UAA Stop	UGA Stop	A
U	UUG Leu	UCG Ser	UAG Stop	UGG	G
C	CUU Leu	CCU Pro	CAU His	CGU Arg	U
C	CUC Leu	CCC Pro	CAC His	CGC Arg	C
C	CUA Leu	CCA Pro	CAA Gln	CGA Arg	A
C	CUG Leu	CCG Pro	CAG Gln	CGG Arg	G
A	AUU Ile	ACU Thr	AAU Asn	AGU Ser	U
A	AUC Ile	ACC Thr	AAC Asn	AGC Ser	C
A	AUA Ile	ACA Thr	AAA Lys	AGA Arg	A
A	AUG Met oder Start	ACG Thr	AAG Lys	AGG Arg	G
G	GUU Val	GCU Ala	GAU Asp	GGU Gly	U
G	GUC Val	GCC Ala	GAC Asp	GGC Gly	C
G	GUA Val	GCA Ala	GAA Glu	GGA Gly	A
G	GUG Val	GCG Ala	GAG Glu	GGG Gly	G

76.1 Der Genetische Code. Die drei Basen des mRNA-Codons heißen hier „erste", zweite" und „dritte Base". Das Codon CCA bedeutet also Prolin.

Für die Evolutionsbiologie ist die Entwicklung der letzten hundert Jahre, die hier nachgezeichnet wurde, von entscheidender Bedeutung:

1. Es stellte sich heraus, dass der Genetische Code bis auf wenige Ausnahmen – einige Wimpertierchen sowie Mitochondrien und Chloroplasten – universell ist. Alle Lebewesen sprechen dieselbe genetische Sprache. Es handelt sich um eine allumfassende genetische Homologie. Der Genetische Code ist also wahrscheinlich schon auf der Stufe der ersten Lebewesen entstanden, von denen alle anderen Lebewesen abstammen.
2. Die genetische Information wird nach einem bestimmten Schema realisiert: DNA ⟶ mRNA ⟶ Ribosom ⟶ Protein (Strukturprotein oder Enzym) = Merkmal. Dieser Weg ist eine Einbahnstraße: Es gibt keinen Weg vom Merkmal zurück zur Erbinformation. Damit ist die LAMARCKsche Theorie von der Vererbung erworbener Eigenschaften endgültig widerlegt.

4.7.2 DNA-Vergleiche

Ich bin mit meiner Schwester verwandt, denn wir haben dieselben Eltern. Ich bin mit meinem Cousin verwandt, denn wir haben dieselben Großeltern. Mit meiner Schwester bin ich näher verwandt als mit meinem Cousin, denn ich habe wie sie die Hälfte meiner Erbanlagen von meiner Mutter, die andere Hälfte von meinem Vater. Mit meinem Cousin bin ich nicht so nahe verwandt, denn jeder von uns hat nur ein Viertel seiner Erbanlagen von unserem gemeinsamen Großvater bzw. von unserer Großmutter. Verwandtschaft bedeutet also, dass die Verwandten gemeinsame Vorfahren haben, von denen sie je nach Generation mehr oder weniger gemeinsame Gene bekommen haben. Das Maß für die Verwandtschaft ist also der Anteil gemeinsamer Erbanlagen.

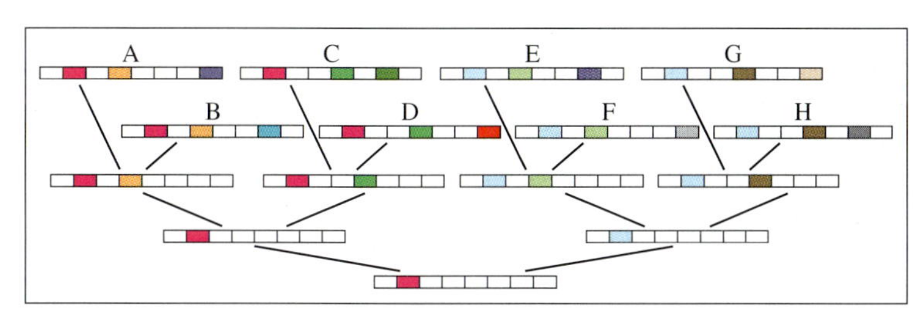

77.1 Ansammlung mutierter DNA-Abschnitte im Laufe der Entwicklung

Was für die Familie gilt, ist auch für größere Zeiträume und alle Lebewesen richtig. Wenn man feststellen kann, wie groß die Übereinstimmung in der Zusammensetzung der Erbanlagen ist, hat man ein Werkzeug, mit dem man die verwandtschaftliche Nähe bestimmen kann. Daraus ergibt sich die Entfernung in der Zahl der verflossenen Generationen zum gemeinsamen Vorfahren.

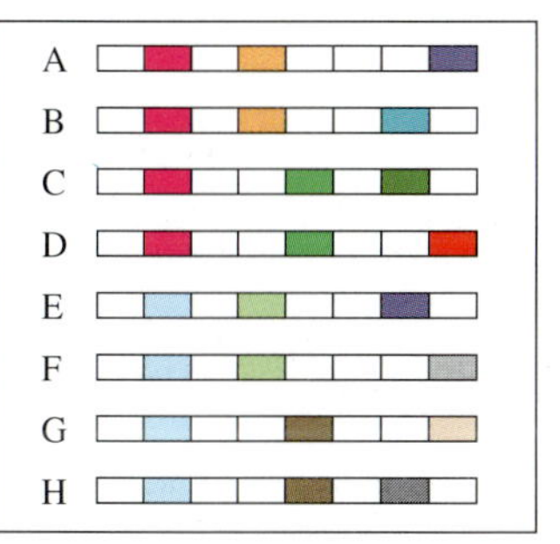

77.2 Vergleich der DNA-Abschnitte der heute lebenden Formen in Abbildung 77.1

Abbildung 77.1 soll die Entstehung der verwandtschaftlichen Verschiedenheit demonstrieren: An der Wurzel des Stammbaumes steht ein fiktiver DNA-Abschnitt des gemeinsamen Vorfahren aller folgenden Formen. Unter seinen Nachkommen soll die zweite Position des Gen-Abschnitts mutieren. Es ergibt sich eine Linie „Rot“, denn alle Nachkommen tragen noch das unveränderte Gen „Rot“, und eine Linie „Blau“, die alle das mutierte Gen „Blau“ haben. Unter deren Nachkommen treten wiederum Mutationen auf bis hin zur letzten Generation, die heute lebt.
Vergleicht man die DNA-Abschnitte der heute lebenden Formen, so kann man sie so anordnen, dass die nahe verwandten DNA-Abschnitte übereinander stehen. Man erkennt die „rote Linie“ und die „blaue Linie“, die sich ihrerseits wieder in Linien mit gemeinsamen Strukturen aufteilen. Man kann den Stammbaum von 77.1 aus dem Vergleich 77.2 rekonstruieren.
Auch die weiß gefärbten Bereiche des symbolischen DNA-Abschnitts haben eine wichtige Bedeutung. Das sind die Abschnitte für die Gene, die sich im Laufe der Entwicklung nicht verändert haben. Es gibt Gene, die „dürfen“ nicht mutieren. Die Enzyme, die sie codieren, katalysieren chemische Reaktionen, die in einer Kette aufeinander folgender Teilreaktionen eines Prozesses stehen. Wenn sie durch Mutation verändert werden, findet die betreffende Reaktion nicht mehr statt und die Mutante stirbt. So „darf“ es beispielsweise nicht sein, dass Enzyme des Kohlenhydratstoffwechsels durch Mutation so verändert werden, dass der ganze Prozess und damit der Energiestoffwechsel zusammenbricht. Natürlich finden solche Mutationen in der Realität statt, aber ihre Träger sterben sofort und das veränderte Gen wird nicht weiter vererbt.
Für die vergleichende Untersuchung von Nucleinsäuren stehen verschiedene Methoden zur Verfügung.
Die **Polymerasekettenreaktion** erlaubt es, aus kleinsten DNA-Mengen durch identische Vervielfältigung beliebig große, gleich strukturierte Molekülmengen herzustellen. Damit gibt es dann genug Material für weitere Untersuchungen.
Bei der **Restriktions-Fragmentlängen-Polymorphismus-Analyse (RFLP)** wird die DNA durch spezielle Enzyme, die das Molekül nur hinter bestimmten Basen zerschneiden, in verschieden große Stückchen zerteilt. Diese werden elektrophoretisch getrennt. Wenn zwei Proben unterschiedliche Bandenmuster zeigen, rühren diese von unterschiedlichen Basenfolgen her und zeigen so die aufgetretenen Mutationen an.
Die **DNA-Sequenzierung** wird heute weitgehend automatisch durchgeführt. Nach verschiedenen chemischen Behandlungsschritten ergibt sich ein elektrophoretisches Bandenmuster, an dem die DNA-Basenabfolge direkt abgelesen werden kann.

Die DNA-DNA-Hybridisierung

Die DNA-DNA-Hybridisierung dient der Feststellung der Sequenzähnlichkeit aller Gene zweier verschiedener Arten. Je mehr unterschiedliche Mutationen bei zwei Arten in ihrer Entwicklung stattgefunden haben, desto weniger eng sind sie miteinander verwandt.

Der Doppelstrang der DNA eines Individuums ist voll komplementär, das heißt, jede Base hat ihren spezifischen Partner A-T bzw. G-C. Bei hohen Temperaturen „schmilzt" die DNA, das bedeutet, dass sich die Wasserstoffbrücken lösen. Dann liegen DNA-Einzelstränge vor. Die „Schmelztemperatur" ist umso höher, je mehr Wasserstoffbrückenbindungen intakt sind. Bei DNA-Doppelhelices, deren Basen nicht hundertprozentig übereinstimmen, schmilzt die DNA schon bei niedrigeren Temperaturen. Je niedriger also die Schmelztemperatur, desto weniger Basenübereinstimmungen liegen in der Doppelhelix vor.

Bei der Untersuchung geht man folgendermaßen vor:

1. Die DNA wird aus den Zellen extrahiert.
2. Die DNA wird von Proteinen und RNA-Molekülen gereinigt.
3. Die DNA wird mechanisch in Stücke von ca. 500 Basenpaaren Länge zerteilt.
4. Das Genom eines Lebewesens besteht aus den codierenden Genen und kurzen, sich häufig wiederholenden (repetitiven) Abschnitten, die wahrscheinlich keine genetische Information tragen. Diese repetitiven Abschnitte werden im vierten Schritt von der „single-copy-DNA", den spezifischen codierenden Genen des Individuums, getrennt. Dazu wird die DNA zunächst erhitzt, damit sich die Doppelhelix in Einzelstränge auflöst. Dann wird das Gemisch einige Zeit auf 50 °C gehalten. Die repetitiven DNA-Abschnitte vereinigen sich bei dieser Temperatur wieder zu Doppelsträngen. Die codierenden Gene bleiben noch Einzelstränge. Das Gemisch wird dann durch eine Säule von Hydroxylapatit geschickt. Die Doppelstränge bleiben an diesem Stoff hängen, die Einzelstränge der single-copies laufen durch. Diese Prozesse werden mit der DNA der beiden zu vergleichenden Formen getrennt durchgeführt.
5. Eine der beiden DNA-Sorten wird nun mit radioaktivem Iod markiert.
6. Die markierte DNA wird mit der zu vergleichenden DNA zusammengebracht. Dabei schließen sich die Einzelstränge je nach Komplementarität zu Doppelhelices zusammen.
7. Das abgekühlte Gemisch wird wiederum auf eine Hydroxylapatitsäule gegeben, die die Doppelstränge bindet. Diese Apparatur erwärmt man. Dabei schmelzen die DNA-Doppelmoleküle und werden ausgewaschen. Die Moleküle mit der geringsten Komplementarität kommen zuerst aus der Säule und können anhand ihrer Radioaktivität nachgewiesen und quantitativ bestimmt werden. Moleküle mit hoher Komplementarität erscheinen bei entsprechend höheren Temperaturen. Man ermittelt dann die mittlere Schmelztemperatur eines Vergleichsansatzes und die mittlere Schmelztemperatur eines Ansatzes aus nur einer der verglichenen Arten. Man hat herausgefunden, dass ein Unterschied von einem Grad Celsius der mittleren Schmelztemperaturen einem Prozent unterschiedlicher Basen entspricht, das heißt, von 100 Basenpaaren ist eines unterschiedlich.

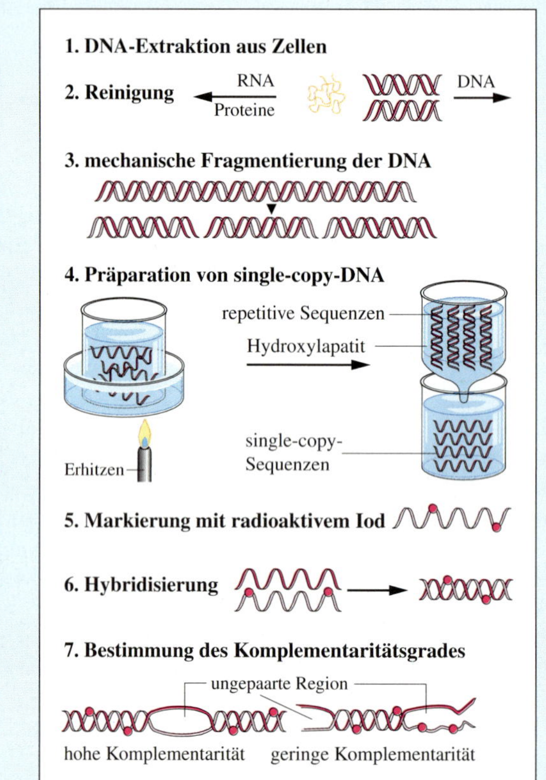

78.1 Prinzip der DNA-Hybridisierung

Das DNA-DNA-Hybridisierungsverfahren hat z. B. gezeigt, dass sich die australischen Singvögel ähnlich wie die Beuteltiere autonom entwickelt haben und eine eigene systematische Gruppe bilden. Interessanterweise stellte sich dabei heraus, dass die europäischen Krähen, Elstern und Häher in Australien entstanden sind und von dort aus Europa, Asien und Amerika besiedelt haben.

Die molekulare Uhr

Ein Würfler soll mit konstanter Geschwindigkeit würfeln, d.h., er wirft einen Wurf pro Sekunde. Die gewürfelten Sechsen werden gezählt. In einem Koordinatensystem werden auf der Abszisse die Sekunden bzw. die Würfe festgehalten, auf der Ordinate führt fortlaufend jede Sechs einen Schritt nach oben. In dem Koordinatensystem läuft eine Schlangenlinie von Sechsertreffern schräg nach oben, die um einen Mittelwert schwingt, der der Wahrscheinlichkeit von einem Sechstel entspricht. Würfelereignisse sind Zufallsereignisse, die sich um einen statistischen Mittelwert gruppieren. Man nennt solche Ereignisse auch *stochastische Ereignisse.*

Baut man eine Analoguhr, bei der zum Beispiel Sand durch ein Stundenglas rinnt, und trägt die Höhe des durchgeflossenen Sandes auf der Ordinate ab, so steigt die Sandhöhe direkt proportional zur verflossenen Zeit. Das Ergebnis ist eine Gerade.

Man kann beide Ereignisse, sowohl das Würfeln als auch das Rinnen des Sandes, zur Zeitmessung verwenden. Die Würfeluhr ist eine **stochastische Uhr,** die Sanduhr ist eine **metronomische Uhr.** Die Sanduhr geht sehr genau. Die stochastische Uhr geht in kleinen Zeiträumen sehr ungenau, für große Zeitabschnitte ist sie aber sehr zuverlässig.

79.1 Vergleich zwischen stochastischer Uhr und metronomischer Uhr

Auch Mutationen treten zufällig auf. Sie verteilen sich mit großer Wahrscheinlichkeit gleichmäßig über die DNA. Es gibt aber DNA-Abschnitte, die sehr wichtig sind, und solche, bei denen es keine oder nur eine geringe Rolle spielt, wenn sie sich verändern: Ein großer Teil des Kernmaterials besteht aus DNA-Abschnitten, die einige hundert Basenpaare lang sind und sich 10^3- bis 10^6-mal wiederholen können. Sie enthalten keine genetische Information und werden auch nicht transkribiert. Man nennt sie repetitive DNA. Zwischen diesen „sinnlosen“ Abschnitten liegen die Bereiche, die bestimmte Proteine codieren und zu gegebener Zeit transkribiert werden. An der repetitiven DNA können folgenlos Mutationen auftreten. Sie werden neutrale Mutationen genannt. Aber auch in codierenden DNA-Abschnitten gibt es Bereiche, in denen Mutationen keine schwerwiegenden Wirkungen haben: Ein Enzym besteht aus einem aktiven Zentrum und einem Proteinkörper, der das aktive Zentrum trägt. Wenn in diesem Körper Aminosäuren durch Mutationen ausgetauscht werden, hat das keine Konsequenz für die Funktion des Enzyms. Es gibt also auch hier neutrale Mutationen.

Mutationen werden vererbt und sammeln sich im Laufe der Zeit im Genom der Lebewesen an, sofern sie nicht der Selektion zum Opfer fallen. Man kann daher den Schluss ziehen: Je mehr Mutationen zwischen zwei vergleichbaren Formen liegen, desto länger ist die Zeit, die seit der Entstehung der beiden Formen aus einem gemeinsamen Vorfahren verstrichen ist. Wenn man den gemeinsamen Vorfahren kennt und wenn dieser durch paläontologische Methoden datierbar ist, kann man die entsprechende Zeit durch die Zahl der Mutationen teilen und erhält eine durchschnittliche Mutationsrate pro Zeiteinheit.

Die Mutationshäufigkeit ist bei unterschiedlichen DNA-Sorten sehr variabel. So sammeln sich Mutationen in ribosomaler DNA und in Chloroplasten-DNA sehr viel langsamer an als in der DNA normaler Zellkerne. Am schnellsten verändert sich Mitochondrien-DNA. Auch die Stoffwechselrate der betrachteten Lebewesen spielt eine Rolle für die Auswertung: Haie zum Beispiel haben eine um das Fünf- bis Zehnfache niedrigere Stoffwechselrate als Säugetiere derselben Körpergröße. Die Mutationsrate der Mitochondrien-DNA der Haie ist sieben- bis achtmal niedriger als die der Primaten oder der Huftiere. Es gibt also keine universell gültige molekulare Uhr, sondern sie muss für jedes Enzym, jeden DNA-Abschnitt und für jede Gruppe von Lebewesen, die man vergleicht, neu geeicht werden.

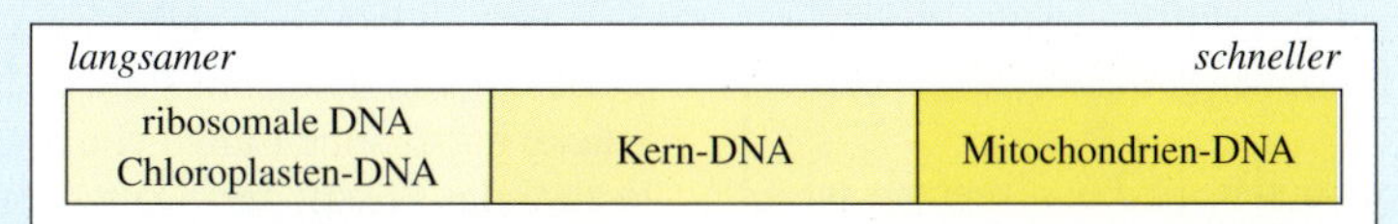

79.2 Ansammlungen von Mutationen bei verschiedenen Nucleinsäuren

Wie realistisch ist ein „Jurassic Park"?

1990 schrieb der Amerikaner MICHAEL CRICHTON einen Science-Fiction-Thriller namens „Jurassic Park", der 1991 unter dem Titel „Dinopark" in deutscher Übersetzung erschien. 1993 verfilmte STEVEN SPIELBERG das Werk, und die Kinos erlebten Besucherrekorde. Die Story ist ganz plausibel: In Bernstein eingeschlossene Stechmücken enthalten Blutzellen von Sauriern, die sie kurz vor ihrem Tod gestochen haben. Die Blutzellen lassen sich aus dem Bernstein gewinnen, und aus der genetischen Information, die die in den Zellen enthaltene DNA enthält, werden Saurier rekonstruiert, die dann in einem Spezialzoo gezeigt werden. Natürlich verleiht eine haarsträubende Action-Story dem Film die publikumswirksame Spannung. Was ist an der Geschichte möglich und was ist Fiktion?

Erstens: Die Bernstein-Stechmücken, die noch Blut gestochener Tiere im Darm haben, gibt es. Man kann DNA aus den Blutzellen gewinnen, vermehren und analysieren.
Zweitens: Die DNA ist seit der Fossilisierung in viele kleine Fragmente zerfallen, die sich kaum zu vollen Strängen, geschweige denn zu ganzen Chromosomen vereinigen lassen.
Drittens: Es reicht nicht, die genetische Information der DNA zu haben, sondern für die Realisierung der Information ist der physiologische Apparat einer Eizelle der betreffenden Art nötig, die mit speziellen Strukturen und Enzymen die Entwicklung erst möglich macht. Funktionsfähige Eizellen aber gibt es in Fossilien nicht. Die Eizellen heutiger Lebewesen sind in ihren Strukturen so weit von denen der Fossilien entfernt, dass es wahrscheinlich unmöglich ist, sie zur Wiederbelebung ausgestorbener Formen zu benutzen.

Die Analyse alter DNA. Findet man in Fossilien DNA, so ist das ein Glücksfall. Meist sind es nur Spuren oder einzelne Moleküle. Will man sie analysieren, braucht man größere Mengen. Glücklicherweise reagieren Nucleinsäuren autokatalytisch, das heißt, sie lassen sich identisch replizieren. Das tut man, indem man eine winzige DNA-Probe mit bestimmten Enzymen und allen vier Mononucleotiden zusammenbringt. Die DNA vermehrt sich dann entsprechend der Replikation bei der Zellteilung. Es entstehen Millionen oder Milliarden identischer Kopien der Vorlage. Diese lassen sich dann untersuchen. Die Methode heißt **Polymerasekettenreaktion** (**P**olymerase **C**hain **R**eaction, **PCR**).
Die Geschichte vom „Jurassic Park" geht von der Voraussetzung aus, dass in Bernstein DNA fossiler Lebewesen erhalten ist. Bernstein ist für DNA ein ideales Konservierungsmittel. Normalerweise werden alle organischen Stoffe nach dem Tod eines Lebewesens von Mikroorganismen zersetzt. Bernstein enthält Terpene, die Mikroorganismen töten. Außerdem hält er Sauerstoff und Wasser wirksam von der DNA fern. Sauerstoff aber oxidiert die Nucleotide der DNA leicht. Sie können dann nicht mehr mit der Polymerasekettenreaktion vermehrt werden.
Auch Teer konserviert ähnlich wie Bernstein. So wurden in Teergruben bei Los Angeles 14 000 Jahre alte Säbelzahntiger gefunden, deren Knochen gut erhaltene DNA enthielt. Selbst Kälte trägt zur Erhaltung der DNA bei. Der in den Ötztaler Alpen gefundene Bronzezeitmensch „Ötzi" enthält DNA, die analysierbar ist.
Die alte DNA ist von unschätzbarem Wert für die vergleichende Analyse und die Feststellung von Verwandtschaften und Abstammungen. Für die Rekonstruktion von ausgestorbenen Lebewesen taugt sie jedoch nicht. Die längsten bisher isolierten DNA-Stücke haben eine Länge von etwa 3500 Nucleotiden. Je älter das Fossil, desto kürzer sind die konservierten DNA-Stücke. DNA, die älter als 100 000 Jahre ist, ist unbrauchbar. DNA aus lebenden Zellen enthält Milliarden Nucleotide, die in einer bestimmten Reihenfolge angeordnet sein müssen. Man kennt aber die volle Nucleotid-Sequenz der ausgestorbenen Lebewesen nicht und kann sie demzufolge auch nicht rekonstruieren.
SVANTE PÄÄBO ist einer der Pioniere der „Molekularen Paläontologie". Schon 1985 isolierte er DNA aus einer 2400 Jahre alten ägyptischen Mumie. Er sagt zur Möglichkeit der Wiedererweckung von Fossilien: „Ich halte es für völlig undenkbar, dass es eines Tages gelingen wird, ausgestorbene Tierarten wieder zum Leben zu erwecken."

4.7.3 Homöotische Gene

Seit langer Zeit kennt man bei der Fruchtfliege eine Mutante, die keine Augen hat. Vor einigen Jahren gelang es, das hier mutierte Gen zu identifizieren. Schleust man das Produkt dieses Gens in einen anderen Körperteil eines Fliegenembryos ein, der eigentlich für die Bildung von Fühlern oder Beinen zuständig ist, entwickeln sich auch hier Fliegenaugen. Experimente wie diese haben die Forscher auf die Spur der Mechanismen gebracht, die bewirken, dass sich im Laufe der Embryonalentwicklung der Körper entsprechend dem Bauplan des Tieres richtig entwickelt. Bis heute ergibt sich folgendes Bild, das zunächst für Gliedertiere, vorzugsweise die Insekten, galt: Der Körper der Gliedertiere ist in Segmente aufgeteilt. Man fand mehrere Gruppen von **Segmentierungsgenen,** die hierarchisch nacheinander die Segmentierung und die Untergliederung der Segmente festlegen. Schließlich wird durch Aufruf spezieller Gene bestimmt, welche Segmente beispielsweise Fühler, Beine oder Flügel tragen. Die Gene, die dies im Einzelnen bewirken, heißen homöotische Gene. Den Aufruf der Gene haben wir uns entsprechend dem Operon-Modell vorzustellen, bei dem bestimmte DNA-bindende Proteine (Repressoren) die Realisation einzelner Gene gezielt hemmen oder freigeben können. Da die früher aktiv werdenden Gene als Regulatorgene für die nachfolgenden wirken, spricht man von einer hierarchischen Kaskade der Genaktivierung. Die **homöotischen Gene** sind mit einem DNA-Abschnitt von etwa 180 Basenpaaren verbunden, der einen Teil der regulatorisch wirksamen Proteine codiert. Man nennt diesen Abschnitt der homöotischen Gene **Homöobox.** Homöotische Gene oder *Entwicklungskontrollgene* werden bei Wirbeltieren als **Hox-Gene** bezeichnet.

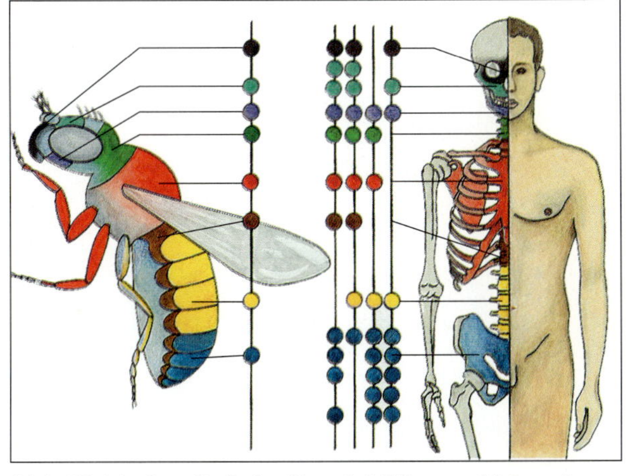

81.1 Gleiche homöotische Gene bei Fliege und Mensch. Bei der Fliege sind die Gene an einem Chromosom aufgereiht, beim Menschen auf vier Chromosomen. Die Abfolge entspricht der Anordnung der Körperteile.

Wenn Segmentierungsgene oder homöotische Gene mutieren, können, wenn die Mutation nicht zu tief greifend ist, abnorme Formen entstehen, die im Labor am Leben erhalten werden können. In der Natur würden sie absterben. Die Untersuchung dieser Mutanten führt zur Aufklärung des Gesamtmechanismus.

Die Forschungsergebnisse über die homöotischen Gene gehören eigentlich in den Bereich der Entwicklungsbiologie. Sie sind aber auch für die Evolutionsbiologie äußerst wichtig, denn sie helfen bei der Aufklärung von stammesgeschichtlichen Zusammenhängen. Zur Überraschung der Forscher fanden sich Homöoboxen und homöotische Gene nämlich nicht nur bei Insekten, sondern in identischer oder ähnlicher Form auch bei Tieren, die nach bisherigem Wissensstand stammesgeschichtlich weit entfernt liegen. Hohltiere, Fadenwürmer, Weichtiere, Fische, Frösche, Vögel und Säugetiere wie der Mensch haben gleiche oder ähnliche homöotische Gene, die in derselben Reihenfolge auf den Chromosomen angeordnet sind. Lediglich die Zahl der Chromosomen, auf denen die Informationen teils mehrmals aufgezeichnet sind, unterscheidet sich.

Das Ergebnis ist eine Sensation: Die homöotischen Gene sind homolog, das heißt, sie weisen auf einen gemeinsamen Vorfahren hin. Insekten und Säugetiere haben einen gemeinsamen Vorfahren, dessen Körperregionen nach demselben Urbauplan konstruiert wurden wie die der heute lebenden Formen. Lediglich die Gene, die die Organe direkt ausbilden, veränderten sich im Laufe der Evolution. Die homöotischen Gene blieben gleich, da die meisten Mutationen für das betreffende Lebewesen tödliche Entwicklungsstörungen zur Folge hätten.

So musste die Ansicht modifiziert werden, dass die Kamera-Augen der Tintenfische und der Wirbeltiere auf eine konvergente Entwicklung zurückgehen. Bezüglich der Grundanlage als Augen sind sie homolog, weil ihre homöotischen Gene übereinstimmen. Auch die Entwicklung der Komplexaugen der Gliedertiere wird von diesen Genen gesteuert. Wahrscheinlich hatte der Vorfahr aller dieser Formen ein Urauge, von dem wir nicht wissen, wie es aussah. Es wurde dann im Laufe der Evolution vielfach variiert, wobei die „Ursteuerungsgene" gleich geblieben sind.

4.7.4 Die Aminosäuresequenzanalyse

Der größte Teil der Lebewesen gewinnt Energie durch die Umsetzung von Luftsauerstoff in den Zellen. An dem mehrstufigen Prozess – der Atmungskette – sind verschiedene Enzyme beteiligt. Eines ist das Cytochrom-c. Es ist ein in fast allen Lebewesen vorkommender Stoff. Er eignet sich deshalb gut für vergleichende Untersuchungen von Proteinen.
Die nebenstehende Abbildung zeigt die Abfolge der Aminosäuren im Cytochrom-c-Molekül. Einzelne Aminosäuren sind markiert, andere nicht. Die markierten Aminosäuren kommen in den Cytochromen aller 26 untersuchten Lebewesen vor, die anderen variieren. Wie kann man das erklären? Das Cytochrom-c ist ein Enzym. Enzyme bestehen aus knäuelartig zusammengefalteten Proteinketten, die an einer bestimmten Stelle einen Bereich bilden, der für die Wirkungsweise des Enzyms verantwortlich ist. Er wird aktives Zentrum genannt. Hier werden die an der Reaktion beteiligten Substratmoleküle gebunden und zur Reaktion gebracht. Das aktive Zentrum entspricht hochspezifisch der Molekülform der Substratmoleküle. Wenn sich die Struktur des aktiven Zentrums verändert, passen die Substratmoleküle nicht mehr, und das Enzym wird unwirksam. Handelt es sich um ein lebenswichtiges Enzym, so stirbt der Träger. Wenn also an der DNA, die das Enzym codiert, Mutationen auftreten, die das aktive Zentrum stören, sind sie in den meisten Fällen tödlich, und die DNA wird nicht weiter vererbt. Auf den Aminosäuren, die das aktive Zentrum bilden, lastet also ein erheblicher Selektionsdruck, der dafür sorgt, dass sie im Laufe der Evolution nur selten ausgetauscht werden.
Die anderen Aminosäuren des Proteins dagegen bilden sozusagen die „Gerüstsubstanz“ des Enzyms. Sie sorgen dafür, dass das Molekül insgesamt seine Form behält. Wenn hier Aminosäuren durch Mutationen verändert werden, wirkt auf die entsprechenden Mutanten häufig kein Selektionsdruck. Solche Mutationen werden neutrale Mutationen genannt. Die mutierten Stellen der DNA werden weiter vererbt. Die Enzymmoleküle bekommen im Laufe der Entwicklung eine andere Basensequenz. Mutationen treten zufällig auf, aber im Laufe der Zeit sammeln sie sich mit einer ungefähr konstanten Rate an. Je mehr Aminosäureunterschiede also in den Proteinen zweier verglichener Lebewesen auftreten, desto mehr Zeit ist verstrichen, seit sich die beiden Formen vom gemeinsamen Vorfahren trennten. Der Gedankengang ist derselbe wie bei der molekularen Uhr.
Der Vergleich der Aminosäureabfolgen in Proteinen, die mit gleicher Wirkung bei verschiedenen Gruppen von Lebewesen auftreten, liefert also ein Maß für die verwandtschaftliche Zusammengehörigkeit bzw. den verwandtschaftlichen Abstand zwischen den Formen.

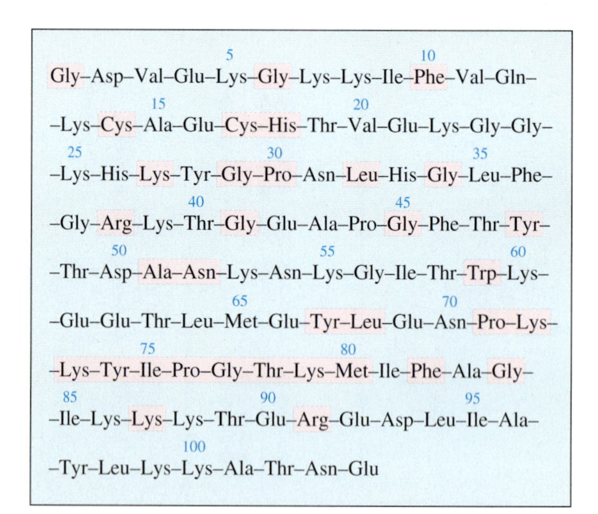

82.1 Aminosäuresequenz von Cytochrom-c.
Die gefärbten Teile sind die konstant vorkommenden Aminosäuren in den Cytochromen von 26 verschiedenen Arten von Lebewesen.

Daraus lassen sich auf rein mathematischer Basis Stammbäume berechnen: Man vergleicht drei Lebewesen X, Y und Z. Die Proteine werden analysiert. Die Zahl der Aminosäureunterschiede zwischen jeweils zwei Formen wird festgestellt. Man erhält also drei Zahlen (Unterschied XY, Unterschied XZ und Unterschied YZ). Aus diesen Zahlen kann man die Anzahl der ausgetauschten Aminosäuren berechnen, die seit der Trennung von einem gemeinsamen Vorfahren aufgetreten sind. Ein Rechenbeispiel wird im Abschnitt „Aufgaben“ vorgeführt. Die Abbildung zeigt einen Stammbaum, der auf der Basis von Vergleichen des Enzyms Cytochrom-c hergestellt wurde. Er stimmt hervorragend mit den Stammbäumen überein, die auf der Basis von Fossilien oder anderen Indizien aufgestellt wurden. Die Zahlen, die zwischen den jeweiligen Verzweigungspunkten und den heute lebenden Formen angegeben sind, sind Dezimalzahlen, obgleich man annehmen müßte, dass es ganze Zahlen sein sollten. Gestückelte Mutationen gibt es nicht. Die Abweichungen von ganzen Zahlen lassen sich dadurch erklären, dass man für die Untersuchungen nicht nur ein Individuum, sondern sehr viele verwendet. Zwischen den Einzelindividuen bestehen aber auch Unterschiede, sodass schon in die Anfangsrechnung Dezimalzahlen eingehen.

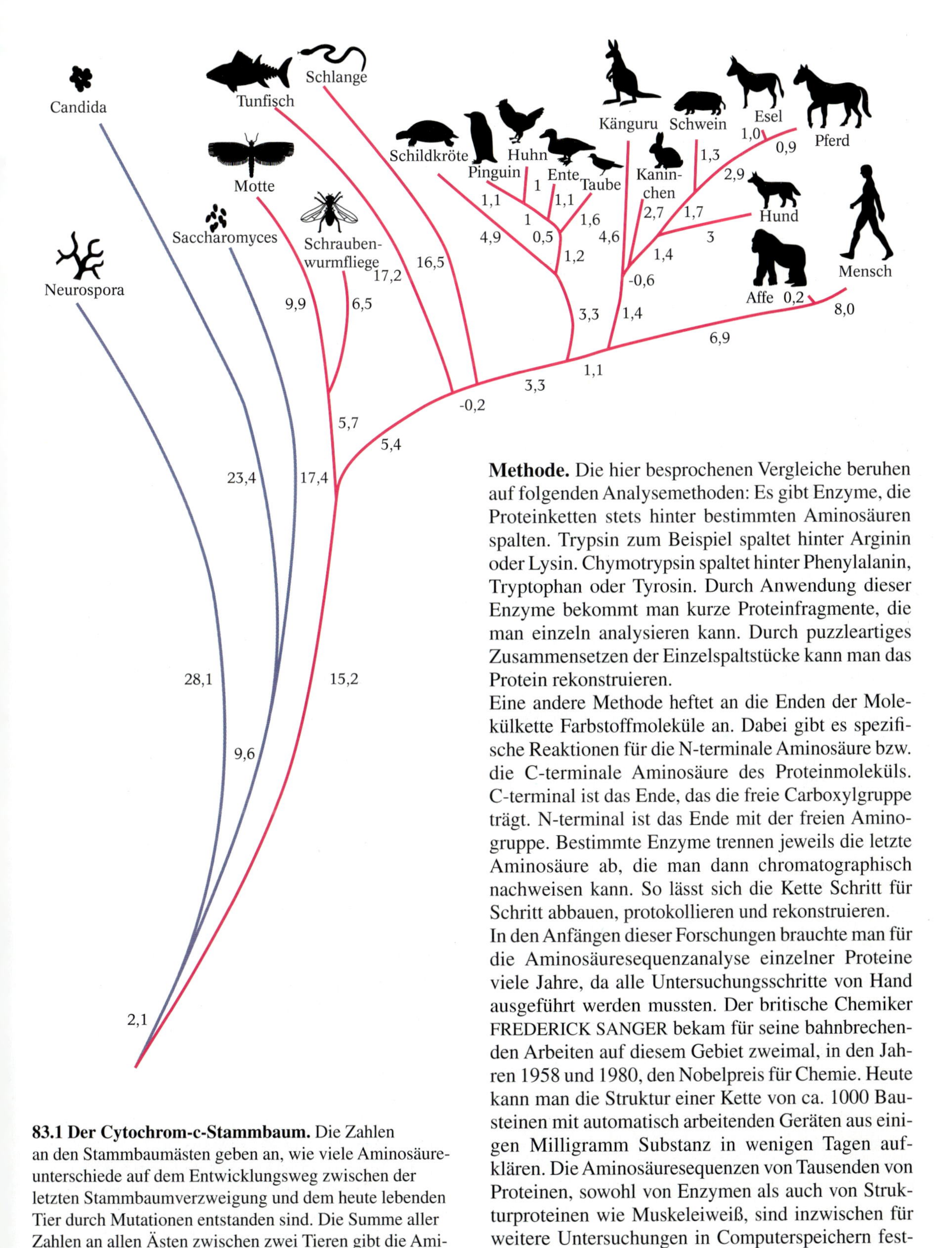

83.1 Der Cytochrom-c-Stammbaum. Die Zahlen an den Stammbaumästen geben an, wie viele Aminosäureunterschiede auf dem Entwicklungsweg zwischen der letzten Stammbaumverzweigung und dem heute lebenden Tier durch Mutationen entstanden sind. Die Summe aller Zahlen an allen Ästen zwischen zwei Tieren gibt die Aminosäureunterschiede zwischen diesen Tieren an.

Methode. Die hier besprochenen Vergleiche beruhen auf folgenden Analysemethoden: Es gibt Enzyme, die Proteinketten stets hinter bestimmten Aminosäuren spalten. Trypsin zum Beispiel spaltet hinter Arginin oder Lysin. Chymotrypsin spaltet hinter Phenylalanin, Tryptophan oder Tyrosin. Durch Anwendung dieser Enzyme bekommt man kurze Proteinfragmente, die man einzeln analysieren kann. Durch puzzleartiges Zusammensetzen der Einzelspaltstücke kann man das Protein rekonstruieren.
Eine andere Methode heftet an die Enden der Molekülkette Farbstoffmoleküle an. Dabei gibt es spezifische Reaktionen für die N-terminale Aminosäure bzw. die C-terminale Aminosäure des Proteinmoleküls. C-terminal ist das Ende, das die freie Carboxylgruppe trägt. N-terminal ist das Ende mit der freien Aminogruppe. Bestimmte Enzyme trennen jeweils die letzte Aminosäure ab, die man dann chromatographisch nachweisen kann. So lässt sich die Kette Schritt für Schritt abbauen, protokollieren und rekonstruieren.
In den Anfängen dieser Forschungen brauchte man für die Aminosäuresequenzanalyse einzelner Proteine viele Jahre, da alle Untersuchungsschritte von Hand ausgeführt werden mussten. Der britische Chemiker FREDERICK SANGER bekam für seine bahnbrechenden Arbeiten auf diesem Gebiet zweimal, in den Jahren 1958 und 1980, den Nobelpreis für Chemie. Heute kann man die Struktur einer Kette von ca. 1000 Bausteinen mit automatisch arbeitenden Geräten aus einigen Milligramm Substanz in wenigen Tagen aufklären. Die Aminosäuresequenzen von Tausenden von Proteinen, sowohl von Enzymen als auch von Strukturproteinen wie Muskeleiweiß, sind inzwischen für weitere Untersuchungen in Computerspeichern festgehalten.

4.7.5 Immunologischer Verwandtschaftsnachweis

Alle Tiere haben die Fähigkeit, fremde Stoffe, die in den Körper eindringen oder sich im Fall krankhafter Veränderungen vom eigenen Körper unterscheiden, zu erkennen und zu vernichten. Schon im Jahre 1882 entdeckte der russische Zoologe ILJA METSCHNIKOW eine solche Abwehrreaktion. Er hatte einen Rosenstachel in eine Seesternlarve gesteckt. Am nächsten Morgen war der Stachel von kleinen, beweglichen Zellen bedeckt, die versuchten, den Fremdkörper zu verschlingen. Das war der Beginn der Theorie der zellulären Immunabwehr. Zusammen mit dem Entdecker der nichtzellulären Immunabwehr, dem deutschen Mediziner PAUL EHRLICH, bekam er dafür 1908 den Nobelpreis für Medizin.

Inzwischen sind die Abwehrreaktionen fast aller Tiergruppen untersucht und man kann feststellen, dass sich auch die Abwehrmechanismen im Laufe der Evolution verändert und verbessert haben. Schon Einzeller müssen die Fähigkeit haben, „Selbst" von „Nichtselbst" zu unterscheiden. Wenn sie Kolonien gleichartiger Zellen bilden, ist dieses Erkennen eine Voraussetzung dafür. Schwämme gelten als die ältesten und einfachsten Vielzeller. Wenn man ihnen Zellen nicht artverwandter Formen transplantiert, greifen sie diese an und vernichten sie. Dies geschieht mithilfe von Fresszellen, die durch den Körper vagabundieren und die Fremdzellen durch Phagozytose aufnehmen und verdauen. Die zelluläre Abwehr, die auch noch im menschlichen Körper abläuft, ist also eine sehr alte Form des Immunschutzes.

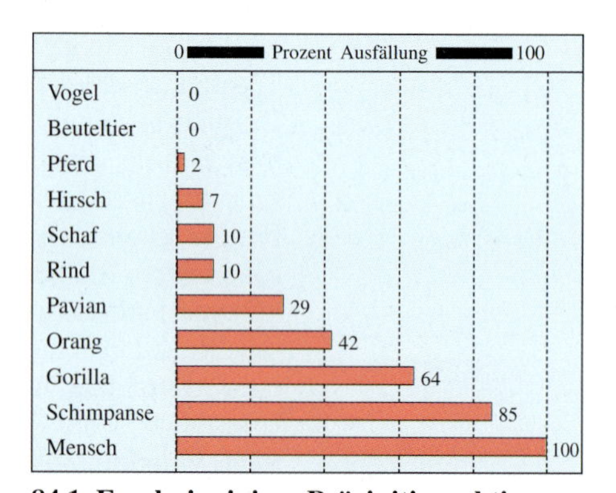

84.1 Ergebnis einiger Präzipitinreaktionen

Eine nächste Stufe der Abwehr findet sich sowohl im Tier- als auch im Pflanzenreich. Sie ist eine Form der nichtzellulären oder **humoralen Abwehr.** Die Lebewesen und insbesondere die Wirbellosen enthalten in ihrem Körper **Lektine.** Das sind Stoffe, die sich gezielt an bestimmte Zuckerreste in Membranbestandteilen heften. Die Zellen, auf die sie treffen, verklumpen miteinander und sind so für die Fresszellen erkennbar und angreifbar. Möglicherweise sind die Lektine die Vorstufen der **Antikörper,** wie sie auch beim Menschen vorkommen.

Antikörper sind Proteine, die bei Wirbeltieren von speziellen Lymphozyten, den B-Zellen, hergestellt werden. B-Zellen reifen im Knochenmark (bone). Antikörpermoleküle haben eine ypsilonförmige Struktur. An den beiden Schenkeln des Ypsilon befinden sich variable Bereiche, die der räumlichen Struktur von Fremdmolekülen (Antigenen) entsprechen können. Es sind „Fremdkörper-Bindungsrezeptoren". Jede B-Zelle produziert eine eigene Form von Antikörpern. Milliarden verschiedener B-Zellen mit entsprechend verschiedenen Fähigkeiten zur Antikörperproduktion kreisen im Blut. Taucht ein Antigen auf, wird es aufgrund seiner Oberflächenstrukturen erkannt, und Antikörper gegen dieses Antigen werden vermehrt produziert. Da jeder Antikörper zwei Bindungsstellen hat, werden die Antigene miteinander verklebt. Sie verklumpen und können von Fresszellen vernichtet werden.

An dieser Stelle werden die Immunreaktionen für den Verwandtschaftsnachweis wichtig: Wenn man beispielsweise einem Kaninchen Menschen-Blutserum einspritzt, sind die darin gelösten Eiweiße für das Kaninchen Fremdmoleküle. Es produziert vermehrt Antikörper dagegen. Entnimmt man dem Kaninchen Blut und isoliert daraus Serum mit den gebildeten Antikörpern und vermischt dieses mit Menschen-Blutserum, so werden alle menschlichen Bluteiweiße durch die Antikörper des Kaninchens als Niederschlag ausgefällt. Man nennt diese Reaktion **Präzipitinreaktion.** Vermischt man dagegen das Kaninchenserum mit dem Serum eines Schimpansen, so werden nur 85 % der Schimpanseneiweiße ausgefällt. Die restlichen 15 % sind schimpansenspezifisch. Gegen sie hatte das Kaninchen keine Antikörper bilden können. Es ist offensichtlich, dass sich die betrachteten Eiweiße im Laufe der Entwicklung nach der Trennung so sehr verändert haben, dass sie von den Antikörpern des Kaninchens nicht mehr erkannt werden. Je weniger Eiweiße also beim Vergleich zweier Tierformen durch die Präzipitinreaktion ausgefällt werden, desto weniger sind sie miteinander verwandt. Der Denkansatz ist derselbe wie bei der Untersuchung der Aminosäuresequenzunterschiede. Da die Präzipitinreaktion jedoch ein weniger differenziertes Ergebnis liefert, nicht bei allen Tiergruppen angewendet werden kann und keine Rückschlüsse darauf zulässt, wann sich die Entwicklungslinien zweier Lebewesen getrennt haben, hat sie heute stark an Bedeutung verloren.

AUFGABEN

A1 Fossile Reste von Pflanzen, Blättern, Früchten oder Samen sind oft durch Inkohlung entstanden.
a) Erklären Sie den Prozess der Inkohlung. Nehmen Sie Ihr Lehrbuch, ein Chemie- bzw. Geologiebuch oder ein Lexikon zu Hilfe.
b) Erläutern Sie die folgende Tabelle.

Kohleart	geologisches Alter	Kohlenstoffgehalt
Holz	Gegenwart	ca. 50 %
Torf	Gegenwart	55 bis 64 %
Braunkohle	5 Mio. Jahre	60 bis 75 %
Steinkohle	500 Mio. Jahre	80 bis 90 %
Anthrazit	1000 Mio. Jahre	95 %

A2 Manche Fossilien werden als Leitfossilien bezeichnet.
a) Erläutern Sie den Begriff und die Bedeutung von Leitfossilien, indem Sie das Lehrbuch zu Hilfe nehmen.
b) Notieren Sie die in der Tabelle der Erdzeitalter (S. 55) aufgeführten Leitfossilien und den jeweiligen Zeitraum, für den sie Leitfossil sind.

A3 Bei einer Datierung nach der Kalium-Argon-Methode schätzt ein Paläontologe, dass eine untersuchte Gesteinsprobe bei ihrer Bildung 12 Milligramm des radioaktiven ^{40}K enthielt. Heute enthält das Gestein 3 Milligramm. Die Halbwertszeit dieses Isotops beträgt 1,3 Milliarden Jahre. Wie alt ist das Gestein?

A4

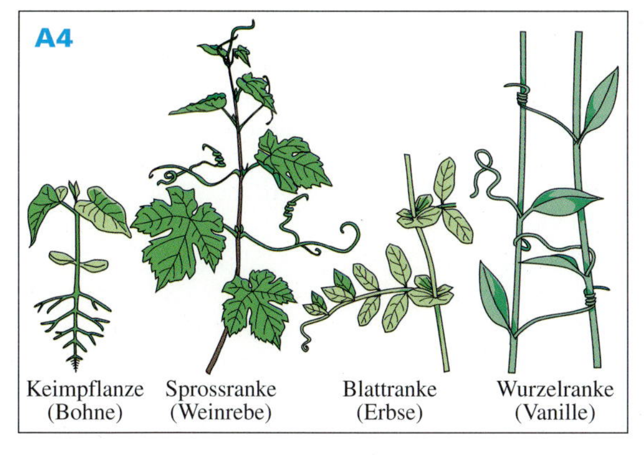

Kronblätter, Kelchblätter und Laubblätter sind homolog, weil sie auf das gleiche Grundorgan, das Blatt, zurückzuführen sind. Die Dornen des Weißdorns sind Sprossdornen, die Schlehe hat dagegen Blattdornen. Spross- und Blattdornen haben dieselbe Funktion, gehen aber auf verschiedene Grundorgane zurück und sind daher analoge Organe.
Betrachten Sie die Abbildung und nennen Sie möglichst viele Homologien und Analogien. Begründen Sie Ihre Entscheidungen.

A5

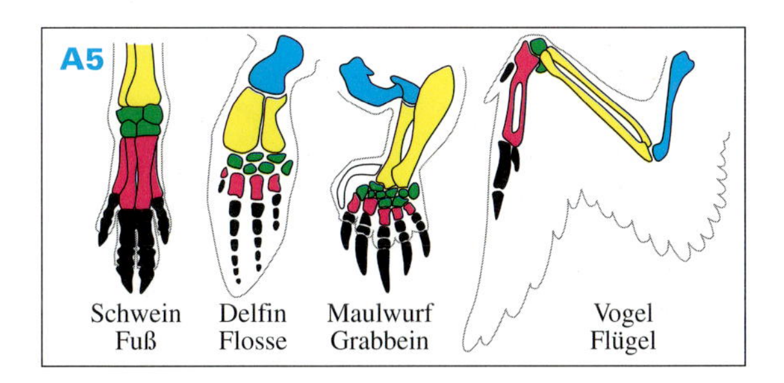

Die abgebildeten Wirbeltiergliedmaßen sind homolog.
a) Begründen Sie die Aussage.
b) Welche Homologiekriterien lassen sich hier anwenden?

A6

Viele giftige Tiere wie der Feuersalamander, der aus Rückendrüsen Gift versprühen kann, und die Wespe mit ihrem Giftstachel sind durch eine auffällig schwarzgelbe Färbung gekennzeichnet.
a) Erläutern Sie die konvergente Evolution am Beispiel.
b) Nennen Sie weitere Beispiele von Konvergenz.

A7 Die Abbildung 60.1 in diesem Lehrbuch zeigt den Urvogel oder *Archaeopteryx*.
a) Erklären Sie an diesem Beispiel den Begriff Brückentier.
b) Stellen Sie in einer Tabelle die Merkmale der beiden Tiergruppen zusammen, die ihn zu einem Brückentier machen. Nehmen Sie Ihr Lehrbuch zu Hilfe.

A8

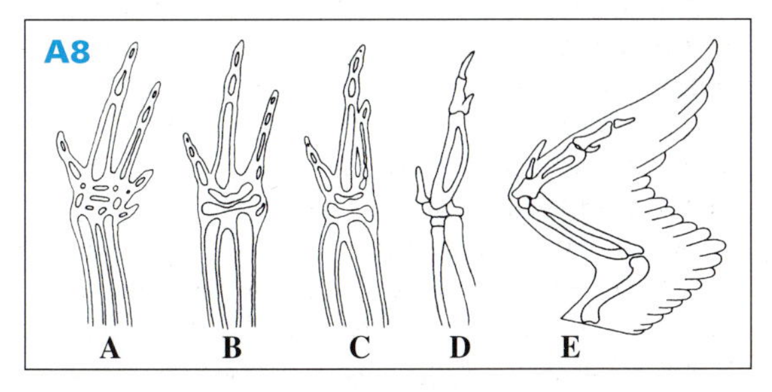

a) Beschreiben und beurteilen Sie die vier abgebildeten Embryonalstadien (A bis D) des Flügelskeletts der Vögel in Bezug auf die Vogelevolution.
b) Stellen Sie einen Zusammenhang zur biogenetischen Grundregel her.

AUFGABEN

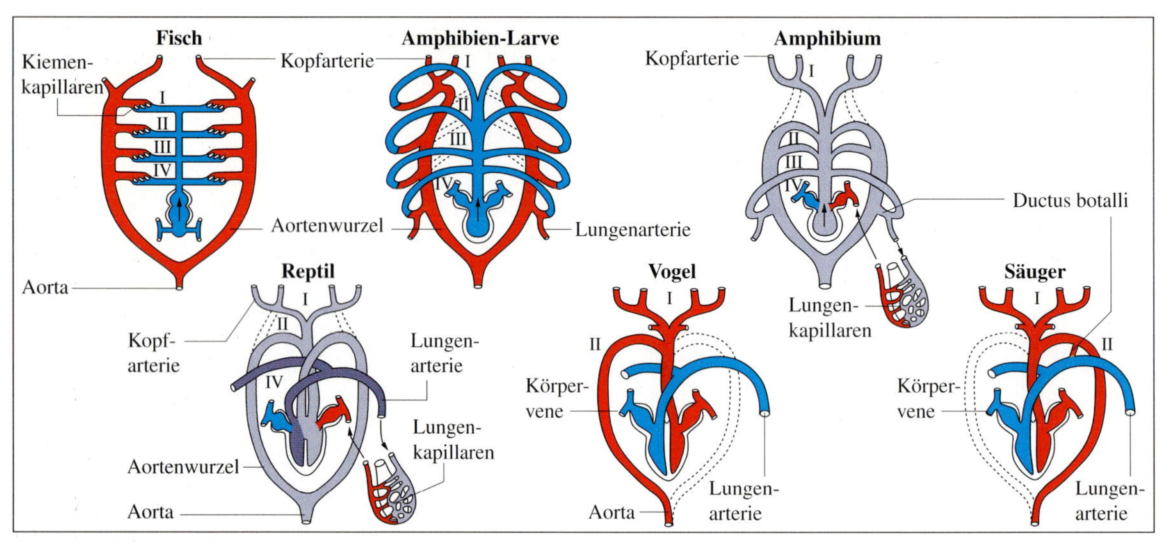

86.1 Wirbeltierkreislaufsysteme (Schemata). I–IV Kiemenbogenarterien, venöses Blut blau, Mischblut violett, arterielles Blut rot

A9 a) Beschreiben Sie die abgebildeten Kreislaufsysteme. Achten Sie auch auf die Konstruktion der Herzen.
b) Welche Unterschiede bestehen zwischen den einzelnen Wirbeltierklassen?
c) Welche Selektionsvorteile brachten die Veränderungen im Laufe der Evolution?

A10 Stammbaumberechnung aufgrund von Aminosäureunterschieden

Zwischen den drei Lebewesen X, Y und Z bestehen folgende Unterschiede in den Anzahlen unterschiedlicher Aminosäuren im Cytochrom-c:

◄―― 28 ――►
X ◄―― 24 ――► Y ◄―― 32 ――► Z

Wir nehmen an, dass sich die Lebewesen an einem gemeinsamen Verzweigungspunkt V in der Stammesgeschichte trennten:

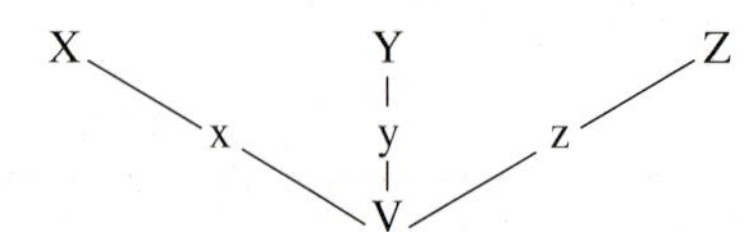

Die Zahlen x,y und z stehen für die Anzahlen von Mutationen, die auf dem Weg vom gemeinsamen Vorfahren bis zu den heute lebenden Formen aufgetreten sind. Zwischen X und V liegen also x Mutationen. Der Unterschied zwischen X und Y ergibt sich also aus XY = 24 = x + y.
Man kann nun drei Gleichungen mit drei Unbekannten aufstellen und die Unbekannten x,y und z berechnen.

Es ergeben sich folgende Lösungen: x = 10, y = 14 und z = 18.
Wir können also einen vorläufigen Stammbaum zeichnen:

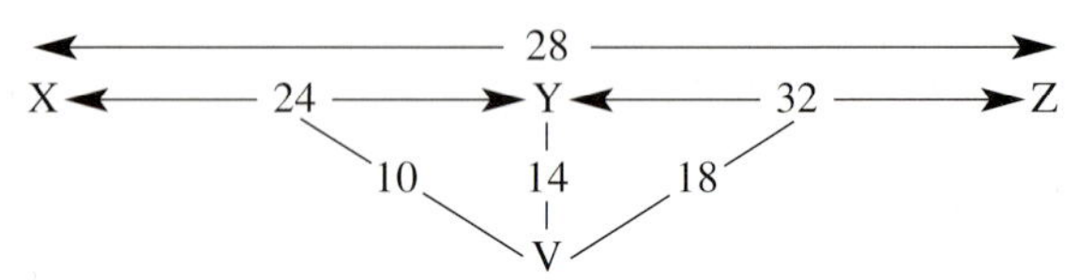

Der verwandtschaftliche Abstand zwischen X und Y ist aber kleiner als der zwischen Y und Z, da hier weniger Unterschiede auftreten. Es ist also wahrscheinlich, dass sich X und Y später getrennt haben. Man muss also einen zweiten Verzweigungspunkt V2 annehmen, sodass sich folgender Stammbaum ergibt:

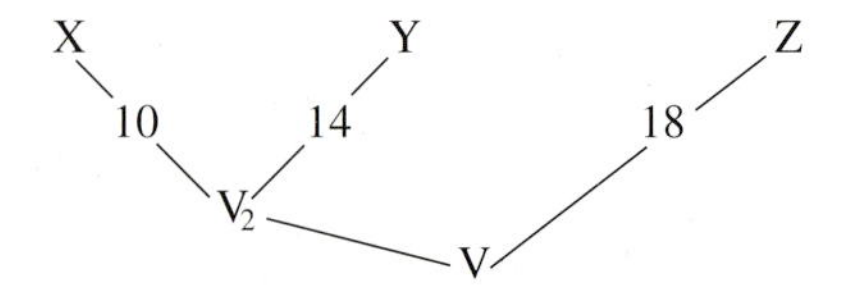

Die Zahlen neben den Linien im Cytochromstammbaum geben also die Anzahl der Mutationen bis zur nächsten neu entstandenen Art oder bis zum nächsten Verzweigungspunkt an.
Das Cytochrom-c des Holzrutzlers unterscheidet sich in 42 Aminosäuren von dem des Gumps. 38 Aminosäuren trennen es von der Wasserflunke. Zwischen Wasserflunke und Gump bestehen 30 Unterschiede. Berechnen und zeichnen Sie den Stammbaum von Holzrutzler, Gump und Wasserflunke.

GLOSSAR

Abdruck: in ursprünglich weichem, später erhärtetem Material erhalten gebliebener Abdruck eines Lebewesens
aktives Zentrum: Bereich im Enzymmolekül, der die katalytische Wirkung des Enzyms ausübt
analoge Organe (Analogie, analog): Organe, die in ihrer Funktion übereinstimmen, aber unterschiedlicher stammesgeschichtlicher Herkunft sind
Antikörper: Protein, das aufgrund seiner Raumstruktur körperfremde Stoffe erkennt und verklumpt
Atavismus (atavistisch): Wiederauftreten von Merkmalen, die seit vielen Generationen verschwunden waren
Atmungskette: Kette von chemischen Prozessen, die der Energiefreisetzung dienen. Wasserstoff wird dabei durch Luftsauerstoff oxidiert. Die freigesetzte Energie wird in ATP gespeichert.
biogenetische Grundregel: besagt, dass die Keimesentwicklung (mit Einschränkungen) eine verkürzte, schnelle Wiederholung der Stammesentwicklung ist
Brückentier: Übergangsform mit Merkmalen zweier Tiergruppen, die eine stammesgeschichtliche Verbindung zwischen beiden anzeigen (z. B. *Archaeopteryx*)
Datierung: Altersbestimmung von Fossilien
DNA-DNA-Hybridisierung: Methode zum Vergleich verschiedener DNA-Moleküle, mit der sich Unterschiede in der Basensequenz quantifizieren lassen
DNA-Sequenzierung: heute fast ausschließlich automatisch durchgeführte Feststellung der Basenfolge von DNA
Einschlüsse: Einschluss kleinerer Tiere, z. B. Fliegen oder Käfer, in Bernstein, Eis oder Salz
Endemiten: auf bestimmte geografische Gebiete beschränkte Arten
Fossilien: erhalten gebliebene Reste von Lebewesen vergangener Erdzeitalter
homologe Organe (Homologie, homolog): Organe, die aufgrund gleicher Abstammung und daher gleicher Erbinformation in ihrem Grundbauplan übereinstimmen; sie können im Zusammenhang mit ihrer jeweiligen Funktion ganz unterschiedlich gestaltet sein.
Homologiekriterien: Kriterien zur Überprüfung, ob Organe verschiedener Arten homolog sind
Homöobox: spezifische DNA-Sequenzen, die auf die Musterbildung während der Embryonalentwicklung vielzelliger Organismen einwirken
homöotische Gene (Entwicklungskontrollgene): Erbanlagen, die den Gesamtbauplan von Tieren festlegen, indem sie das Entwicklungsschicksal von Zellgruppen kontrollieren
Hox-Gene: homöotische Gene der Wirbeltiere
Kalium-Argon-Methode: Methode zur Altersbestimmung von Fossilien, die den Zerfall von radioaktivem ^{40}K zu Argon nutzt
Körperfossil: gesamter Körper des Lebewesens ist erhalten, z. B. Mammuts im Dauerfrostboden
Konvergenz (konvergent): Anpassungsähnlichkeit infolge gleichartiger Selektionsdrucke (weitgehend synonym mit Analogie)
Larve: Jugendstadium bei vielen Tieren, das sich von der geschlechtsreifen Form in Gestalt, Ernährung oder Lebensraum unterscheidet
Leitfossilien: in manchen Gesteinsschichten in Massen auftretende charakteristische Fossilien (z. B. Trilobiten im Kambrium und Silur), die man zur Einordnung von Gesteinen nutzt
metronomische Uhr: Zeitmessung auf der Basis gleichförmig ablaufender Prozesse (Pendel, Quarzschwingungen, Fluss eines Mediums), sehr genau
molekulare Uhr: Methode zur Altersbestimmung von Fossilien auf molekularbiologischer Grundlage: je mehr Basenunterschiede in der DNA verschiedener Lebewesen festgestellt werden, desto mehr Mutationen haben seit der Trennung von einem gemeinsamen Vorfahren stattgefunden und desto früher liegt die Trennung im Ablauf der Entwicklung.
Mumien: durch Austrocknung konservierte tote Lebewesen
neutrale Mutation: Mutation, die weder einen Selektionsvorteil noch einen Selektionsnachteil bewirkt
Paläontologie: Wissenschaft, die sich mit der geologischen Vorzeit und ihren Fossilien befasst
Polymerasekettenreaktion: Methode zur Vervielfältigung kleinster Mengen von Nucleinsäuren
Radiokarbonmethode: Methode zur Altersbestimmung von Fossilien, die den Zerfall des radioaktiven Kohlenstoff-Isotops ^{14}C nutzt
Restriktions-Fragmentlängen-Polymorphismus-Analyse (RFLP): Methode zur Analyse von DNA: Bestimmte Enzyme schneiden DNA nur hinter bestimmten Basen. Die Spaltstücke werden chromatografiert. Die Bandenmuster im Chromatogramm erlauben Vergleiche zwischen unterschiedlichen DNA-Molekülen.
Rudimente (rudimentär): Organe, die im Verlauf der Evolution ihre Funktion ganz oder teilweise verloren haben und nur noch als Reste vorhanden sind
Segmentierungsgene: Erbanlagen, die die Untergliederung eines Keimes in Segmente festlegen
single-copy-DNA: die DNA-Abschnitte im Genom eines Lebewesens, die Proteine codieren
Stochastik: Teilgebiet der Mathematik; Oberbegriff für Statistik und Wahrscheinlichkeitstheorie, beschreibt zufallsabhängige Ereignisse
stochastische Uhr: Zeitmessung auf der Basis zufällig ablaufender Prozesse; für kurze Zeiträume ungenau, für lange Zeiträume sehr genau

5 Ablauf der Evolution

Sind Viren Lebewesen?

Viele Krankheiten – vom harmlosen Schnupfen bis zum tödlichen Aids – werden durch Viren verursacht. Viren sind viel kleiner als Bakterien. Sie bestehen auch nicht aus Zellen, sondern nur aus DNA- oder RNA-Molekülen, die von einer Proteinhülle umgeben sind. Ihnen fehlt auch ein eigener Stoffwechsel – eines der wichtigsten Kennzeichen des Lebens. Andererseits können sie sich durch Mutationen und hohe Vermehrungsraten beängstigend rasch an die Abwehrmaßnahmen ihrer Wirte anpassen – Kennzeichen, die eigentlich nur Lebewesen vorbehalten sind. Fortpflanzen können sich Viren allerdings nicht aus eigener Kraft: Sie sind dafür auf die „Mithilfe" der Zellen angewiesen, die sie infizieren. Alle Viren sind obligatorische Parasiten.
Fordert man, dass Lebewesen *alle* nebenstehenden Merkmale des Lebendigen haben müssen, kommt man zu dem Schluss, dass Viren keine Lebewesen sind. Was aber sind sie dann, und wie kann man sich ihre Existenz erklären? Offensichtlich befinden sich Viren in einer Grauzone zwischen Leben und Unbelebtem: Über einige Merkmale des Lebens verfügen sie, über andere nicht. Ihre Existenz kann man sich am besten erklären, wenn man sich vor Augen hält, was sie tatsächlich sind: in eine Proteinhülle verpackte mobile Gene. Mobile Gene gibt es auch im Genom von Lebewesen. Man hat sie 1947 beim Mais entdeckt und „Transposons" oder „springende Gene" genannt. Auch die Plasmide der Bakterien sind mobile genetische Elemente. Sie enthalten ein genetisches Programm, das die Zelle veranlasst, das Plasmid zu vervielfältigen und in ein anderes Bakterium einzuschleusen. Mit solchen Genen haben Viren große Ähnlichkeit. Vermutlich lassen sie sich also entwicklungsgeschichtlich aus solchen Elementen ableiten. Gestützt wird diese Hypothese durch die Beobachtung, dass das Genom von Viren größere Ähnlichkeit mit dem ihrer Wirte als mit dem anderer Viren hat. Auch die Tatsache, dass Viren für ihre Fortpflanzung auf Zellen angewiesen sind, passt zu der Annahme, dass Viren erst nach der Evolution von Zellen entstanden sind.

5.1 Chemische Evolution und Entstehung des Lebens

Kennzeichen des Lebendigen. Lebt die Puppe, mit der ein kleines Kind spielt? In der Fantasie des Kindes wohl, aber in Wirklichkeit ist sie nur das Modell eines Lebewesens. Modelle enthalten einige Eigenschaften des Originals. Bei Puppen ist es die äußere Form.
Lebt der Computer? Er sieht nicht aus wie ein Lebewesen, aber wenn er spricht oder Entscheidungen fällt, muten seine Reaktionen doch zuweilen beunruhigend lebendig an. Was also ist Leben?
Es gibt eine Reihe unterschiedlicher Definitionen des Begriffs Leben. Allen Definitionen ist gemeinsam, dass sie Kennzeichen aufzählen, die für Leben charakteristisch sind. Einige Kennzeichen des Lebendigen sind:
1. Ordnung: Lebewesen haben eine komplexe Struktur.
2. Fortpflanzung: Organismen pflanzen sich fort, indem sie Kopien ihrer Erbinformation weitergeben.
3. Stoffwechsel: Durch Stoffwechselvorgänge wandeln Lebewesen eine Energieform in eine andere um. Körperfremde Stoffe werden in körpereigene umgesetzt.
4. Wachstum und Entwicklung: Wachstum und Entwicklung sorgen dafür, dass sich das eben entstandene Lebewesen zur erwachsenen Form wandelt.
5. Homöostase: Lebewesen halten durch Regulationsprozesse bestimmte Zustände im Organismus konstant, obgleich sich die Umwelt ändert.
6. Reaktionen auf die Umwelt: Lebewesen nehmen aus der Umwelt Informationen (Reize) auf und reagieren auf diese.
7. Evolutionäre Anpassung: Die bei der Fortpflanzung erzeugten Nachkommen eines Lebewesens sind nicht vollständig gleich (Mutabilität). Die am besten angepassten Formen setzen sich in der Konkurrenz um begrenzte Ressourcen durch.

Für das Leben auf der Erde kann man ergänzen:
a) Der Stoffwechsel läuft auf der Basis von Kohlenstoffverbindungen ab.
b) Vererbung erfolgt auf Basis von Nukleinsäuren.
c) Die Struktur der irdischen Lebewesen ist zellulär.

Urerde und Uratmosphäre. Vor etwa vier bis fünf Milliarden Jahren entstand aus sich zusammenballenden Staub- und Gaswolken im Weltraum die Sonne mit ihren Planeten. In der Urerde ordnete sich die Materie unter dem Einfluss der Massenanziehung so an, dass die schwersten Stoffe innen und die leichtesten außen lagen. So entstand die **erste Atmosphäre.** Wegen ihres geringen Gewichtes verflogen Wasserstoff und Helium sehr bald in den Weltraum. Die Gase, die übrig blieben, bildeten die **zweite Atmosphäre.** Sie bestand aus CO_2, CO, H_2O, HCN, NH_3, CH_4, N_2, H_2S und weiteren Spurengasen. Elementarer Sauerstoff und elementare Halogene fehlten, weil sie aufgrund ihrer großen Reaktionsfähigkeit sofort Verbindungen mit anderen Elementen eingingen. Die zweite Atmosphäre wurde laufend durch Gasausbrüche aus Vulkanen ergänzt, wobei die vulkanische Tätigkeit durch häufige Einschläge von Meteoren angeregt wurde. Erst relativ spät – etwa vor 2,5 Milliarden Jahren – nahm die Konzentration von Sauerstoff zu. Heute beträgt der Sauerstoffgehalt der Atmosphäre ca. 20 % neben ca. 80 % Stickstoff. Der Anstieg des Sauerstoffgehalts war nur möglich, weil die Pflanzen durch ihre Fotosynthese Kohlenstoffdioxid aus der Atmosphäre banden und Sauerstoff freisetzten. Diese sauerstoffhaltige Atmosphäre ist die **dritte Atmosphäre** der Erde.

Dass die Erde heute Leben trägt, ist nicht zuletzt darauf zurückzuführen, dass sie im Sonnensystem eine besondere Lage hat. Sie liegt zwischen den Bahnen der Venus und des Mars: Ihre Entfernung von der Sonne erlaubt das Vorkommen von flüssigem Wasser auf der Erde. Die Venus ist mit 400 bis 500 °C zu heiß, weil sie näher an der Sonne steht. Der Mars ist wahrscheinlich zu kalt für entstehendes Leben; er ist zu weit von der Sonne entfernt. Außerdem hat die Erde einen Mond, der durch seinen Umlauf die Erdachse stabilisiert. Ohne Mond würde die Erde stärker taumeln, und die Temperaturen an bestimmten Orten würden in Jahrhunderten stark schwanken. Nicht zuletzt schützt das Magnetfeld der Erde die Oberfläche vor schädlicher kosmischer Strahlung.

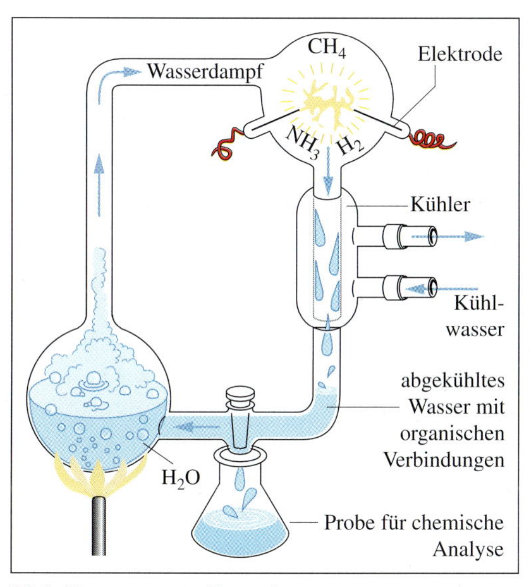

89.1 Das MILLER-Experiment

Die Ursuppe. Nach der Bildung einer festen Kruste entstanden auf der Erdoberfläche nach intensiven Regenfällen Kontinente und Meere. Darüber wölbte sich ein dunkler, bewölkter Himmel, aus dem permanent Blitze zuckten. Vulkane brachen immer noch aus. Häufig schlugen Meteore ein.
Dieses Szenario und die zweite Atmosphäre, die ja vorzugsweise aus reduzierenden Gasen bestand, wären für die meisten heute existierenden Lebewesen tödlich. Trotzdem *ist* Leben entstanden, wie Fossilien erster Prokaryoten aus dieser Zeit belegen. Wie konnte das Leben entstehen?

Im Jahre 1953 ging STANLEY MILLER dieser Frage nach, indem er folgendes Experiment durchführte: In einem Kugelkolben kochte er Wasser. Der Wasserdampf vermischte sich mit den hinzugegebenen Gasen Wasserstoff, Methan und Ammoniak. Das Gasgemisch stieg in einen zweiten Kugelkolben, in dem zwischen zwei Elektroden Blitze zuckten. Ein anschließender Gegenstromkühler kondensierte den Wasserdampf, sodass Wasser in ein Sammelrohr floss und in den ersten Kugelkolben zurückkehren konnte. Aus dem Sammelrohr entnahm MILLER Proben.
Zum allgemeinen Erstaunen fanden sich in der Lösung organische Stoffe. Mit dem Experiment wies MILLER nach, dass unter den Bedingungen der Uratmosphäre im Urozean spontan organische Stoffe entstehen konnten. Die Überraschung wuchs noch, als man sah, dass unter den entstandenen Substanzen auch solche organischen Stoffe waren, die Bestandteile von Lebewesen sind: Kohlenwasserstoffe, Lipide, Harnstoff, Zucker, selbst Ribose und Desoxyribose sowie Purin- und Pyrimidinbasen, wie sie in Nucleinsäuren vorkommen. Die sensationellen Experimente wurden von anderen Forschern wiederholt und mannigfaltig abgewandelt, indem anders zusammengesetzte Gasgemische und auch Lösungen verschiedener Salze verwendet wurden. Die Ergebnisse blieben weitgehend gleich: Die Bausteine der Stoffe, die in Lebewesen vorkommen, hätten im Urozean auch entstehen können. Man bezeichnet diese Lösung aus Salzen und organischen Stoffen im Urmeer als **Ursuppe.**

Makromoleküle. Das Problem der Entstehung des Lebens war mit dem MILLER-Experiment noch nicht gelöst. Die gefundenen Moleküle waren nur kleine Bruchstücke, die in Lebewesen vorkommen, aber Zellen enthalten große Moleküle wie etwa Proteine oder Nucleinsäuren. Deren Bausteine vereinen sich nicht von allein zu großen Einheiten. Jedes der kleinen Moleküle, die meist polar gebaut sind, ist in Lösung von einer Hydrathülle umgeben. Diese Wassermoleküle trennen die Reaktionspartner voneinander und verhindern eine Kondensationsreaktion. Heute werden Großmoleküle in Zellen unter Mitwirkung von Enzymen gebildet, doch die gab es noch nicht im Urmeer. Dafür standen aber andere Katalysatoren zur Verfügung: Aus Gesteinen entstehen durch Verwitterung **Tonmineralien,** und deren Kristalle sind polar gebaut. Es ist denkbar, dass – wenn etwa ein Tümpel austrocknete – Aminosäuremoleküle sich an die polar gebauten Tonmineralstrukturen anlagerten und so in eine enge Nachbarschaft gelangten. Dadurch konnten sie miteinander zu Peptid-Molekülen reagieren. Wenn sich der Tümpel wieder füllte, lösten sie sich ab und konnten weiter reagieren.

Für die Entstehung von Großmolekülen kommt noch ein anderer Katalysator in Frage: die ebenfalls polar gebauten Kristalle des Eisensulfids, des Pyrits. **Pyrit** entsteht überall dort, wo Eisen-II-Ionen und Schwefelwasserstoff vorhanden sind:

$$Fe^{2+} + 2\,H_2S \longrightarrow FeS_2 + 4\,H^+ + 2\,e^- + \text{Energie}$$

Dieser Mechanismus bietet den Vorteil, dass er in Erweiterung des Ursuppenmodells Energie und Reduktionsmittel liefert. Viele der heute in Zellen ablaufenden Reaktionen sind auf Reduktionsmittel – meist Wasserstoff – und Energie angewiesen. So liegt der Schluss nahe, dass an sich bildenden Pyritkristallen gleichzeitig Stoffsynthesen und Kondensationsreaktionen abliefen, die Schichten von Makromolekülen auf den Kristallen erzeugten. Wenn diese sich ablösten, konnten sie möglicherweise Vorstufen von membranähnlichen Strukturen gebildet haben – ein wichtiger Baustein für die Entstehung von Zellen. Im Experiment wurde bestätigt: In einem auf 100 °C aufgeheizten Gemisch aus Wasser, Kohlenstoffmonooxid, Eisen- und Nickelsulfid sowie Schwefelwasserstoff bilden sich aus den Aminosäuren Phenylalanin, Tyrosin und Glycin regelmäßig messbare Mengen von Di- und Tripeptiden.

Zur Unterstützung der Pyrittheorie wird noch eine andere Möglichkeit diskutiert, die ebenfalls urtümliche Stoffwechselaktivitäten einbezieht: Ende der siebziger Jahre entdeckte man auf dem Boden der Tiefsee eigenartige Schlote, aus denen Wolken dunkel gefärbten Wassers quollen. Man nannte sie **Schwarze Raucher.** Die Wassertemperatur in der Umgebung der Schlote betrug weit über 100 °C. Im Wasser waren große Mengen von Schwefelwasserstoff gelöst. Man vermutet, dass Meerwasser durch Spalten in die Erdkruste einsickert, sich dort stark erhitzt und dabei Mineralien aus dem Gestein löst. Wenn das Wasser als Quelle wieder ins Meer zurückkehrt, fallen die gelösten Salze aus und färben das Wasser dunkel.

Die Überraschung war aber noch größer, als man sah, dass in der Umgebung der Schwarzen Raucher mannigfaltiges Leben blüht: Es gibt meterlange Wür-

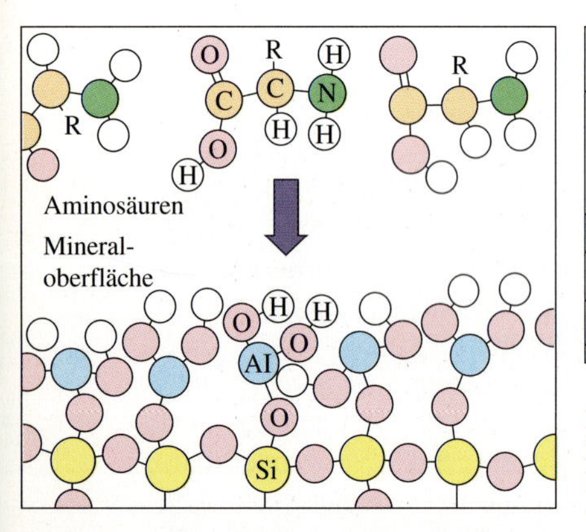

Aminosäuren lagern sich an die Oberfläche eines Tonminerals an.

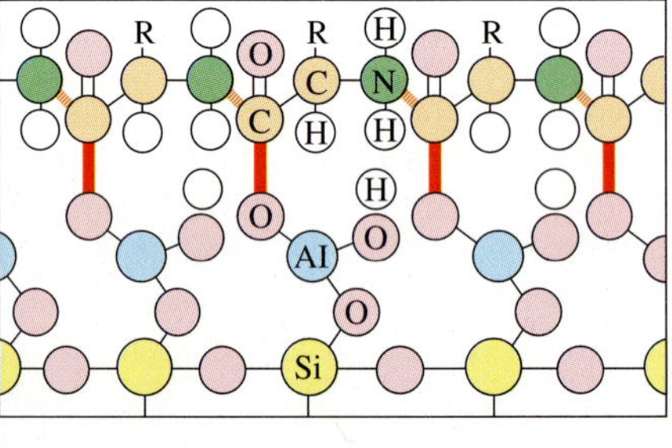

Die Aminosäuren verbinden sich mit dem Mineral.
Dabei werden die Carboxylgruppen energetisch so verändert, dass eine Bindung zu der benachbarten Aminogruppe möglich wird (Peptidbindung).

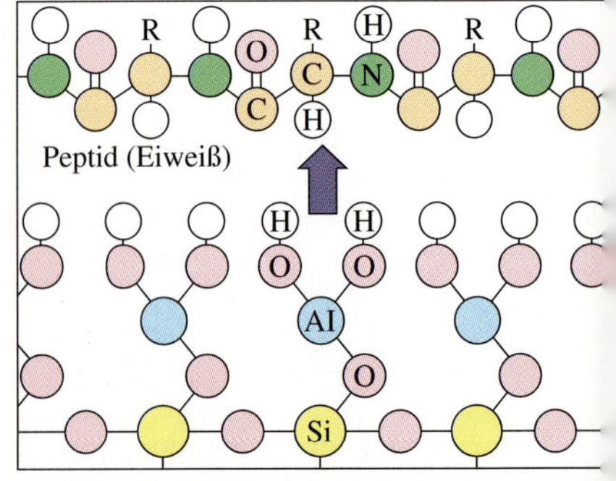

Ablösung der Peptidkette.
Durch die Reaktion werden die elektrostatisch Verhältnisse geändert, sodass sich die Peptidke ablöst.

90.1 Entstehung von Polypeptiden an Tonmineralien

mer, die in ledrigen Hüllen stecken, bis zu 30 cm große Muscheln, große Krebse und vor allem Bakterien, von denen die anderen Tiere leben. Es ist ein Ökosystem unter den unwirtlichsten Bedingungen, vor allem ohne jegliches Sonnenlicht. Anstelle der Pflanzen auf der Erdoberfläche sind dort unten die Bakterien die Primärproduzenten. Von ihnen geht die Nahrungskette aus, die bei hoch entwickelten Krebsen oder Fischen endet.
Grundlegende Bedeutung für die Existenz dieses Ökosystems haben die Bakterien. Sie oxidieren den vulkanischen Schwefelwasserstoff und setzen so Energie frei. Ebenfalls aus Schwefelwasserstoff gewinnen sie – ähnlich wie die Pflanzen bei der Fotosynthese – Wasserstoff, der ihnen als Reduktionsmittel für den CALVIN-Zyklus dient. Im CALVIN-Zyklus wird sowohl bei den Pflanzen als auch bei diesen Bakterien Kohlenstoffdioxid mithilfe des Reduktionsmittels Wasserstoff reduziert und zu Kohlenhydraten synthetisiert.
Die Chemosynthese, wie sie die Tiefseebakterien realisieren, ist denkbar als Grundlage für den Stoffwechsel von Urlebewesen.

Probleme. Gegen die Ursuppen-Theorie von MILLER wurden folgende Argumente angeführt:
1. Die Uratmosphäre enthielt nicht so viel Wasserstoff, Ammoniak und Methan, dass es zur Entstehung organischer Moleküle ausgereicht hätte.
2. Aus den Experimenten geht hervor, dass die Ausbeute an organischen Stoffen in der Ursuppe zu gering ist. Allerdings gibt es auch Experimente, die zeigen, dass sich Nucleinsäuren selbst reproduzieren und sich dabei an Umweltverhältnisse anpassen können. Das bedeutet, dass die Prozesse, die am wirkungsvollsten sind, „überleben".
3. Die Ursuppe ist, wie der Name sagt, eine wässrige Lösung. In einer solchen Umgebung sind bei normalen Temperaturen hydrolytische Spaltungen häufiger als Synthesen. Es werden mehr Moleküle zerstört als neu gebildet.
4. Durch häufige Naturkatastrophen wie Vulkanausbrüche oder Meteoreinschläge wurden beträchtliche Mengen von organischer Substanz zerstört.
5. Die sauerstofflose Atmosphäre hatte auch keine Ozonschicht. Deshalb konnte UV-Licht ungehindert bis zum Boden und ins Meer eindringen. Dadurch wäre ein großer Teil der eben entstandenen organischen Substanz wieder zerstört worden.

Gegen die Theorie von den Schwarzen Rauchern wurde argumentiert:
1. Die Tiefseequellen liegen in geologisch extrem aktiven Gebieten, die sich durch vulkanische und geotektonische Vorgänge schnell verändern. So verstopfen die Quellen schnell und öffnen sich an relativ weit entfernten Orten neu. Die Zeit zwischen Entstehen und Vergehen einer Quelle reicht nicht für den aufwendigen Prozess der Bildung neuer organischer Stoffe. Auch sind die an einer Quelle lebenden Tiere kaum in der Lage, größere Entfernungen zu überbrücken, um an neue Quellen zu kommen.
2. Die Temperatur an den heißen Quellen ist zu hoch für die Existenz empfindlicher organischer Moleküle.
Gegen die Pyrit-Theorie wurden bisher kaum Argumente vorgebracht.

Leben aus dem Weltall?

Der griechische Philosoph ANAXAGORAS, der ca. 500 vor Christus lebte, vertrat die Meinung, dass das Leben Bestandteil des Kosmos sei. Es schlägt überall Wurzeln, wenn die Bedingungen günstig sind. Diese Panspermie-Hypothese nahm der Physiker und Physiologe HERMANN VON HELMHOLTZ 1874 auf und sagte: „Falls alle unsere Versuche fehlschlagen, die Erzeugung von Organismen aus lebloser Materie zu begründen, scheint es mir ein völlig korrektes wissenschaftliches Verfahren, die Frage aufzuwerfen, ob das Leben jemals entstand, ob es nicht vielmehr so alt wie die Materie selbst ist und ob nicht die Saat von einem Planeten zum anderen übertragen wurde und sich überall dort entwickelte, wo sie auf fruchtbaren Boden fiel."
In den achtziger Jahren nahm der britische Astronom FRED HOYLE den Gedanken erneut auf. Er ging von heutigen Erkenntnissen aus, wonach 1. organische Moleküle im Weltall in großer Zahl nachgewiesen werden können und 2. Meteore organische Moleküle und auch Strukturen enthalten, die man als einfache Zellgebilde interpretieren kann.
Nach der Panspermie-Hypothese kam das Leben in Meteoren oder Kometen auf die Erde. Zweifellos sind in der Vergangenheit organische Stoffe aus dem Weltraum auf die Erde gelangt. Ob sie aber einen wesentlichen Beitrag zur Entstehung des Lebens auf der Erde geliefert haben, bleibt fraglich. Ohnehin löst die Panspermie-Hypothese das Problem der Entstehung des Lebens nicht, sondern sie schiebt es nur von der Erde weg irgendwohin ins All.

5.2 Die Entstehung der Membran, der identischen Replikation und der Organellen

Membranbildung. Lebende Zellen haben eine Membran. Man kann sich ihre Entstehung vergegenwärtigen, wenn man sich vorstellt, dass in der Ursuppe auch Lipide entstanden waren. Lipide sind hydrophil-hydrophobe Dipolmoleküle, die sich in einer monomolekularen Schicht auf der Wasseroberfläche ansammeln. An den Küsten des Urmeeres stand bei Stürmen eine hohe Brandung. Man kann sich denken, wie einzelne Wassertröpfchen unter die Wasseroberfläche gerissen wurden. Wenn sie dabei ihre eigene Lipidschicht mitnahmen und die Lipidschicht der Wasseroberfläche eindrückten, dann entstand eine Wasserblase mit einer Lipid-Doppelschicht. Das entspricht der Grundstruktur der Zellmembran.

Aber auch andere organische Moleküle, wie zum Beispiel Proteinketten von etwa 150 Aminosäuren Länge, können sich im Experiment zu bläschenförmigen Gebilden zusammenlegen. Weiterhin ist vorstellbar, dass die Molekülmatten, die sich im Urmeer auf Tonmineralien oder Pyritkristallen bildeten, Membranen urtümlicher zellähnlicher Gebilde entstehen ließen. Man nennt solch kugelförmige, etwa bakteriengroße Bläschen **Mikrosphären.**
Wenn die Membran einer Mikrosphäre semipermeabel ist, können osmotische Vorgänge ablaufen. Dann wächst die Kugel und teilt sich irgendwann. Dieser Prozess kann im Experiment beobachtet werden.

Erste physiologische Prozesse. 1922 veröffentlichte der Biologe ALEKSANDR IWANOWITSCH OPARIN in Moskau eine Hypothese, die er auf folgendes Experiment gründete: Wenn man Gelatine und Gummi arabicum unter bestimmten Bedingungen in Wasser behandelt, entstehen bläschenförmige Gebilde mit einer Membran, die **Koazervate.** OPARIN gelang es, in Koazervattröpfchen das Enzym Phosphorylase einzuschließen. Wenn er diese Tröpfchen in Glucose-1-phosphatlösung brachte, spaltete das Enzym die Phosphatgruppe ab und verband die Glucosemoleküle zu Stärke. Wenn er auch noch das Enzym Amylase in die Mikrosphäre einschloss, spaltete dieses die Stärke in Maltosemoleküle, die durch die Membran wieder nach außen diffundierten. OPARIN leitete daraus die Hypothese ab, dass ähnliche Prozesse vor der Entstehung der Zelle abgelaufen sein könnten.

Entstehung der Replikation. Die einfachen Mikrosphären und OPARINs Koazervate konnten zwar osmotisch wachsen und sich teilen, die Teilungsprodukte hatten aber nicht unbedingt dieselben Eigenschaften wie ihre Vorgänger. Es stand nicht fest, welche Enzymmoleküle durch Zufall in die nächste Generation gelangten. Die Zellvorläufer hatten noch keine Vererbung. Wie aber verlief die Entwicklung zu den heute hochkompliziert verlaufenden Vererbungsvorgängen auf DNA-Basis? In Experimenten fand man, dass RNA-Moleküle eine autokatalytische Wirkung haben können: Wird unter bestimmten Bedingungen in eine Lösung von Mononucleotiden ein RNA-Strang gegeben, dann kopieren sich an dieser Matrize zwischen fünf und zehn Nucleotide lange Ketten entsprechend den Gesetzen der Basenpaarung. Aufgrund der katalytischen Wirkung werden solche Nucleotide **Ribozyme** genannt.

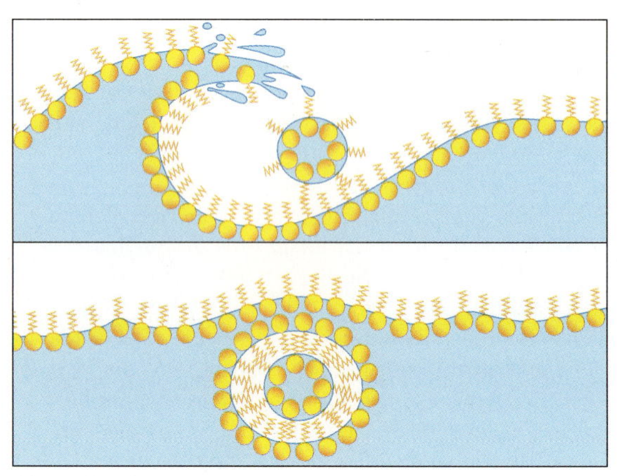
92.1 Hypothetischer Ursprung der Zellmembran

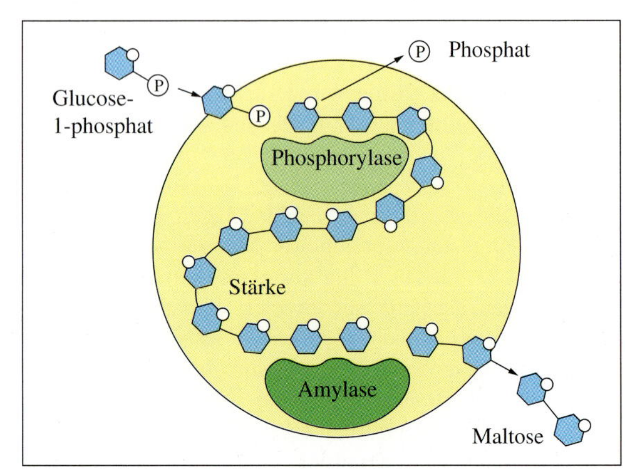

92.2 Koazervattröpfchen mit zweistufigem Stoffwechsel

So meint man heute, dass die ersten Gene möglicherweise RNA-Moleküle waren. Vielleicht gab es am Anfang eine „RNA-Welt“, in der *die* RNA-Moleküle am erfolgreichsten waren, die den Selektionsvorteil einer besonders effektiven Reproduktion hatten. Dazu bedurfte es noch keiner Zellen. Die Vermehrungsprozesse konnten im freien Wasser ablaufen. Vielleicht kam es auch zu einer schwachen Bindung zwischen bestimmten Basengruppen der RNA und bestimmten Aminosäuren. Dann funktionierte die RNA als Matrize, die die Aminosäuren so lange festhielt, bis sie sich miteinander verbunden hatten. So konnten dann Enzyme entstehen, die andere, möglicherweise Energie liefernde Prozesse katalysierten. Wenn diese Reaktionen dann auch noch auf kleinem Raum durch eine Membran von der Umwelt abgeschlossen in höheren Konzentrationen abliefen, existierte damit so etwas wie eine einfache Zelle.

Die Endosymbionten-Hypothese. Mitochondrien und Chloroplasten sind im Gegensatz zu ganzen Zellen außen von einer Doppelmembran umschlossen. Sie haben eine eigene DNA und teilen sich in den Zellen selbstständig. Sie sind von Mitose oder Meiose unabhängig. Daraus leitete man folgende Vorstellung ab: Im Urmeer gab es Urbakterien, die Fotosynthese durchführen konnten. Andere Zellen lebten davon, dass sie solche Bakterien endozytotisch aufnahmen und fraßen. In einigen Zellen blieben die Beutezellen aber am Leben und führten ihre Fotosynthese im Inneren der Wirtszelle fort. Der Wirt profitierte von den Kohlenhydraten, die dabei gebildet wurden. Wenn Einzeller in den Zellen anderer Lebewesen existieren und sich für Wirt und Einzeller ein Vorteil ergibt, spricht man von intrazellulärer **Endosymbiose.** Die **Chloroplasten** sind also wahrscheinlich durch Endosymbiose entstanden.

Bei anderen Bakterien war die Fähigkeit zur Atmung entstanden. Wenn sie mit anderen Lebewesen eine Endosymbiose eingingen, profitierten die Wirte von dem verbesserten Energiestoffwechsel. So könnten die **Mitochondrien** entstanden sein, die heute noch für den Energiehaushalt von Zellen verantwortlich sind. Für die **Endosymbionten-Hypothese** spricht auch die Tatsache, dass Chloroplasten und Mitochondrien eine eigene DNA haben. Sie könnte von der DNA der Urbakterien abstammen. Heute ist es allerdings so, dass ein gewisser Teil der Enzyme in Mitochondrien und Chloroplasten von Genen im Zellkern codiert wird. Mitochondrien und Chloroplasten sind heute also so stark an das Leben in ihren Wirtszellen angepasst, dass sie zu selbstständigem Leben im Freien über längere Zeit nicht in der Lage sind.

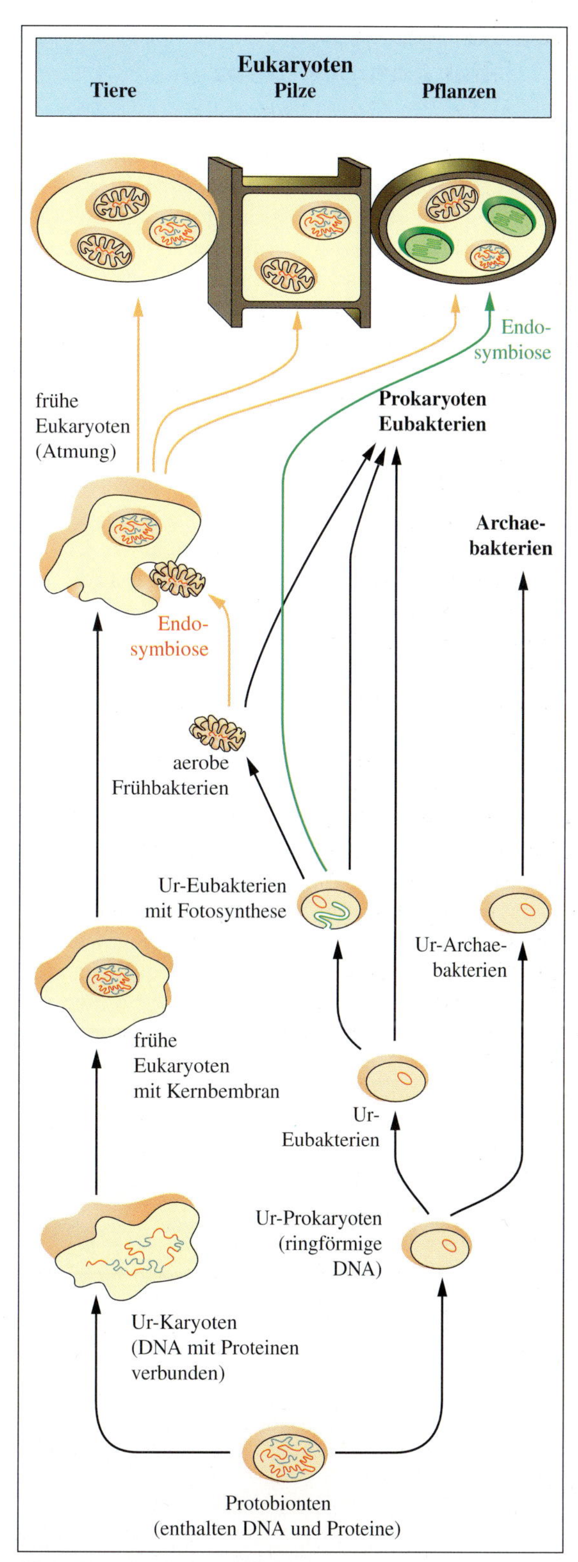

93.1 Hypothetischer Ablauf der Bildung von Zellorganellen

5.3 Entwicklung der Fotosynthese

Man nimmt an, dass sich die ersten Lebensformen von den energiereichen organischen Stoffen des Urmeeres ernährten. Die Bildung dieser Stoffe dauerte sehr lange. Die sich ständig vermehrenden Lebewesen könnten deshalb die Nährstoffe weitgehend verbraucht haben. Der Nahrungsengpass wäre aber in dem Augenblick überwunden gewesen, in dem die Lebewesen aus anorganischen Stoffen energiereiche Nährstoffe hätten aufbauen können. Wahrscheinlich waren die frühen Bakterien dazu in der Lage.

Das Hauptproblem der Kohlenhydratsynthese besteht darin, dass Kohlenstoffdioxid reduziert werden muss. Dafür braucht man ein Reduktionsmittel, und Reduktionsmittel kommen normalerweise nicht frei vor. Sie müssen hergestellt werden, und dafür ist Energie notwendig. Auch die Reduktionsreaktion ist energieaufwendig. Es gibt also drei Probleme: 1. die Energiebeschaffung, 2. die Beschaffung des Reduktionsmittels und 3. die Synthese des Kohlenhydrats selbst.

Als **Energielieferanten** standen verschiedene oxidierbare Stoffe zur Verfügung: Aus vulkanischen Quellen gab es Schwefelwasserstoff und Ammoniumverbindungen, gelöst aus Gesteinen niedrigwertige Metallionen, zum Beispiel Fe^{2+}. Diese konnten unter Energiefreisetzung oxidiert werden, wobei ADP in ATP verwandelt wurde. Verschiedene Bakterien verwenden noch heute diese Art der Energiegewinnung in der **Chemosynthese.** Andere Formen begannen, Lichtenergie zu absorbieren und für die Bildung von ATP auszunutzen. Halobakterien, die im Salzwasser leben, haben das *Bakteriorhodopsin,* einen Farbstoff, der dem menschlichen Sehpurpur ähnelt. Bei anderen Bakterien kommt das *Bakterienchlorophyll* vor, aus dem dann wahrscheinlich die Chlorophylle der heute lebenden Pflanzen entstanden.

Als **Reduktionsmittel** wurde wahrscheinlich durchgehend Wasserstoff verwendet. Auch hier war als Lieferant der fast überall vorhandene Schwefelwasserstoff der Favorit. Thiorhodaceen setzen heute noch daraus Schwefel frei und benutzen den gewonnenen Wasserstoff für ihre Chemosynthese. Auch organische wasserstoffhaltige Stoffe wurden gespalten und lieferten das Reduktionsmittel. Bei den Purpurbakterien findet man dies heute noch. Die wirkungsvollste und deshalb am meisten von der Selektion begünstigte Methode aber war die Spaltung von Wasser.

Für die Herstellung der Kohlenhydrate kommt wahrscheinlich von Anfang an nur der **CALVIN-Zyklus** in Frage. In dieser Reaktionskette wird unter Verwendung zahlreicher Zwischenprodukte Kohlenstoffdioxid gebunden und unter Verwendung von Wasserstoff und ATP zu Kohlenhydrat umgewandelt.

Wenn man sich die verschiedenen Möglichkeiten der Kohlenhydratsynthese anschaut, kommt man zu dem Schluss, dass in der Evolution wahrscheinlich alle chemisch möglichen Optionen ausprobiert worden sind. Einige waren unwirtschaftlich und starben aus. Andere überlebten in besonderen ökologischen Nischen. Die wirtschaftlichste aber war die Kombination von Lichtabsorption an Chlorophyll kombiniert mit der Wasserspaltung. Es ist die Fotosynthese der heute lebenden Pflanzen.

Lebewesen	Energiequelle			Kolenhydratsynthese	Wasserstoffquelle
Purpurbakterien	Bakterienfotosynthese	Licht	Bakterienchlorophyll	Zucker $C_6H_{12}O_6$ + Wasser H_2O	H_2-R → R
Thiorhodaceen	Bakterienfotosynthese	Licht	Bakterienchlorophyll		H_2S → S
Schwefelbakterien	Chemosynthese	Schwefelwasserstoff H_2S → Sulfat SO_4^{2-}		ADP → ATP	H_2O → O_2
Nitritbakterien	Chemosynthese	Ammonium NH_4^+ → Nitrit NO_2^-		NAD^+ → $NADH + H^+$	H_2O → O_2
Eisenbakterien	Chemosynthese	Eisen-II-salz Fe^{2+} → Eisen-III-salz Fe^{3+}		Kohlenstoffdioxid CO_2	H_2O → O_2
Pflanzen	Phytofotosynthese	Licht	Chlorophyll		H_2O → O_2

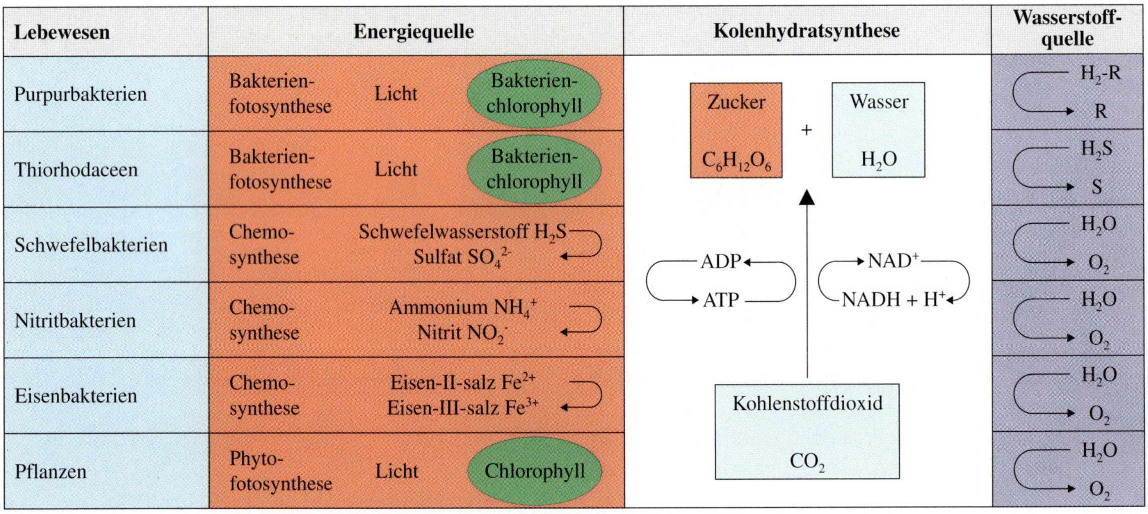

94.1 Verschiedene Möglichkeiten der Kohlenhydratsynthese

5.4 Die fünf Reiche der Lebewesen

Am Anfang der Naturbeobachtung teilte man die Lebewesen nach leicht erkennbaren Merkmalen ein. Für ARISTOTELES (384 bis 322 v. Chr.) gab es Kräuter, Sträucher, Bäume, blutlose Tiere und Blut führende Tiere. CARL VON LINNÉ (1707 bis 1778) ordnete unter anderem die Pflanzen nach dem Bau der Blüte. Nachdem DARWIN im 19. Jahrhundert die Abstammungslehre begründet hatte, versuchte man, entwicklungsgeschichtliche Prinzipien als Grundlage der Systematik anzuwenden. ERNST HAECKEL zum Beispiel entwarf einen Stammbaum, der die systematischen Gruppen in ihrer gegenseitigen Abstammungsbeziehung darstellte.

Lange Zeit wurden die Lebewesen in zwei große Reiche eingeteilt, wobei die Art der Ernährung ausschlaggebend war: **Pflanzenreich** – Plantae – (autotroph) und **Tierreich** – Animalia – (heterotroph). Eine Schwierigkeit bestand bei dieser einfachen Einteilung aber darin, dass es unter den Einzellern solche gibt, die sich sowohl autotroph als auch heterotroph ernähren. Das grüne Augentierchen *Euglena* ist in nährstoffreicher Umgebung heterotroph, ernährt sich also wie ein Tier. In nährstoffarmem Wasser aber betreibt es Fotosynthese wie eine Pflanze. Man gliederte deshalb das Reich der Einzeller – Protista – von den Tieren und Pflanzen ab. Allerdings befriedigte diese Einteilung immer noch nicht, da sich die Bakterien doch grundlegend von den anderen Einzellern unterscheiden. Sie haben keine Zellkerne und demzufolge auch keine Vorgänge, die an Mitose oder Meiose erinnern. So wurde als weiteres Reich das der **Kernlosen Einzeller** – Monera – dem der **Kernhaltigen Einzeller** – Protista – gegenübergestellt. Eine weitere Schwierigkeit ergab sich bei der Einordnung der **Pilze,** die man bisher innerhalb der Botanik behandelt hatte: Sie ernähren sich heterotroph wie die Tiere, wobei sie die Nahrung osmotisch aufnehmen. Sie vermehren sich aber durch Sporen wie Pflanzen und einige Protisten, z. B. der Malariaerreger. Die Zellen haben zwar eine Zellwand wie bei Pflanzen, diese besteht aber nicht aus Cellulose, sondern aus Chitin, das bei den Insekten vorkommt. Ihre Kernteilung entspricht nicht dem Standardschema der Mitose. Sie verläuft vielmehr zunächst innerhalb des Zellkerns und wird erst später durch eine Teilung des Kerns deutlich. Außerdem ist die Kernteilung nicht unbedingt an eine Zellteilung gebunden, sodass vielkernige Zellgebilde entstehen. Man gliederte folglich ein eigenes Reich Pilze – Fungi – von den Pflanzen ab.
So steht heute am unteren Ende des Stammbaums das Reich der Kernlosen Einzeller mit den Bakterien und Blaugrünen Bakterien, die früher Blaualgen genannt wurden. Aus den Kernlosen Einzellern sind wahrscheinlich die Kernhaltigen Einzeller hervorgegangen, die als Gruppe keine Spezialisierung auf eine besondere Ernährungsform zeigen: Es gibt solche mit Fotosynthese, Endozytose und Absorption. Aus ihnen entwickelten sich über koloniebildende Zwischenformen die drei Reiche der Vielzeller: Pflanzen, Pilze und Tiere. Typisch für Vielzeller ist die Arbeitsteilung unter den Zellen: Es bilden sich vielgestaltige Gewebe.

Reich	Kernlose Einzeller	Kernhaltige Einzeller	Pflanzen	Pilze	Tiere
Organisation	kein Zellkern, einzellig oder einfache Zellkolonien	Zellkern, einzellig, koloniebildend, z. T. vielkernig	Zellkern, vielzellig, mittlere Gewebedifferenzierung	haploides und diploides Mycel, vielkernig, geringe Gewebedifferenzierung	Zellkern, Vielzeller, keine Zellwand, hohe Gewebedifferenzierung, Nerven
Ernährung	Absorption, Fotosynthese, Chemosynthese	Endozytose, Absorption, Fotosynthese	Fotosynthese	Saprophytismus und Absorption	Nahrungsaufnahme und innere Verdauung
Fortbewegung	gleitend, einfache Geißeln, z. T. unbeweglich	Geißeln oder andere Strukturen	unbeweglich, meist im Boden verankert	unbeweglich	meist gut beweglich
Vermehrung	Zweiteilung, Knospung, Konjugation	Zweiteilung (haploide Phase), Kernverschmelzung mit Meiose	Generationswechsel zwischen haploider und diploider Form	geschlechtliche und ungeschlechtliche Fortpflanzung, Generationswechsel	überwiegend geschlechtliche Fortpflanzung, haploide Phase auf Gameten beschränkt

95.1 Merkmale der fünf Reiche der Lebewesen

Alge	Landpflanze
Wasser wirkt stützend → kein Stützgewebe	Luft wirkt nicht stützend → Entstehung von Stützgeweben
gesamte Oberfläche der Alge hat Zugang zu Wasser und Nährsalzen, in ihrem Inneren diffundiert das Wasser frei	von Luft umgebene Teile haben keinen Kontakt zu Wasser und Nährsalzen → Entstehung von Leitungsbahnen, Tendenz zu Wasserverlusten, Ausbildung einer Cuticula
die meisten Zellen betreiben Fotosynthese	Fotosynthese nur in Teilen oberhalb des Bodens
Verfügbarkeit des Lichts begrenzt oft die Fotosynthese	Verfügbarkeit von Licht ist nur selten begrenzender Faktor

A B

96.1 Ökologischer Vergleich zwischen Algen und Landpflanzen. A Alge Meersalat; B Bohnenkeimling

96.2 Lebermoos

5.5 Entwicklung der Pflanzen

Der Übergang von den Fotosynthese betreibenden kernhaltigen Einzellern zu den vielzelligen Pflanzen erfolgte fließend. Die einzelligen Algen trieben als Plankton im Meer. Einzelne blieben zufällig am Ufer hängen und überlebten an feuchten Stellen außerhalb des Wassers. Das war ein erster Schritt zur Besiedelung des Landes. Noch heute findet man einzellige Kugelalgen als grünen Belag auf feuchten Mauern oder Baumrinden. Die gleichen Algen kommen aber auch im Wasser vor.

Die Entwicklung zu den vielzelligen Pflanzen geschah über die Bildung von Kolonien einzelliger Algen. Auch diese Zwischenformen gibt es heute noch im Plankton. Wenn solche Zellansammlungen auf das Land gespült wurden, konnten sie möglicherweise ebenfalls überleben. Sie lagen dann wie ein Blatt auf dem feuchten Boden. Die Lebensbedingungen an Land waren zwar wegen der Austrocknungsgefahr schlechter als die im Wasser, aber die neuen Landbewohner waren in ihrem neuen Lebensraum der Konkurrenz der anderen Algen entwichen. Das Land war ein völlig freier Raum ohne jegliche Konkurrenz. Es kam jetzt darauf an, dass Eigenschaften entstanden, die die unwirtlichen Lebensbedingungen überwanden. So hatten die einen Selektionsvorteil, die eine wasserundurchlässige Außenschicht bildeten, eine **Cuticula.** Die ersten Landbewohner lagen wahrscheinlich noch flach auf dem Boden. Die heute lebenden Lebermoose vermitteln eine Vorstellung vom Aussehen dieser Pflanzen. Doch die Bodenfläche war begrenzt. Bei starker Vermehrung machten die Pflänzchen einander den Lebensraum streitig. So konnten die einen Vorteil verbuchen, die sich nach oben in den freien Luftraum wandten. Am Anfang genügte für die Stabilität der nun stehenden Pflanzen der Innendruck der Zellen, der Turgor. Die heute lebenden Laubmoose stehen auf diese Weise aufrecht. Die Versteifungswirkung reichte aber nur für wenige Dezimeter Höhe. Das Frauenhaarmoos wird an sehr günstigen Standorten bestenfalls 30 cm hoch. Die Pflanzen aber, bei denen **Festigungsgewebe** entstanden, konnten über die Moose hinauswachsen. Man findet erste Vorläufer der Festigungsgewebe heute noch bei den Farnen.

Wasserpflanzen und die ersten flach liegenden Landpflanzen nahmen Wasser und Nährsalze durch die Oberfläche des gesamten Körpers auf. Auch innerhalb der Pflanze wurde Wasser durch Diffusion und Osmose von Zelle zu Zelle weitergereicht. Der Stofftransport der Moose erfolgt heute immer noch nach diesem Prinzip. Bei den Farnen aber entstanden spezielle **Leitungsbahnen** für Wasser und Assimilate, das *Xylem* und das *Phloem.* Dabei entstand eine neue Substanz, das *Lignin,* das in die Cellulosezellwände eingelagert diesen eine enorme Härte verlieh. Manche heute lebenden Pflanzen erreichen mithilfe so verstärkter Festigungsgewebe und Leitungsbahnen Höhen von über 100 Metern.

In Schichten des Devons und des Karbons kommen in der Umgebung von Kohlelagern häufig Fossilien von Schuppenbäumen und Siegelbäumen vor. In diesen Fossilien urtümlicher Landpflanzen sind mit dem Mikroskop die neuen Gewebe deutlich zu erkennen.

Die Vermehrung vieler Algen lief über einen **Generationswechsel,** das heißt, dass eine sich geschlechtlich fortpflanzende Generation mit einer ungeschlechtlichen alternierte. Diese Vermehrungsform wurde beim Übergang zum Landleben beibehalten. Noch heute findet man bei Moosen und Farnen deutlich ausgeprägte, haploide *Gametophyten* (Geschlechtspflanzen), die Geschlechtszellen produzieren. Aus der Zygote geht dann ein diploider *Sporophyt* hervor, der durch Meiose haploide Sporen erzeugt, die wiederum Gametophyten bilden. Bei den Moosen ist der Gametophyt die grüne Pflanze, auf der der Sporophyt als unscheinbares Fädchen parasitiert. Bei den Farnen ist die grüne Pflanze der diploide Sporophyt, der Gametophyt (oder Vorkeim) dagegen ein herzförmiges, kleines Blättchen. Die Methode der Farne, einen größeren Sporophyten zu bilden, setzte sich durch. Der Gametophyt wurde dabei immer weiter reduziert, sodass er heute bei den Samenpflanzen nur noch in Form des Pollenschlauches und einiger haploider Gewebe in der Samenanlage sichtbar ist.

So stellt sich heute der reduzierte Generationswechsel der Samenpflanzen folgendermaßen dar: Die große, grüne Pflanze ist der diploide Sporophyt. Er erzeugt in den Blüten Mikrosporen, das sind die Pollenkörner. In weiblichen Samenanlagen bilden sich haploide Makrosporen, die einen rudimentären Vorkeim bilden, der jeweils eine Eizelle enthält. Gelangt ein Pollenkorn, d. h. eine Mikrospore, in die Nähe des „weiblichen Vorkeims“ in der Samenanlage, entsteht ein „männlicher Vorkeim“, der Pollenschlauch. Dessen vorderster Zellkern – eine rudimentäre Keimzelle – vollzieht die Befruchtung der Eizelle.

Bei genauer Betrachtung dieses Entwicklungsweges fällt auf, dass die Vermehrung der Pflanzen eine gewisse Ähnlichkeit mit der Vermehrung der Tiere hat: Hier wie dort sind Samenzellen und Mikrosporen klein und leicht zu transportieren. Die Eizellen dagegen liegen fest. Man kann bei der Entwicklung dieser beiden Vermehrungsformen durchaus von Konvergenz sprechen.

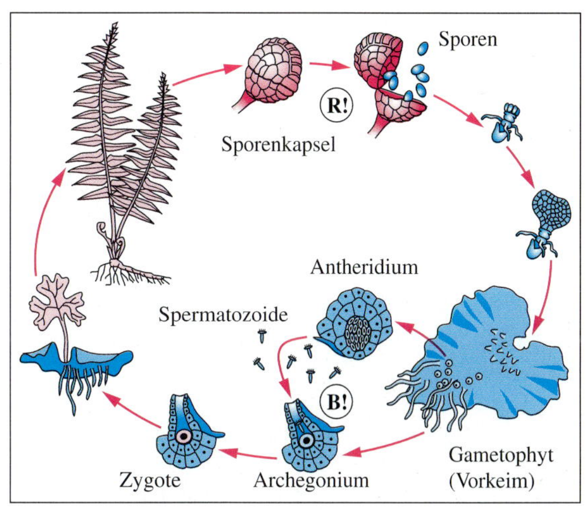

97.1 Generationswechsel der Farne
(haploid = blau, diploid = rosa)

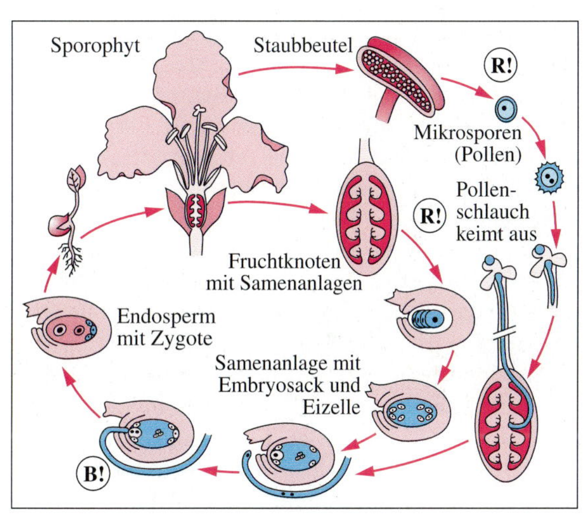

97.2 Generationswechsel der Bedecktsamer

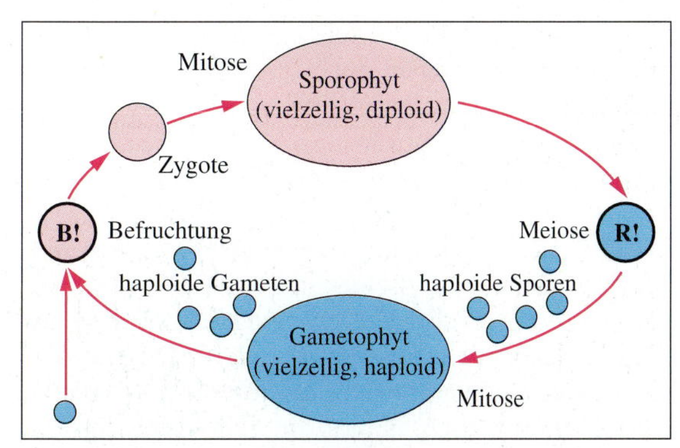

97.3 Allgemeines Schema des Generationswechsels der Pflanzen

5.6 Entwicklung der Tiere

Tiere sind vielzellige, diploide Organismen, die sich kohlenstoffheterotroph ernähren und deren Körper Nerven- und Muskelzellen enthalten. Bis heute sind etwa zwanzig Tierstämme bekannt, das sind Gruppen, die sich durch typische Bauplanmerkmale voneinander unterscheiden. Hier werden sieben ausgewählte Stämme vorgestellt, die auf der gegenüberliegenden Seite zu einem Stammbaum zusammengefasst sind.

Der Stammbaum darf nicht so interpretiert werden, dass die links stehenden Formen die Vorfahren der rechts stehenden sind. Sie haben vielmehr gemeinsame Vorfahren, und die Baupläne sind die der heute lebenden Formen, die alle eine gleich lange Entwicklung vom Ursprung her hinter sich haben. Das wird besonders deutlich an den Hohltieren. Sie haben einen relativ einfachen Bauplan, der sie „primitiv" erscheinen lässt. Die hochkomplizierte Struktur ihrer *Nesselkapseln*, mit denen sie ihre Beute lähmen, weist aber darauf hin, dass sie eine lange Entwicklung durchlaufen haben. Auch die differenzierte Struktur der Staatsquallen kann man nicht als „primitiv" bezeichnen.

Es erhebt sich die Frage, warum die Aufspaltung in diese verschiedenen Stämme erfolgte. Zweifellos boten zufällige Neuerwerbungen von Eigenschaften unter bestimmten ökologischen Bedingungen Selektionsvorteile, die zur eigenständigen Entwicklung der betreffenden Zweige führten. Im Einzelnen lassen sich diese Bedingungen jedoch nicht rekonstruieren, da die Entwicklung vor mehreren hundert Millionen Jahren abgelaufen ist und aus diesen Zeiten meist keine Fossilien vorliegen.

Die einfachsten heute lebenden Tiere sind die **Schwämme.** Sie haben noch keine echten Gewebe. Ihre Zellen sind so schwach differenziert, dass sich im Experiment aus einem künstlich hergestellten Zellbrei wieder ein Schwamm regenerieren kann.

Die **Hohltiere** – z. B. Korallen und Quallen – bestehen aus einer äußeren und einer inneren Zellschicht mit dazwischen liegenden Muskel- und Nervenzellen. Ihr Bauplan lässt sich auf die Struktur der in der Keimesentwicklung anderer Tiere auftretenden Gastrula zurückführen. Auch sie hat ein Entoderm und ein Ektoderm, zwischen denen sich in der Entwicklung ein Mesoderm bildet.

Von den verschiedenen Stämmen der Würmer sind hier nur die Ringelwürmer aufgeführt. Zu ihnen gehören z. B. der Regenwurm und der Wattwurm. Ihr Körper ist segmental gegliedert. Sie haben mit den ebenfalls segmental unterteilten **Gliederfüßern** gemeinsam, dass ihr Zentralnervensystem auf der Bauchseite liegt; sie haben ein *Bauchmark.* Die Zentrale des Kreislaufsystems, das Herz, liegt auf der Rückenseite und pumpt das Blut von hinten nach vorn. Das Außenskelett besteht aus Chitin, einem Stoff, der der Cellulose der Pflanzen chemisch sehr ähnlich ist. Auch die Weichtiere – Tintenfische, Schnecken und Muscheln – gehen auf einen gemeinsamen Vorfahren mit den Ringelwürmern und Gliederfüßern zurück. Ihr Körper ist zwar nicht segmental gegliedert und ihr Nervensystem ist kein ausgesprochen charakteristisches Bauchmark, aber einige Schnecken haben in ihrer Individualentwicklung eine Larve, die auffällig der *Trochophoralarve* einiger Ringelwürmer gleicht.

Verfolgt man die Individualentwicklung der Ringelwürmer, Gliederfüßer und Weichtiere, so bemerkt man, dass bei der Weiterentwicklung der Gastrula die ursprüngliche Öffnung der Larve zum Mund wird. Auf der gegenüberliegenden Seite des Körpers bricht eine neue Öffnung durch, die als After des Magen-Darm-Kanals genutzt wird. Man bezeichnet Tiere, deren Bauplan sich so entwickelt, als **Urmundtiere.** Bei den Chordatieren und den Stachelhäutern dagegen verwandelt sich die Uröffnung der Gastrula in den After, und an der gegenüberliegenden Seite bricht eine neuer Mund für den Magen-Darm-Kanal durch. Man nennt diese Tiere **Neumundtiere.**

Vergleicht man die Baupläne der Urmundtiere und der Neumundtiere miteinander, so fällt auf, dass die Neumundtiere sozusagen „auf den Rücken gelegte" Urmundtiere zu sein scheinen. Urmundtiere haben das Zentralnervensystem auf der Bauchseite, das „Herz" oder seine Entsprechung als Blut transportierendes Organ liegt auf der Rückenseite. Bei den Neumundtieren ist es umgekehrt: Die Wirbeltiere haben ein Rückenmark, und ihr Herz schlägt bauchseitig im Brustkorb.
Der Zusammenhang von **Stachelhäutern** und **Chordatieren** lässt sich auch entwicklungsbiologisch belegen: Die Larve der Stachelhäuter – die *Pluteuslarve* – durchläuft eine typische Neumundtier-Entwicklung: An der Gastrula bricht eine neue Mundöffnung durch. Allerdings tritt die zweiseitige Symmetrie der anderen Tiere bei den erwachsenen Stachelhäutern nicht auf: Ähnlich wie bei den Hohltieren und übrigens auch sehr vielen Pflanzen ist ihr Bauplan radiärsymmetrisch.

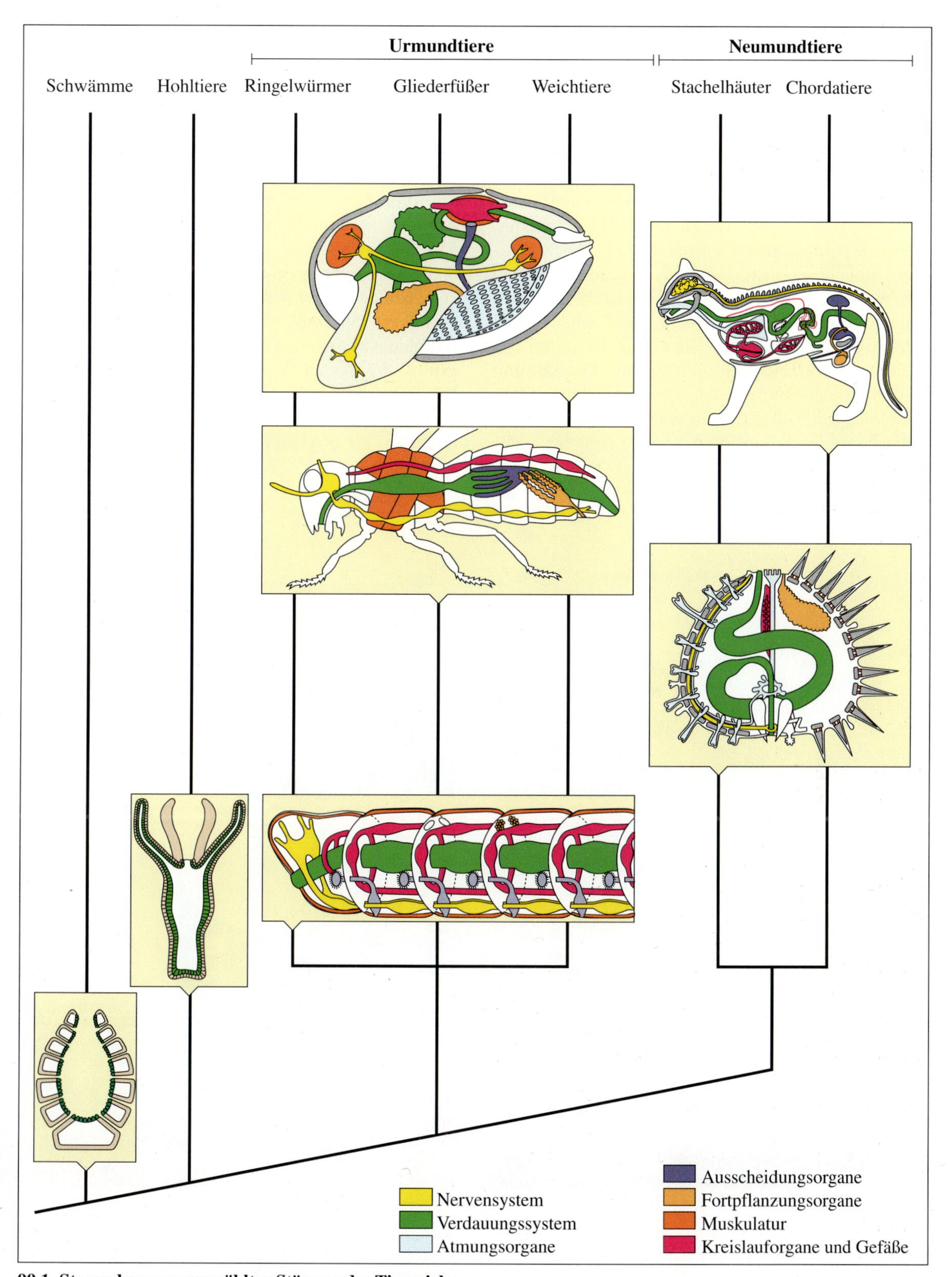

99.1 Stammbaum ausgewählter Stämme des Tierreichs

5.7 Verlauf der Stammesgeschichte

Stationen der Geschichte des Lebens. Am Anfang standen wahrscheinlich einfache Bakterien, die kohlenstoffheterotroph lebten. Nachdem die Ursuppe fast „leer gefressen" war, trat wahrscheinlich ein erstes Massensterben ein, das vor allem *die* überlebten, bei denen die **Fotosynthese** entstanden war: erste blaualgenähnliche Formen. Das Abfallprodukt der Fotosynthese war **Sauerstoff.** Er vernichtete schnell viele frühe Lebensformen. Unter den Überlebenden gab es solche, die den Sauerstoff als Oxidationsmittel zur Freisetzung von Energie nutzen konnten. Die **Atmung** war entstanden. In der weiteren Entwicklung führte die Organisation der Erbsubstanz in Zellkernen zur Entstehung der **Eukaryoten.** Die Vereinigung mehrerer Zellen zu einer Einheit ermöglichte eine Arbeitsteilung zwischen ihnen. So entstanden die ersten **Vielzeller.** Sie könnten ähnlich wie die heutigen Schwämme ausgesehen haben. Aus ihnen entwickelten sich wurmähnliche Wesen, die von Einzellern, Schwämmen, anderen Würmern oder Algen lebten.
In den zwei Milliarden Jahren seit der Entstehung der Fotosynthese verlief die Evolution äußerst schleppend. Neue Baupläne entstanden nicht. Vor etwa 550 Millionen Jahren aber begann die Evolution nach dem bisher recht monotonen Verlauf an Geschwindigkeit zuzulegen: Wir finden in den Gesteinen des Kambriums eine Vielzahl von Fossilien unterschiedlichster Baupläne: Man kann von einer regelrechten Formenexplosion sprechen. Wie konnte es dazu kommen?
Die Entwicklung der Fotosynthese führte dazu, dass sich Sauerstoff mehr und mehr in der Atmosphäre anreicherte, bis er etwa den heutigen Stand erreichte.

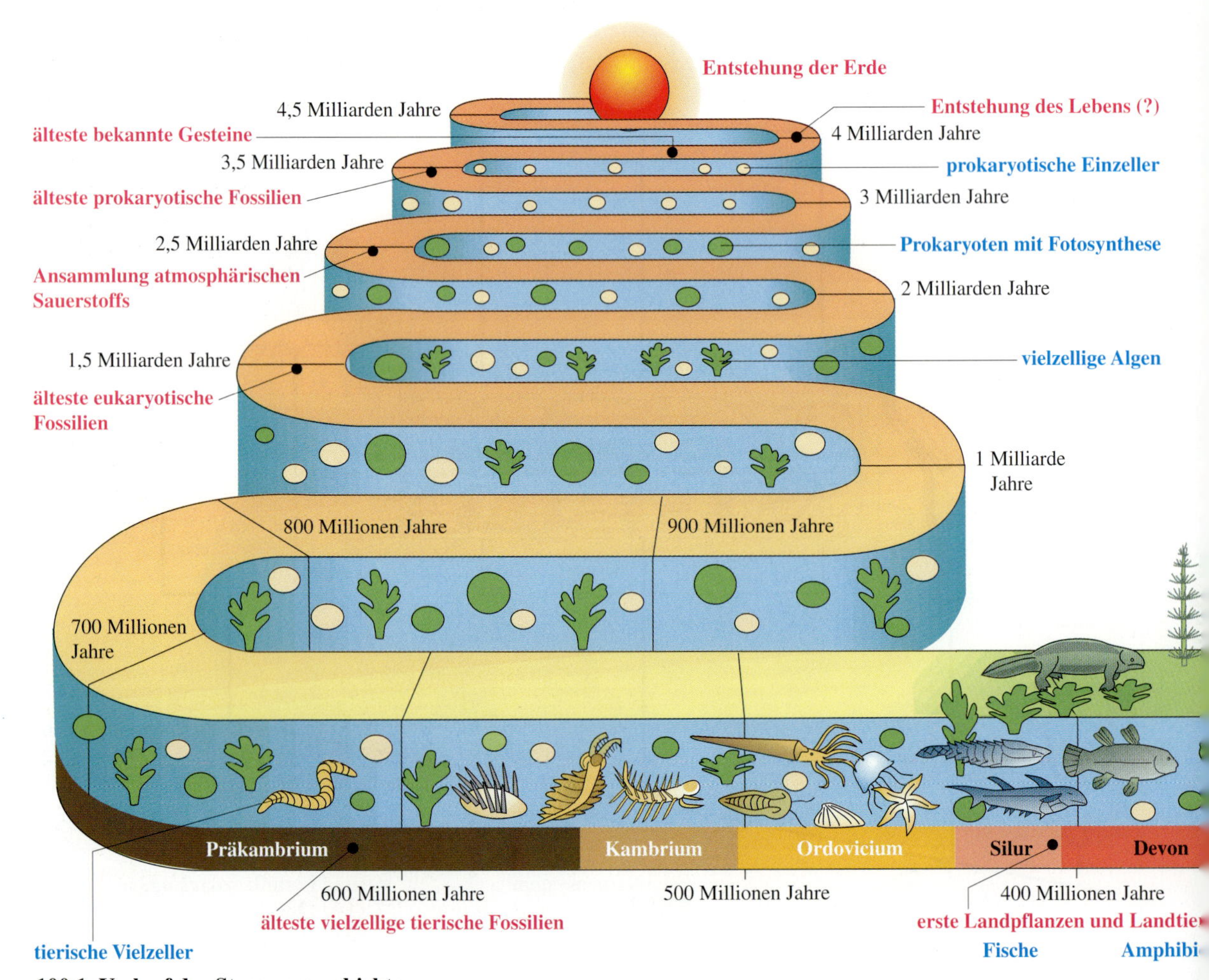

100.1 Verlauf der Stammesgeschichte

Das ermöglichte den Lebewesen, die atmen konnten, einen sehr effektiven Energiestoffwechsel. Da viele der Tiere Raubtiere waren, die andere Tiere fraßen, bestand ein Selektionsdruck in Richtung auf einen Schutz vor dem Gefressenwerden. Die Bildung von Schalen oder anderen Außenskeletten erfordert einen hohen Energieaufwand, die nötige Energie stand aber jetzt durch die Sauerstoffveratmung zur Verfügung. Auf die Entstehung von harten Außenschalen „reagierten" die Raubtiere mit stärkeren „panzerknackenden" Werkzeugen, also Gebissen oder krallenartigen Extremitäten. Es fand eine Koevolution von Angriffs- und Verteidigungseinrichtungen statt, die sich in kurzer Zeit explosiv in der Art einer Kettenreaktion aufschaukelte. Da im Meer die Bedingungen für lange Zeit relativ gleich blieben, fand eine Radiation in alle denkbaren Richtungen statt. Es gab Formen, die uns heute bizarr erscheinen, da ihre Nachfahren ausgestorben sind. Da sich Hartteile als Fossilien gut erhalten haben, finden sich in den Schichten des Kambriums reichhaltige Zeugnisse der Vielfalt des sich jetzt rasant entwickelnden Lebens auf der Erde.

Der Schauplatz dieses Lebens war aber nach wie vor das Meer. An der Grenze von Silur und Devon gelang es dann einigen Pflanzen, das Land zu besiedeln. Die ersten Pflanzen, die die ökologischen Nischen des bisher völlig freien Landes nutzten, waren einfach gebaute Nacktfarne, die weder Blätter noch richtige Wurzeln besaßen. Ihnen folgten nach demselben Prinzip erste Gliederfüßer, meist Insekten, die zum Teil beträchtliche Größen erreichten. Libellen von einem Meter Spannweite waren keine Seltenheit.

Die ersten Landtiere – Gliederfüßer – hatten noch Außenskelette wie die kambrischen Formen im Meer. An Land aber ist ein Außenskelett zu schwer, wenn der Körper an Größe zunimmt. Dann wächst die Masse mit der dritten Potenz, während die Oberfläche nur im Quadrat zunimmt. Die relativ dünne Schale kann von einem bestimmten Punkt an die große Masse nicht mehr tragen. Knochen sind für große Körper statisch günstiger. Knochen aber waren im Silur schon bei den ersten Fischen entstanden. Die Fische trugen zwar noch Panzer, aber ihr Innenskelett ermöglichte ihnen eine bessere Beweglichkeit, sodass die große Schnelligkeit einen Selektionsvorteil bot. So setzte sich bei den Fischen und in der Folge bei den anderen Wirbeltieren das Innenskelett durch.

Erste Landwirbeltiere waren Amphibien und später Reptilien, die als Saurier mehrere Erdzeitalter beherrschten. Bei den Sauriern ist wahrscheinlich die Fähigkeit entstanden, die Körpertemperatur konstant zu halten – eine Anpassung an die an Land bedeutungsvollen Temperaturunterschiede zwischen Tag und Nacht bzw. zwischen den Jahreszeiten.

Der Wald, den die Saurier besiedelten, war einheitlich grün: Es gab noch keine Blütenpflanzen. Diese entstanden erst in der Kreidezeit, als ein intensiver Koevolutionsprozess das wechselseitige Aufschaukeln von Insekten und Blütenpflanzen zu dem heutigen Formenreichtum in Gang setzte.

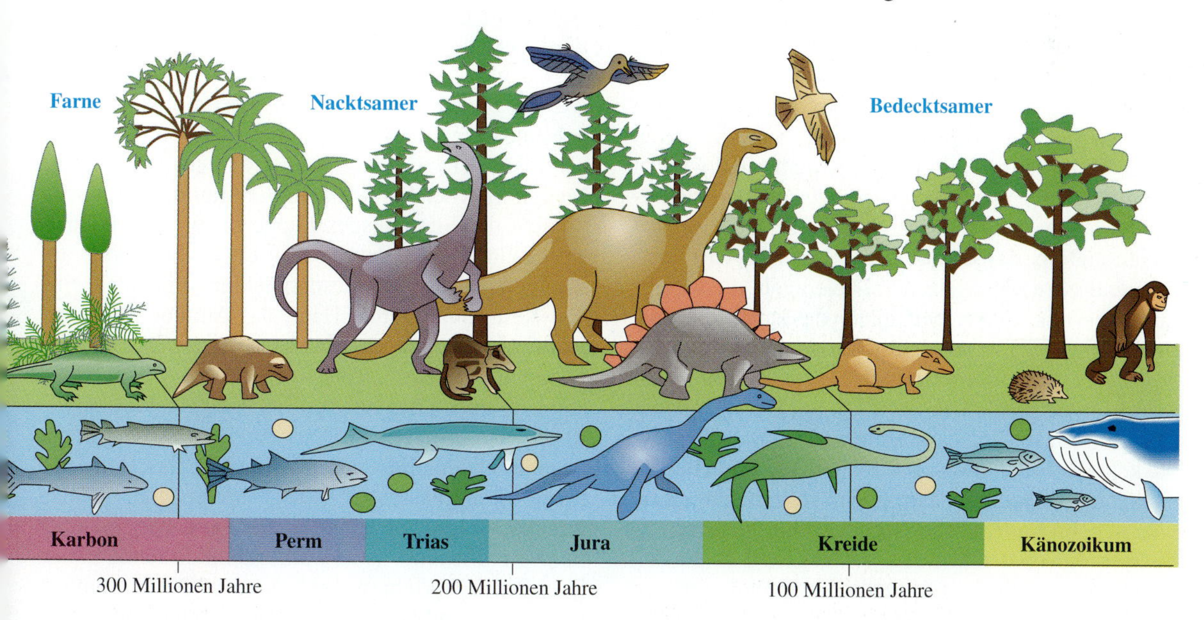

5.8 Der Stammbaum der Lebewesen

Der Stammbaum in der Abbildung zeigt oben die fünf Reiche der Lebewesen. Die zu ihnen von unten heraufwachsenden Linien symbolisieren die Entwicklung vom Beginn des Lebens bis zu den heute lebenden Formen. Dabei deutet die Breite der Linien die Menge der jeweils aufgetretenen Arten dieser Gruppe an. Diese Menge kann anhand der aufgefundenen Fossilien geschätzt werden. Für die Zeit vor dem Kambrium ist eine solche Schätzung nicht möglich, da es kaum Fossilien gibt. Deshalb sind die Linien im Präkambrium unterbrochen.

Die meisten Verzweigungen im Stammbaum muss man aufgrund von Indizien erschließen. Sie sind durch rechtwinklige Strukturen gekennzeichnet. An einigen Stellen, besonders im jüngeren Teil des Stammbaums, weisen auch Fossilien auf Entwicklungsverzweigungen hin. Sie sind schräg aus den Vorfahren hervorgehend gezeichnet.

Der Stammbaum beginnt mit anaeroben **Prokaryoten,** die mit RNA, DNA und Ribosomen ausgestattet waren, Proteine herstellten und sich vermehrten. Erste Formen autotrophen Lebens verwendeten **Chemosyntheseprozesse** für den Bau- und Energiestoffwechsel. Bei einigen entstehen **Fotosynthese** und **Atmung.** Nachfahren dieser ersten Lebewesen sind die heutigen **Monera** mit den *Bakterien.* Die Bildung von Zellkernen markiert die Entstehung der **Eukaryoten.** Über Endosymbiose bilden sich bei ihnen **Chloroplasten** und **Mitochondrien.** Die Lebewesen, die einzellig bleiben ①, fassen wir heute im Reich **Protista** zusammen. In ihrer Entwicklung verlieren einige Gruppen die Chloroplasten wieder und werden zu *Geißeltierchen* und *Wimpertierchen,* andere betreiben als *Geißelalgen* weiter Fotosynthese. Über Zellkolonien und Spezialisierung der Zellen mit Arbeitsteilung entstehen nun Vielzeller. Diejenigen, die weiterhin Fotosynthese betreiben, bilden das Reich **Plantae.** Ihre Vermehrung ist durch differenzierte Generationswechselprozesse charakterisiert. *Moose* und *Farne* und einige Grünalgenformen beginnen am Übergang vom Silur zum Devon das Land zu besiedeln ②. Dabei entwickeln die Farne erstmals verschiedene Gewebe, die es ihnen erlauben, zu baumgroßen Formen emporzuwachsen. Im Karbon haben sie die größte Artenzahl ③. Sie werden von den *Nacktsamern* abgelöst ④, die den Generationswechsel stark reduzieren und auf den Sporophyten als sichtbare Lebensform beschränken. In der Kreide beginnt die explosive Entwicklung der Bedecktsamer ⑤. Ihre Radiation geht koevolutiv parallel mit der Entwicklung der Insekten, die die auffälligen Blüten der Bedecktsamer bestäuben.

Der Verlust der Chloroplasten und die Entstehung der Vielzelligkeit führt zur Entstehung der *Pilze* ⑥ im Reich **Fungi.** Sie bilden noch keine Gewebe. Ihre Vermehrung besteht in teilweise komplizierten Generationswechselprozessen. Ihre Zellwand besteht aus chitinartigen Stoffen.

Heterotrophe Vielzeller ohne Zellwände bilden das **Tierreich.** Die Schwämme ⑦ bilden noch keine echten Gewebe. Die erste Differenzierung in echte Gewebe erfolgt bei den *Hohltieren* ⑧, wobei Entoderm und Ektoderm entstehen. Diese beiden Keimblätter bleiben bei den bilateralsymmetrischen Tieren erhalten. Hier kommt als drittes Keimblatt das Mesoderm hinzu. Aus dem Mesoderm bildet sich außer bei den *Plattwürmern* ⑨ die sekundäre Leibeshöhle mit dem Coelomgewebe, das den Körperinnenraum auskleidet. In der Keimesentwicklung wird bei den **Urmundtieren** ⑩ der Mund der Gastrula zum Mund, während sich bei den **Neumundtieren** der Urmund zum After umbildet. *Ringelwürmer* ⑪, *Gliederfüßer* ⑫ und *Weichtiere* ⑬ differenzieren sich in zahlreiche Arten, deren Anzahl bei den *Insekten* seit der Kreide ein Maximum erreicht (siehe Entstehung der Bedecktsamer). Die Neumundtiere differenzieren sich in die *Stachelhäuter* ⑭ und Wirbeltiere. Die meisten erwachsenen Stachelhäuter sind radiärsymmetrisch. Bei den *Wirbeltieren* liegt der Zentralstrang des Nervensystems im Gegensatz zu dem der Gliederfüßer auf der Rückenseite. Die ursprünglichsten Wirbeltiere sind die *Fische* ⑮. Aus ihnen gehen durch Bildung von vier Extremitäten die Landwirbeltiere hervor. Wahrscheinlich sind die ersten Landwirbeltiere *Amphibien* ⑯. Ihre Haut ist nackt und ihre Keimesentwicklung ist eine Metamorphose. Sie wiederholen damit wesentliche Stadien der Stammesgeschichte in ihrer Individualentwicklung. Die *Reptilien* ⑰ tragen Schuppen auf der Haut. In ihrer Keimesentwicklung bilden sie eine den Keim umhüllende Haut, das Amnion. In dieser Hülle wird sozusagen „das Urmeer mit an Land genommen“, in dem sich der Keim geschützt entwickeln kann. Von der Trias bis zum Ende der Kreide sind die Reptilien, besonders als Saurier, die Beherrscher der Erde. Nachdem diese – wahrscheinlich durch eine extreme Naturkatastrophe – ausgestorben sind, nehmen ihre Nachfolger, die Vögel ⑱ und Säugetiere ⑲, ihren Platz ein. Sie sind – wie wahrscheinlich schon einige ihrer Saurievorfahren – gleichwarm. Die Entstehung von Federn und Haaren sowie die Bildung zweier getrennter Kreislaufsysteme machen den Energiestoffwechsel dieser Tiere besonders effektiv.

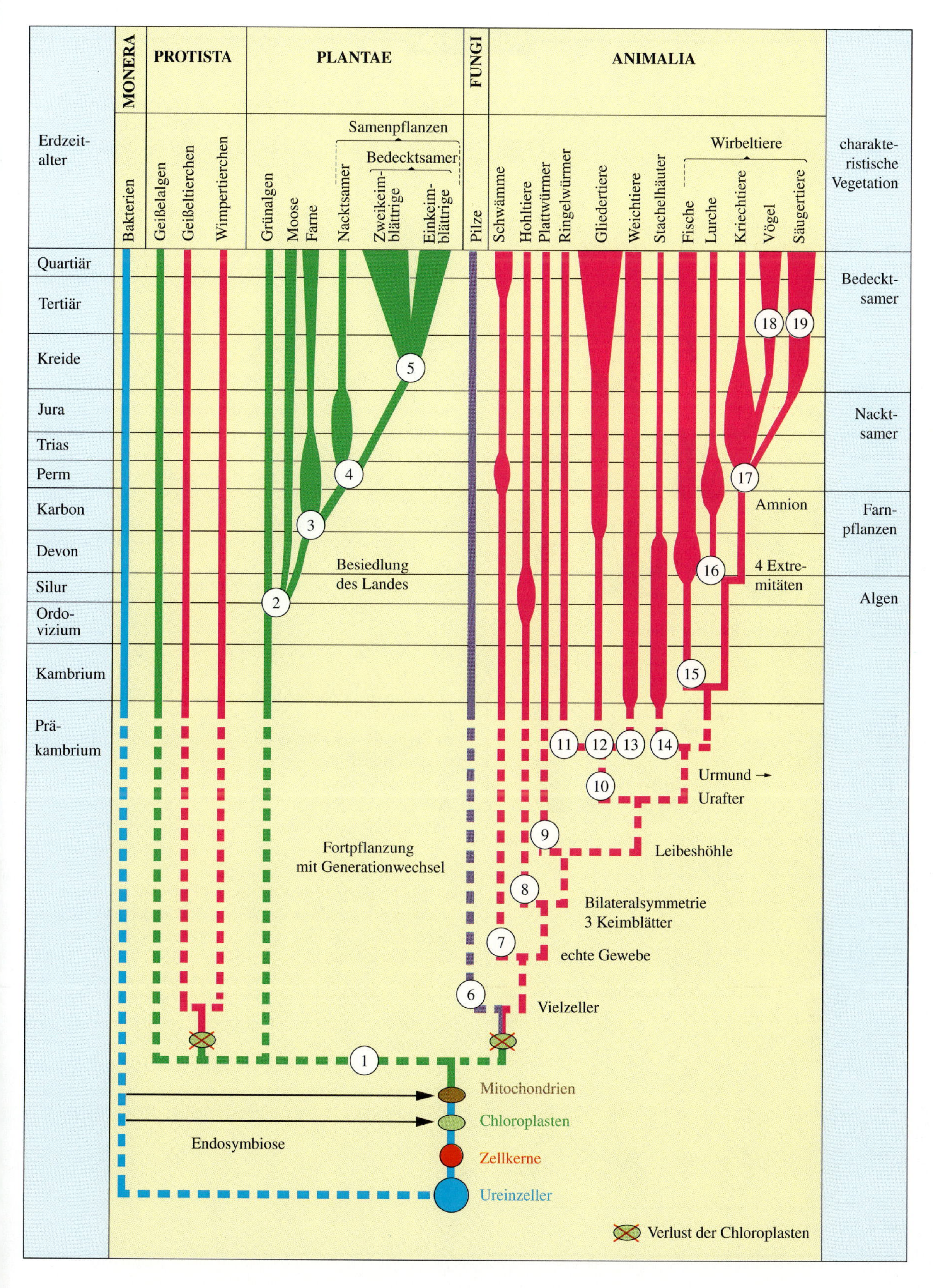
MONERA
PROTISTA
PLANTAE
FUNGI
ANIMALIA
Erdzeit-
alter
Bakterien
Geißelalgen
Geißeltierchen
Wimpertierchen
Grünalgen
Moose
Farne
Samenpflanzen
Bedecktsamer
Nacktsamer
Zweikeim-
blättrige
Einkeim-
blättrige
Pilze
Schwämme
Hohltiere
Plattwürmer
Ringelwürmer
Gliedertiere
Weichtiere
Stachelhäuter
Wirbeltiere
Fische
Lurche
Kriechtiere
Vögel
Säugertiere
charakte-
ristische
Vegetation
Quartiär
Tertiär
Kreide
Jura
Trias
Perm
Karbon
Devon
Silur
Ordo-
vizium
Kambrium
Prä-
kambrium
Bedeckt-
samer
Nackt-
samer
Farn-
pflanzen
Algen
Besiedlung
des Landes
Amnion
4 Extre-
mitäten
Urmund →
Urafter
Leibeshöhle
Fortpflanzung
mit Generationwechsel
Bilateralsymmetrie
3 Keimblätter
echte Gewebe
Vielzeller
Mitochondrien
Chloroplasten
Zellkerne
Ureinzeller
Endosymbiose
Verlust der Chloroplasten

AUFGABEN

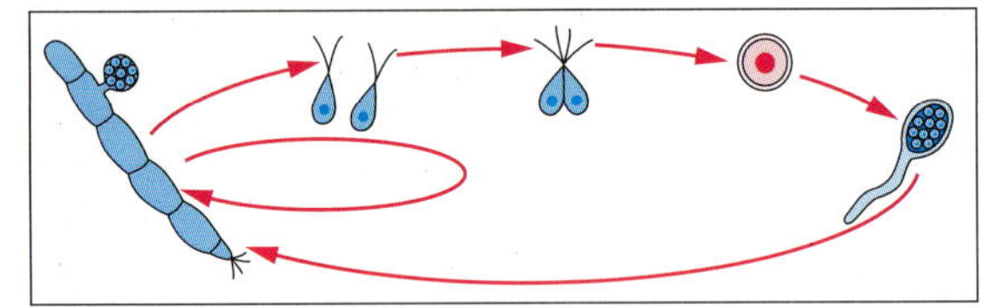

104.1 Generationswechsel einer Alge *(Ulothrix)*

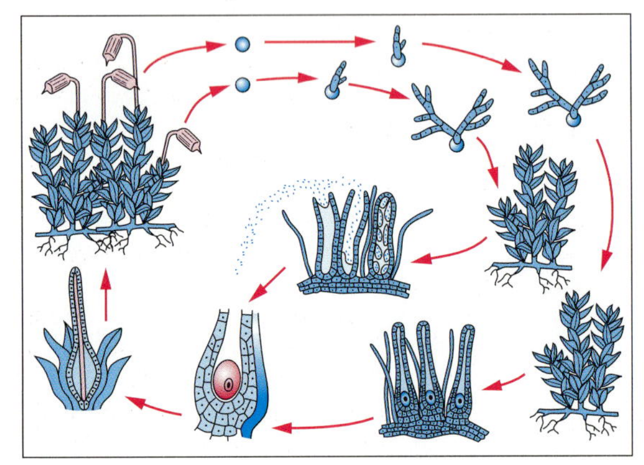

104.2 Generationswechsel der Moose

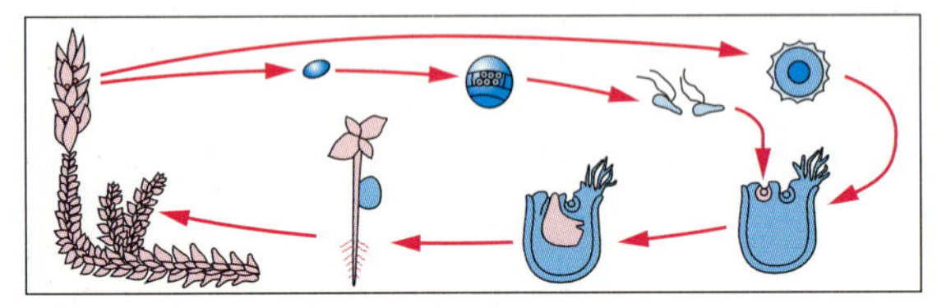

104.3 Generationswechsel der Moosfarne *(Selaginella)*

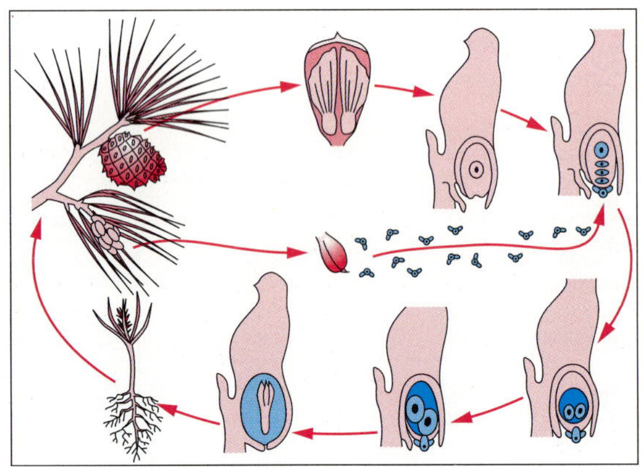

104.4 Generationswechsel der Nacktsamer

A1 Stellen Sie zusammen, welche Merkmale des Lebendigen auf Viren, Bakterien, Pantoffeltierchen, Steinpilze, Tulpen und Kühe zutreffen. Verwenden Sie dazu die Informationen von Seite 88.

A2 Durch welche Reaktion verbinden sich Aminosäuren miteinander? Formulieren Sie die Reaktion für die Aminosäuren Glycin und Alanin. Hängen Sie an diese Kette Valin an. Stellen Sie diese Reaktion in den Zusammenhang der Seite 90.

A3 Die Fotosynthese verläuft nach folgender Gleichung:

$$6\,CO_2 + 12\,H_2O \longrightarrow C_6H_{12}O_6 + 6\,O_2 + 6\,H_2O$$

Stellen Sie die Gleichung für die Reaktion auf, bei der statt des Wassers auf der linken Seite der Gleichung Schwefelwasserstoff steht.

a) Wie bezeichnet man diese Art der Stoffgewinnung bei Lebewesen?

b) Wo findet sie heute statt?

c) Warum hat sich in der Evolution die Fotosynthese durchgesetzt?

Nehmen Sie hierzu auch die Informationen auf Seite 94 zu Hilfe.

A4 Die Pilze wurden früher dem Reich der Pflanzen zugeordnet.

a) Geben Sie eine Begründung für diese Ansicht der alten Botaniker.

b) Begründen Sie die heutige Einordnung der Pilze in ein eigenes Reich.

A5 Die Abbildungen 104.1 bis 104.4 zeigen verschiedene Entwicklungsstadien des Generationswechsels bei Pflanzen. Die haploide Phase ist jeweils blau gezeichnet, die diploide rosa.

a) Beschreiben Sie die Abfolge der Prozesse, die in den Abbildungen dargestellt sind. Verwenden Sie dabei die Begriffe *Gametophyt, Sporophyt, Vorkeim, Meiose, Reduktionsteilung, Befruchtung.*

b) Beschreiben Sie eine Tendenz, die in der Entwicklung des Generationswechsels bei Pflanzen feststellbar ist. Verwenden Sie dazu auch die Abbildungen und die Informationen der Seite 97.

c) Vergleichen Sie die Fortpflanzungsprozesse der Pflanzen mit denen der Tiere.

d) Bei welchen Tieren kommt ebenfalls Generationswechsel vor?

GLOSSAR

Absorption: (*absorptio:* lat. = das Aufsaugen) Aufnahme von Stoffen durch die Membran von Zellen

CALVIN-Zyklus: chemische Reaktionskette innerhalb des Fotosyntheseprozesses, bei der aus sechs Molekülen Kohlenstoffdioxid und sechs Molekülen Ribulose-1,5-bisphosphat (RBP) 12 Moleküle 3-Phosphoglycerinsäure gebildet werden; daraus entsteht durch Addition ein Molekül Glucose; aus dem Rest werden sechs Moleküle RBP gebildet, die wieder in den Zyklus eingehen

Chemosynthese: in verschiedenen Bakterien ablaufender Prozess, bei dem Kohlenstoffdioxid mithilfe von Wasserstoff zu Kohlenhydrat reduziert wird; der Wasserstoff stammt dabei aus Wasserstoffdonatoren wie z. B. Schwefelwasserstoff oder organischen Stoffen; die notwendige Energie wird durch Oxidation von z. B. Schwefelwasserstoff, Stickstoffverbindungen oder Metallionen gewonnen.

Chloroplasten: Organellen, die die Fotosynthese durchführen

Cuticula: wachsartige Schicht auf der Außenseite von Pflanzenblättern; dient dem Verdunstungsschutz

Endosymbionten-Hypothese: besagt, dass in der Frühzeit der Evolution Fotosynthese treibende oder atmende Prokaryoten per Endosymbiose in andere Zellen aufgenommen wurden; aus den Prokaryoten entstanden die Chloroplasten und Mitochondrien.

Endozytose: Aufnahme von Stoffen in Zellen durch Umfließen der Stoffe und Einstülpung der Membran

Eukaryoten: Lebewesen mit Zellkernen

Festigungsgewebe: besteht bei Pflanzen aus Zellen mit dicken Zellwänden, in deren Cellulose der Holzstoff Lignin eingelagert ist

Fotosynthese: in Cyanobakterien, vielen Protisten und Pflanzen ablaufender Prozess, bei dem Kohlenstoffdioxid mithilfe von Wasserstoff zu Kohlenhydrat reduziert wird; der Wasserstoff wird an den Chloroplasten mithilfe von Sonnenenergie aus Wasser gewonnen.

Gametophyt: Pflanzengeneration, die sich geschlechtlich fortpflanzt, also Keimzellen produziert; haploid

Generationswechsel: regelmäßiger Wechsel sich verschieden fortpflanzender Generationen bei Pflanzen, Pilzen und manchen Tieren

Homöostase: Aufrechterhaltung eines stabilen inneren Milieus in biologischen Systemen

Koazervate: bläschenförmige Gebilde, die in Gemischen von zwei oder drei (→) Kolloiden makromolekularer Stoffe entstehen; häufig Membranbildung und dadurch chemische Trennung des Innen- und Außenraums; nach OPARIN Vorläufer von lebendigen Zellen

kolloid: Bezeichnung für den Zustand bzw. die Eigenschaften eines in Teilchen der Größenordnung 10^{-5} bis 10^{-7} mm Durchmesser (zehn- bis tausendmal größer als Moleküle, Atome oder Ionen) zerteilten Stoffes

Makromoleküle: Moleküle, die aus etwa 1000 oder mehr Atomen aufgebaut sind; die relative Molekülmasse kann bis zu einer Million betragen; z. B. Proteine, Kohlenhydrate, Nucleinsäuren

Mikrosphären: kugelförmige, etwa bakteriengroße wassergefüllte Bläschen, die von einer Membran aus Makromolekülen umgeben sind

Mitochondrien: Organellen, die die Zellatmung durchführen; Sitz der Enzyme der Atmungskette

Mycel: Geflecht aus fadenförmigen Zellen bei Pilzen; durchwächst das Substrat und bildet den Pilzkörper

Neumundtiere: Deuterostomier; Tiere, bei denen in der Keimesentwicklung der Urmund zum After wird; die endgültige Mundöffnung wird neu gebildet: Stachelhäuter und Chordatiere

Panspermie-Hypothese: im Altertum von ANAXAGORAS und in der Neuzeit von VON HELMHOLTZ und ARRHENIUS vertretene Ansicht, das Leben sei aus dem Weltall durch Lebenskeime auf die Erde gekommen

Phloem: lebendes Gewebe in den Leitungsbahnen von Pflanzen; dient der Leitung von Assimilaten

Prokaryoten: Lebewesen, bei denen die DNA nicht in einem Zellkern zusammengefasst ist: Bakterien

Pyrit: Eisenkies, Schwefelkies, FeS_2, messinggelbes Mineral, das in Würfeln oder Pentagondodekaedern kristallisiert

Ribozyme: biologische Katalysatoren, die aus RNA bestehen; spielten möglicherweise am Anfang der Entwicklung der Replikation der DNA eine Rolle

Schwarze Raucher: Tiefseequellen, die vulkanisch aufgeheiztes Wasser fördern; in dem heißen Wasser sind Salze gelöst, besonders Sulfide, die beim Abkühlen nach dem Austritt ausfallen und wie eine Rauchwolke über der Quelle stehen.

Sporophyt: bei Pflanzen die diploide Generation, die sich ungeschlechtlich fortpflanzt, also durch Meiose haploide Sporen produziert

Tonmineralien: plättchenförmige Schichtkristalle im Boden; entstehen durch Verwitterung aus Silikaten; tragen auf der Außenseite vorzugsweise negative Ladungen und können daher polar gebaute Moleküle oder Ionen absorbieren

Urmundtiere: Protostomier; Tiere, bei denen der Urmund der Gastrula zum endgültigen Mund wird; der After wird neu gebildet.

Ursuppe: die Lösung von organischen und anorganischen Stoffen, die im Urmeer die Entstehung des Lebens ermöglichte

Xylem: verholztes, totes Gewebe mit relativ großen Hohlräumen in den Leitungsbahnen von Pflanzen; dient der Wasserleitung in Stängeln und Blättern

6 Die Evolution der Sexualität

6.1 Sexualität als evolutionäres Paradoxon

Was ist Sexualität? Wenn Pantoffeltierchen „Sex" miteinander haben, legen sie ihre bewimperten Körper aneinander und verbinden sie über eine dünne Cytoplasmabrücke. Über diese Brücke tauschen sie genetisches Material aus. Danach trennen sich die beiden zu den Ciliaten („Wimpertierchen") gehörenden Einzeller wieder. Man nennt diesen Vorgang **Konjugation**. Er ist in ähnlicher Weise auch bei Bakterien, manchen Algen und Pilzen zu beobachten.

Konjugation ist ein Sexualvorgang, der nicht mit Vermehrung gekoppelt ist: Nach einer Konjugation gibt es genauso viele Pantoffeltierchen wie vorher. Allerdings ist ein Pantoffeltierchen oder Bakterium nach einer Konjugation nicht mehr dasselbe, das es vorher war: Durch die Vereinigung genetischen Materials zweier Individuen hat sich die genetische Ausstattung jedes Einzelindividuums verändert. Genau dies ist das **biologisch entscheidende Merkmal der Sexualität:** *die Vereinigung der genetischen Information zweier Individuen, die zur Erzeugung neuer, genetisch einzigartiger Individuen führt.*

Sexualität ist also nicht gleichbedeutend mit Fortpflanzung. Unter **Fortpflanzung** versteht man die *Produktion von Nachkommen*. Einzeller pflanzen sich gewöhnlich über einfache mitotische Zellteilungen fort. Da mit diesem Prozess keinerlei sexuelle Vorgänge verbunden sind, spricht man hier von ungeschlechtlicher oder **asexueller Fortpflanzung**. Die entstehenden Nachkommen sind abgesehen von selten auftretenden Mutanten genetisch identisch. Man spricht von **Klonen**.

Bei **sexueller Fortpflanzung** werden durch Meiose haploide Keimzellen oder **Gameten** gebildet, die nach der Befruchtung zu einer diploiden **Zygote** verschmelzen. Durch die dabei zustande kommende **Rekombination** (Neuordnung) von Erbanlagen unterscheiden sich die Nachkommen sowohl untereinander als auch von ihren Eltern. **Sexualverhalten** nennt man alle Verhaltensweisen, die der Zusammenführung des genetischen Materials zweier Individuen dienen.

Eine reduzierte Form der sexuellen Fortpflanzung ist die **Parthenogenese** („Jungfernzeugung"), bei der die Nachkommen aus unbefruchteten Eizellen entstehen.

Warum Sexualität in der Evolution entstanden ist, schien lange Zeit auf der Hand zu liegen: Sexualität produziert genetische Variabilität. Genetische Variabilität aber ist die Voraussetzung dafür, dass Arten bei veränderten Umweltbedingungen nicht aussterben, sondern sich anpassen können.

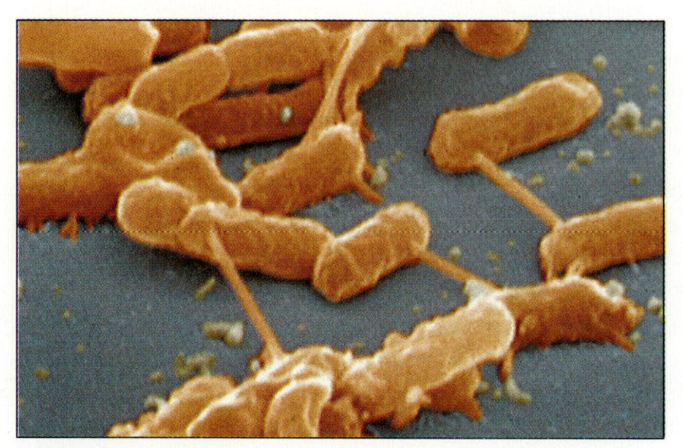

106.1 Sexualität ohne Fortpflanzung. Konjugation bei *Escherichia coli*

106.2 Fortpflanzung ohne Sexualität. Zweiteilung bei Sonnentierchen

Die Kosten der Sexualität. Unter dem Aspekt der Arterhaltung ist Sexualität zweifellos vorteilhaft. Aber diese Interpretation übersieht etwas Entscheidendes: Die Selektion setzt nicht an Arten oder Populationen an, sondern an Individuen, und ihr eigentlicher Wirkungsort sind die Gene: Individuen sterben, aber ihre Gene sind potentiell unsterblich, weil sie an die nächste Generation weitergegeben werden können. Evolutionär erfolgreich sind daher Individuen, die mehr Kopien ihrer Gene an die nächste Generation weitergeben als ihre unmittelbaren Konkurrenten. So gesehen erscheint die Evolution der Sexualität allerdings paradox, da Lebewesen mit sexueller Fortpflanzung ihren asexuellen Konkurrenten in mehrfacher Hinsicht unterlegen sind:

Wie hoch die Kosten der Sexualität sind, lässt sich am Beispiel der amerikanischen Renneidechsen verdeutlichen. Bei diesen pflanzen sich einige Arten durch Parthenogenese, also eingeschlechtlich, fort, andere dagegen zweigeschlechtlich. Das Populationswachstum der eingeschlechtlichen Arten ist erheblich größer als das der zweigeschlechtlichen. Der Grund dafür ist einfach: Bei zweigeschlechtlicher Fortpflanzung werden *zwei* Individuen (ein Männchen und ein Weibchen) benötigt, um Nachkommen zu produzieren, bei eingeschlechtlicher Fortpflanzung kann dagegen *jedes* Individuum Nachkommen erzeugen. Männchen werden überflüssig.

Hinzu kommt, dass Lebewesen, die sich sexuell fortpflanzen, immer nur die Hälfte ihrer Gene an ihre Nachkommen weitergeben. Die Chance eines Gens, an die nächste Generation weitergegeben zu werden, halbiert sich also mit jeder Generation. Man spricht hier auch vom *genetischen Verdünnungseffekt* der Sexualität. Gene, die ihren Träger veranlassen, sich parthenogenetisch oder asexuell fortzupflanzen, gelangen dagegen mit hundertprozentiger Sicherheit in die nächste Generation. Solche Gene müssten also einen erheblichen Selektionsvorteil haben.

Partnersuche ist ein weiterer, mit sexueller Fortpflanzung verbundener Kostenfaktor. Diese Suche ist nicht nur zeit- und energieaufwendig, sondern nicht selten auch vergeblich. Auch die durch Sexualität produzierte Variabilität der Nachkommen ist keineswegs so vorteilhaft, wie es auf den ersten Blick erscheint: Jeder Fabrikant, der ohne Not ein gut auf dem Markt eingeführtes Modell ständig durch andere Modelle mit ungewissen Verkaufschancen ersetzte, würde schnell Konkurs anmelden müssen.

Eigentlich erscheint Sexualität in der Selektion also nicht konkurrenzfähig. Wie konnte sie sich dennoch in der Evolution durchsetzen?

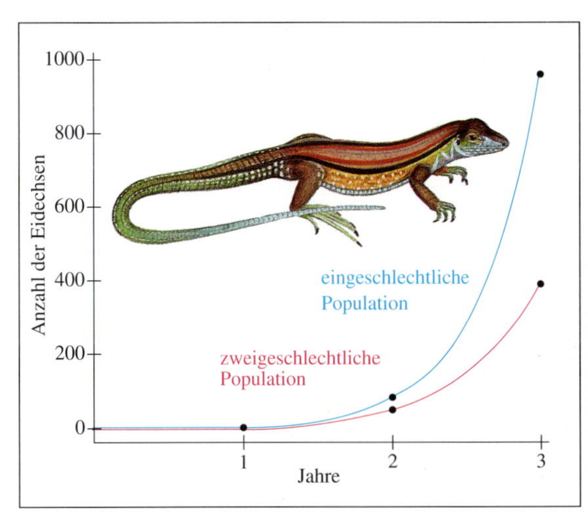

107.1 Jungfernzeugung bei Eidechsen führt zu einem schnelleren Populationswachstum

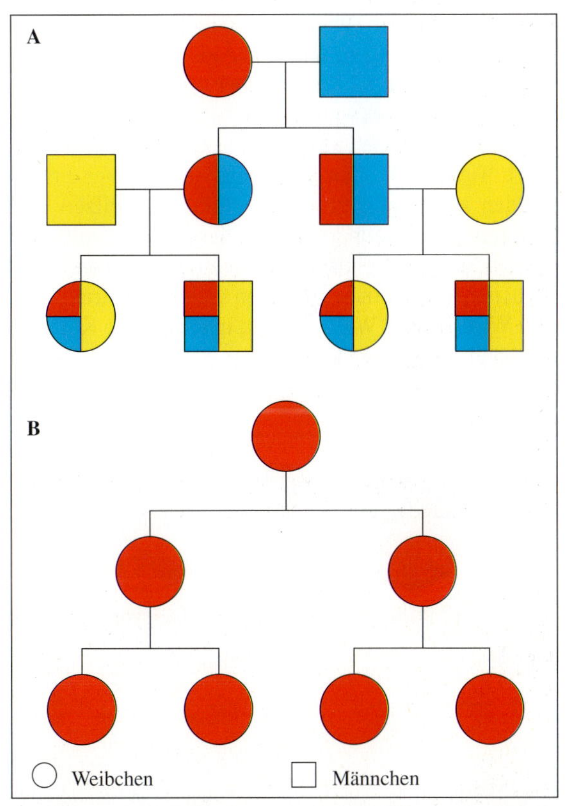

107.2 Der genetische „Verdünnungseffekt" der Sexualität. In einer Population mit sexueller Fortpflanzung (A) gibt jedes Individuum nur die Hälfte seines Genoms an jeden Nachkommen weiter. Bei asexueller bzw. eingeschlechtlicher Fortpflanzung (B) gelangen dagegen alle Gene mit hundertprozentiger Sicherheit in die nächste Generation.

6.2 Die Vorteile der Sexualität

Im September des Jahres 1347 landete im Hafen von Messina ein Schiff aus Kaffa, einem genuesischen Handelsstützpunkt an der Südostküste der Krim. Es brachte den Tod. *Yersinia pestis*, der Pesterreger, den das Schiff aus Kaffa mitgebracht hatte, breitete sich wie ein Flächenbrand aus und tötete innerhalb von fünf Jahren jeden dritten der etwa 35 Millionen Einwohner Mittel- und Westeuropas.

Krankheitserreger haben in der Geschichte der Menschheit weit mehr Todesopfer gefordert als alle Hungersnöte, Naturkatastrophen und Kriege zusammen. Im ersten Weltkrieg starben innerhalb von vier Jahren 10 Millionen Menschen. Mindestens doppelt so viele Todesopfer forderte wenig später innerhalb von nur vier Monaten eine Grippe-Epidemie. Heute breiten sich längst besiegt geglaubte Krankheiten wie Pest, Cholera oder Tuberkulose wieder aus. Mit neuen gefährlichen Erregern wie dem Aids-Virus haben sich innerhalb zweier Jahrzehnte über 40 Millionen Menschen infiziert. Weltweit sterben heute jährlich etwa 17 Millionen Menschen an Infektionskrankheiten.
Auch Tiere und Pflanzen fallen viel seltener Fressfeinden zum Opfer als Viren, Bakterien, Pilzen und anderen Krankheitserregern. Diese überall auf der Welt in unglaublicher Zahl und Vielfalt verbreiteten Parasiten üben einen größeren Selektionsdruck auf ihre Wirte aus als Wind, Wetter, innerartliche Konkurrenten und Fressfeinde.

Die Verteidigung der Wirte besteht in der Ausbildung einer wirkungsvollen **Immunabwehr**. Das Prinzip der Immunabwehr beruht auf der Unterscheidung zwischen *Selbst* und *Fremd*. Diese Fähigkeit besitzen bereits Einzeller. Wirbeltiere treffen diese Unterscheidung mithilfe genetisch codierter Kennsignale, der Antikörper.
Das Problem der Parasiten besteht darin, die Immunabwehr ihrer Wirte zu durchbrechen. Die Waffen, die sie dabei einsetzen, sind ihre ungeheure Vermehrungs- und Wandlungsfähigkeit. Bakterien können sich unter günstigen Bedingungen alle 20 Minuten teilen und bringen es damit auf über 70 Generationen pro Tag! Da bei Zellteilungen und der dazugehörigen Vervielfältigung der DNA immer wieder Kopierfehler, also Genmutationen, auftreten, sorgt diese hohe Teilungshäufigkeit dafür, dass immer wieder einzelne Mutanten in der Lage sind, die Immunabwehr ihrer Wirte zu durchbrechen - sie werden resistent.
An dieser Stelle setzt nach Ansicht vieler Wissenschaftler ein zweiter Verteidigungsmechanismus ein: die Sexualität. Gegen Einbrecher, die den Haustürschlüssel gefunden haben, wehrt man sich am besten, indem man das Schloss austauscht. Genauso besteht der wirkungsvollste Schutz gegen Parasiten darin, dass der Code für das körpereigene Abwehrsystem möglichst oft verändert wird. Da die Fortpflanzungsrate der Wirte im Allgemeinen viel geringer ist als die der Parasiten, sind Mutationen hier eine stumpfe Waffe. Sexualität erzeugt dagegen in jeder Wirtsgeneration ein so hohes Maß an Variabilität, dass die Parasiten immer wieder vor verschlossenen Türen stehen.

	Aids	**Cholera**	**Diarrhö**	**Grippe**	**Hepatitis B**	**Malaria**	**Pest**	**Tuberkulose**
Erreger:	Viren	Bakterien	Bakterien, Viren, andere Parasiten	Viren	Viren	Sporozoen	Bakterien	Bakterien
Ansteckung:	ungeschützter Geschlechtsverkehr, verunreinigte Spritzen und Blutkonserven	verseuchtes Trinkwasser	verseuchtes Trinkwasser	Atemluft (Tröpfcheninfektion)	ungeschützter Geschlechtsverkehr	Stich infizierter Anophelesmücken	Biss infizierter Flöhe, Atemluft	Atemluft

108.1 Einige wichtige Infektionskrankheiten

Die Rote Königin

Die „Rote Königin" ist eine Figur aus LEWIS CARROLLs Kinderbuch „Alice hinter den Spiegeln". In der Evolutionsbiologie ist sie zu einer wichtigen Metapher für koevolutive Prozesse geworden, bei denen evolutionärer Wandel keinerlei Fortschritt beinhaltet, sondern nur dazu dient, den *Status quo* aufrechtzuerhalten. Der Wettlauf, den die Rote Königin mit Alice veranstaltet, verdeutlicht das Prinzip:

Wenn Alice später daran zurückdachte, kam sie nie mehr ganz dahinter, wie es damit eigentlich zugegangen war: Nur so viel weiß sie noch, dass die Königin sie auf einmal an der Hand hielt und aus Leibeskräften rannte. (...)

Das Seltsamste dabei war, dass sich die Bäume und alles andere um sie her überhaupt nicht vom Fleck rührten: Wie schnell sie auch rannten, liefen sie doch anscheinend nie an etwas vorbei. (...) »In unserem Land«, sagte Alice, noch immer ein wenig atemlos, »kommt man im Allgemeinen woandershin, wenn man so schnell und lange läuft wie wir eben.« »Behäbige Gegend!«, sagte die Königin. »Hierzulande musst du so schnell rennen, wie du kannst, wenn du am gleichen Fleck bleiben willst. Und um woandershin zu kommen, muss man noch mindestens doppelt so schnell laufen!«

Zwischen Parasiten und ihren Wirten findet also ein „evolutionäres Wettrüsten" statt, bei dem es nur darum geht, mit dem Gegner Schritt zu halten. Entscheidend für den Wirt ist dabei nicht, dass das neue Schloss *besser* ist als das alte, es muss nur anders sein. Biologen nennen solche Koevolutionsprozesse das **„Rote-Königin-Prinzip".**

Die Hypothese, dass Sexualität in der Evolution als wirkungsvolle Abwehrmaßnahme gegen Parasiten entstanden sein könnte, wird durch eine Reihe von Beobachtungen gestützt. So findet sich beispielsweise in den Gewässern Neuseelands eine Schneckenart, die sich sowohl parthenogenetisch als auch zweigeschlechtlich fortpflanzen kann. Welche Fortpflanzungsart die Schnecke wählt, hängt von der Parasitenbelastung ab: In Bächen mit geringer Parasitenbelastung pflanzt sie sich meist parthenogenetisch fort, in Teichen, in denen eine hohe Parasitenbelastung herrscht, dagegen zweigeschlechtlich. Die Methode, mit der man dies herausfand, ist verblüffend einfach: Man zählte die Anzahl der Männchen im jeweiligen Habitat.
Auch das Fortpflanzungsverhalten von Wasserflöhen unterstützt die „Rote-Königin-Hypothese". Diese Kleinkrebse schalten nämlich immer dann von parthenogenetischer auf zweigeschlechtliche Fortpflanzung um, wenn ihre eigene Populationsdichte und damit auch die Parasitenbelastung am höchsten ist.

Sexualität bietet im Abwehrkampf gegen Parasiten also zweifellos einen wichtigen Selektionsvorteil. Ob hier der eigentliche Grund für die Evolution der Sexualität liegt, ist allerdings noch keineswegs sicher. Eine Reihe von Beobachtungen deutet darauf hin, dass der Ursprung der Sexualität auch woanders liegen könnte:
Bei Bakterien gibt es extrachromosomale Gene, die auf ringförmigen DNA-Molekülen, den so genannten Plasmiden liegen. Sie programmieren den Aufbau des für die Konjugation benötigten Cytoplasmaschlauchs. Ist die Verbindung zu einem anderen Bakterium hergestellt, das über kein Plasmid verfügt, wird eine Kopie des Plasmids an die Empfängerzelle geschickt. Die Plasmid-DNA verhält sich also ähnlich wie ein Tollwutvirus, das seine Vermehrung dadurch sicherstellt, dass es seinen Träger veranlasst, andere Wirte zu beißen. Plasmide und andere Gene, die nur für ihre eigene Weiterverbreitung, nicht aber das Wohl ihres Trägers sorgen, nennt man auch „egoistische" DNA. Egoistische Gene, die ihre Träger zu sexuellen Beziehungen veranlassen und auf diese Weise sicherstellen, dass sie in andere Keimbahnen gelangen, könnten nach Ansicht vieler Wissenschaftler also am Anfang der Evolutionsgeschichte der Sexualität stehen. Die durch Sexualität geschaffene Variabilität wäre demnach zunächst nur ein Nebeneffekt gewesen, der allerdings wesentlich zum evolutionären Erfolg der Sexualität beigetragen haben könnte.

6.3 Die Evolution der Geschlechter

Sexualität beginnt mit dem Austausch kleiner Teile des Erbgutes zwischen Bakterienzellen und führt schließlich – über das Verschmelzen ganzer Zellen – zur Vereinigung ganzer Chromosomensätze. Diese Zellen heißen Keimzellen oder **Gameten** (*gamein:* griech. = vermählen). Im ursprünglichen Zustand sind die Gameten äußerlich gleich. Man spricht daher von **Isogameten** (*iso:* griech. = gleich). Isogameten findet man auch heute noch bei vielen Algen und Protisten. Trotz ihrer gleichen äußerlichen Erscheinung sind aber auch Isogameten nicht völlig gleich. In der Regel gibt es zwei so genannte **Paarungstypen,** die man als + und – bezeichnet. Gameten des einen Typs verschmelzen nur mit solchen des anderen. Die meisten Lebewesen produzieren allerdings zwei sehr unterschiedliche Sorten von Gameten, die daher **Anisogameten** genannt werden: große, nährstoffreiche und unbewegliche Eizellen sowie kleine, nährstoffarme und meist bewegliche Spermien. Individuen, die **Eizellen** produzieren, werden per definitionem als *Weibchen,* solche, die **Spermien** produzieren, als *Männchen* bezeichnet.

Der grundlegende biologische Unterschied zwischen den Geschlechtern besteht also in der Unterschiedlichkeit der produzierten Keimzellen. Ein einfaches Modell für die Evolution dieses Geschlechtsunterschiedes entwickelte 1972 der britische Evolutionsbiologe GEOFFREY PARKER mit seinen Mitarbeitern. Stellen wir uns als Ausgangssituation eine Population vor, in der es alle möglichen Sorten von Gameten gibt: Einige Individuen produzieren kleine, andere große, die meisten aber mittelgroße Gameten. Die Mengenverhältnisse der Keimzellen hängen von ihrer Größe ab: Je größer eine Keimzelle, desto weniger können von ihr produziert werden. Kleine Gameten werden also häufiger sein als große. Entsprechend hoch wird die Wahrscheinlichkeit sein, dass zwei kleine Gameten aufeinander treffen. Die Überlebenschancen der Zygote werden allerdings umso geringer sein, je weniger Nährstoffe jede der beiden Keimzellen mitbringt. Die Verschmelzung zweier großer Keimzellen wäre mithin vorteilhaft. Aber die Wahrscheinlichkeit, dass zwei große Keimzellen einander treffen, ist wegen ihrer Seltenheit gering. Bevor dies geschieht, werden sie ihre Nährstoffe verbraucht haben oder – was wahrscheinlicher ist – auf eine der kleineren Größenklassen gestoßen sein.
Da mittelgroße Keimzellen überdurchschnittlich häufig auf kleine treffen, werden auch sie nur geringe Überlebenschancen haben. Die besten Treffer- und Überlebensaussichten ergeben sich aus der Kombination eines sehr kleinen – und entsprechend häufigen – und eines sehr großen Keimzellentyps. Selektionsbegünstigt sind also Individuen, die sich entweder auf die Herstellung sehr vieler kleiner, beweglicher Keimzellen mit hoher Trefferwahrscheinlichkeit spezialisieren, oder solche, die sich auf die Herstellung weniger großer, aber möglichst nährstoffreicher Keimzellen spezialisieren. Ein solcher Selektionsprozess, bei dem die Extreme begünstigt sind, wurde schon unter der Bezeichnung **disruptive Selektion** angesprochen.

Eine Folge der Anisogamie ist unmittelbar und unausweichlich: Es gibt sehr viel mehr Spermien als Eizellen. Ökonomisch ausgedrückt bedeutet dies, dass das Angebot knapp, die Nachfrage aber groß ist. Eizellen werden für Spermien zur knappen und umstrittenen

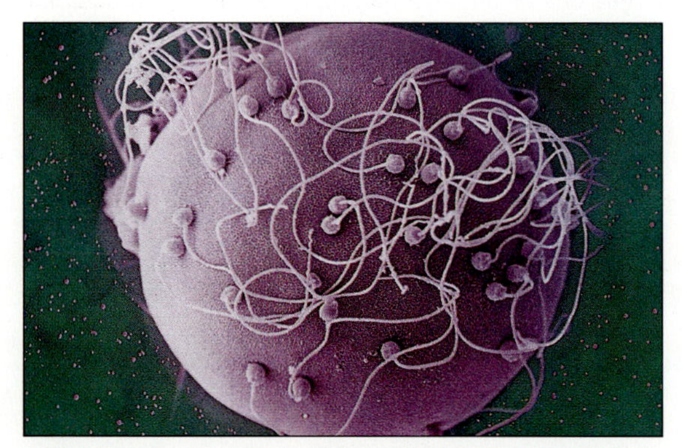

110.1 Geschlechtsunterschied in der Gametengröße. Menschliche Spermien umschwimmen die viel größere Eizelle.

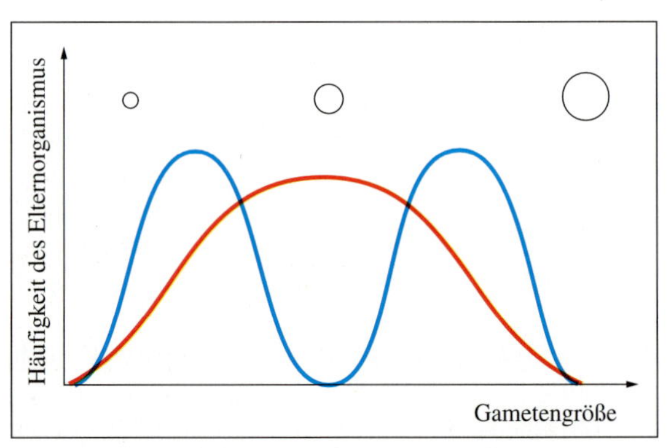

110.2 Disruptive Selektion führt zur Evolution von Eiern und Spermien. Rot: Ausgangssituation, blau: einige Generationen später

Ressource. Was dies bedeutet, konnte 1948 der englische Genetiker ANGUS JOHN BATEMAN durch Kreuzungsexperimente mit Fruchtfliegen zeigen. Dabei stellte er zweierlei fest: Erstens waren die Unterschiede im Fortpflanzungserfolg bei den Männchen erheblich größer als bei den Weibchen. Einerseits zeugten einige Männchen nahezu dreimal so viele Kinder, wie die erfolgreichsten Weibchen zur Welt brachten, andererseits blieben sehr viel mehr Männchen als Weibchen kinderlos. Zweitens stieg der Fortpflanzungserfolg der Männchen proportional mit der Anzahl ihrer Sexualpartnerinnen. Die Weibchen dagegen konnten ihren Fortpflanzungserfolg nicht steigern, wenn sie sich mit mehr als einem Männchen paarten.

Die von BATEMAN gefundenen Zusammenhänge gelten nicht nur für Fruchtfliegen, sondern ebenso für See-Elefanten, Mäuse und Menschen. Sie sind die Grundlage dafür, dass Männchen in der Regel heftig um den Zugang zu möglichst vielen Weibchen konkurrieren, während sich die Weibchen ihre Sexualpartner aus einer Vielzahl männlicher Bewerber auswählen können. Beide Prozesse fasste DARWIN unter der Bezeichnung **sexuelle Selektion** zusammen.

AUFGABEN

A1 In einer Population der südamerikanischen Xavante-Indianer fanden Anthropologen deutliche Unterschiede im Fortpflanzungserfolg der Männer und der Frauen:

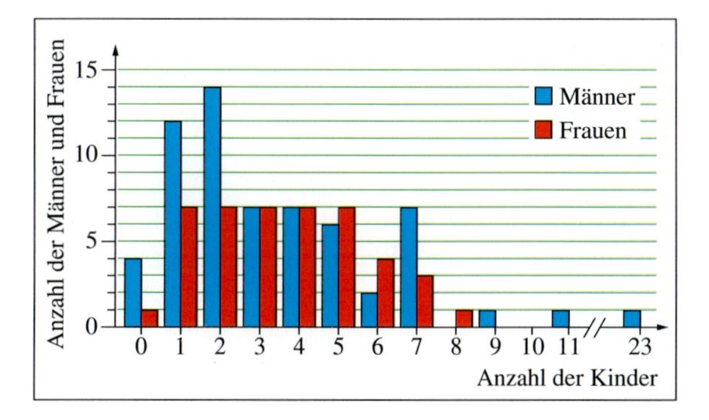

a) Erläutern Sie die Grafik.
b) Nennen Sie mögliche Ursachen für die Unterschiede im Fortpflanzungserfolg der Geschlechter.
c) Diskutieren Sie, inwieweit die Ergebnisse der Untersuchung typisch für die Spezies Mensch sein könnten. Berücksichtigen Sie dabei, dass das menschliche Sexual- und Fortpflanzungsverhalten durch vielfältige kulturelle Faktoren (z. B. wirkungsvolle Verhütungsmethoden, gesellschaftliche Normen) beeinflusst ist.
d) In vielen menschlichen Gesellschaften findet sich eine mehr oder weniger ausgeprägte „doppelte Sexualmoral“, die Männern in sexueller Hinsicht mehr Freiheiten zugesteht als Frauen. Diskutieren Sie, ob diese doppelte Moral evolutionsbiologische Ursprünge haben könnte und welche moralischen Folgerungen aus biologischen Fakten abgeleitet werden können.

GLOSSAR

Anisogameten: Keimzellen ungleicher Größe bzw. äußerer Gestalt

egoistische DNA: DNA, die nur für ihre eigene Verbreitung, nicht aber für das Wohl ihres Trägers sorgt

Fortpflanzung: Produktion von Nachkommen

Fortpflanzungserfolg: die von einem Individuum produzierte Anzahl überlebender Nachkommen

Gameten: Keimzellen

Immunabwehr: Abwehrmechanismus des Körpers gegen eingedrungene Krankheitserreger

Isogameten: Keimzellen gleicher Größe und äußerer Gestalt

Klon: Gruppe genetisch identischer Lebewesen, die durch Zellteilung oder eingeschlechtliche Fortpflanzung entstanden sind

Konjugation: wechselseitige Befruchtung, bei der Zellkerne oder Teile des Erbmaterials ausgetauscht werden

Paarungstypen: biochemisch inkompatible Isogameten, meist als + und - bezeichnet

Parthenogenese: Entwicklung von Nachkommen aus unbefruchteten Eizellen

Plasmid: ringförmiges DNA-Molekül bei Bakterien

Rote-Königin-Prinzip: koevolutiver Prozess, bei dem gegenseitige Anpassung und evolutionärer Wandel lediglich zur Aufrechterhaltung des Status quo führen

Sexualität: Vorgang, der zur Vereinigung genetischen Materials zweier Individuen führt

Sexualverhalten: sämtliche Verhaltensweisen, die ursprünglich der Zusammenführung des Erbmaterials zweier Individuen dienen; erfüllt sekundär oft auch andere Funktionen

Zygote: Zelle, die aus der Vereinigung männlicher und weiblicher Gameten entsteht

7 Evolution und Verhalten

112.1 Hundewelpen

112.2 Geschwister beim Menschen

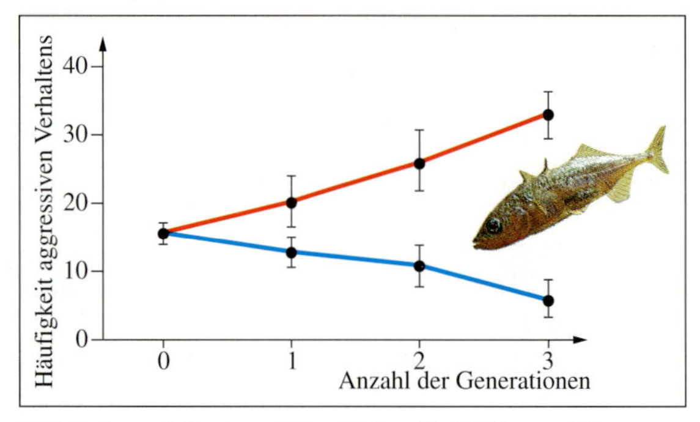

112.3 Auswirkungen künstlicher Selektion auf das Aggressionsverhalten von Stichlingen

7.1 Evolutionstheorie und Verhalten

DARWINs große Leistung war die Erkenntnis, dass evolutiver Wandel auf drei Grundphänomenen des Lebens beruht: der Tatsache, dass die Individuen einer Art sich voneinander unterscheiden **(Variabilität)**; der Tatsache, dass viele dieser Unterschiede eine genetische Grundlage haben **(Erblichkeit)**; und der Tatsache, dass einige dieser Individuen aufgrund ihrer Eigenschaften mehr Nachkommen hinterlassen als andere **(unterschiedlicher Fortpflanzungserfolg)**. Alle drei Phänomene gelten auch für das Verhalten von Lebewesen.

Verhalten ist variabel. Jeder Hundezüchter weiß, dass die Welpen eines Wurfes sich nicht nur in ihrem Aussehen, sondern auch in ihrer Persönlichkeit und ihrem Verhalten voneinander unterscheiden. Auch beim Menschen sind selbst gleichgeschlechtliche Geschwister oft erstaunlich unterschiedlich – obwohl sie dieselben Eltern haben und in einem ähnlichen Milieu aufwachsen.

Verhalten hat eine genetische Grundlage. Bei Stichlingen lassen sich durch gezielte Vermehrung der jeweils aggressivsten und friedlichsten Jungtiere eines Geleges schon nach wenigen Generationen besonders aggressive und besonders friedliche Individuen herauszüchten. Derartige Züchtungsexperimente sind ein Beweis dafür, dass viele Verhaltensunterschiede genetisch bedingt sind. Natürlich gilt dies nicht für alle Verhaltensunterschiede: Insbesondere Säugetiere und Vögel zeichnen sich durch ein hohes Maß an **Verhaltensflexibilität** aus, die sie in die Lage versetzt, auf unterschiedliche Umweltbedingungen angemessen zu reagieren. Verhaltensflexibilität bedeutet aber nicht, dass die Gene gar keinen oder auch nur einen geringeren Einfluss auf das Verhalten haben. Sie lassen nur die Wahl verschiedener Verhaltensmöglichkeiten zu.

Verhalten wirkt sich auf den Fortpflanzungserfolg aus. Durch Verhaltensuntersuchungen und Vaterschaftstests mit der Methode des „genetischen Fingerabdrucks" konnten Forscher zeigen, dass zwischen der Rangposition männlicher Primaten und ihrem Fortpflanzungserfolg vielfach ein enger Zusammenhang besteht.
Ob ein Individuum im Vergleich zu seinen Artgenossen viele oder wenige Junge aufziehen wird, hängt von einer Vielzahl von Faktoren, aber immer auch von seinem Verhalten ab: Es muss genügend Nahrung finden, durch Wachsamkeit, Schnelligkeit oder Intelligenz seinen Feinden entkommen, den oder die „richtigen" Sexualpartner finden und nicht zu wenig, aber auch nicht zu viel Energie in die Aufzucht jedes einzelnen Jungen investieren.

Verhalten hat eine Stammesgeschichte. Mehrere Arten aus der Gattung der amerikanischen Renneidechsen pflanzen sich durch Jungfernzeugung („*Parthenogenese*") fort: Die Jungtiere entwickeln sich aus unbefruchteten Eizellen. Männchen gibt es bei diesen Arten nicht. Dennoch sind die Weibchen für eine erfolgreiche Fortpflanzung auf Paarungsverhalten angewiesen: Um einen Eisprung auszulösen, bieten sie sich den Männchen anderer Arten zur Paarung an, oder ein Weibchen der eigenen Art übernimmt diese Rolle und führt eine „Pseudokopulation" durch. Bei diesem Ritual handelt es sich um ein Verhaltensrelikt aus früherer Zeit, als die Vorfahren der heutigen Renneidechsen sich noch zweigeschlechtlich fortgepflanzt haben.
Vereinzelt geben auch Fossilien Auskunft über die evolutionäre Geschichte von Verhaltensweisen. Aus fossilen Knochen oder Fußspuren kann man beispielsweise schließen, wie sich längst ausgestorbene Tiere fortbewegt haben, aus versteinerten Kothaufen („*Koprolithen*"), was sie gefressen haben.

Verhalten ist ein Evolutionsfaktor. Der Fitis und der Zilpzalp sind zwei einheimische Singvögel, die sich außer durch ihren Gesang kaum voneinander unterscheiden. Viele nahe verwandte Tierarten unterscheiden sich durch Signale, die in erster Linie an Geschlechtspartner gerichtet sind. Verantwortlich für diese Unterschiede ist ein Prozess, den DARWIN **sexuelle Selektion** nannte. Die Weibchen sind oft außerordentlich wählerisch und bevorzugen Männchen mit bestimmten Merkmalen. Daher können Unterschiede in der Signalproduktion und entsprechende Unterschiede in der Partnerwahl zu einem Isolationsfaktor werden und damit die Artbildung fördern.

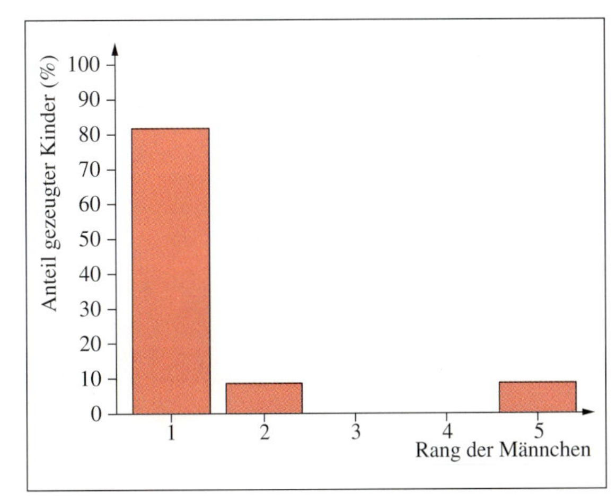

113.1 Abhängigkeit des Fortpflanzungserfolgs männlicher Paviane von der Rangstellung, die sie in ihrer Gruppe innehaben

113.2 Sexualverhalten eingeschlechtlicher Renneidechsen

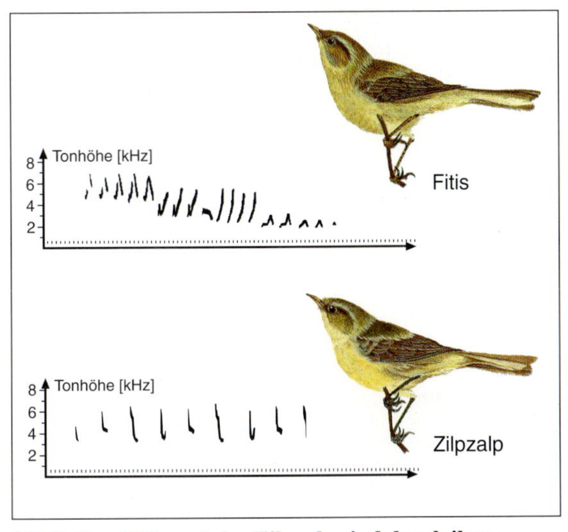

113.3 Der Fitis und der Zilpzalp sind durch ihren unterschiedlichen Gesang sexuell voneinander isoliert.

114.1 Schimpansen mit Beute

114.2 Affen im westafrikanischen Taï-Wald.
A Roter Stummelaffe; B Diana-Meerkatze

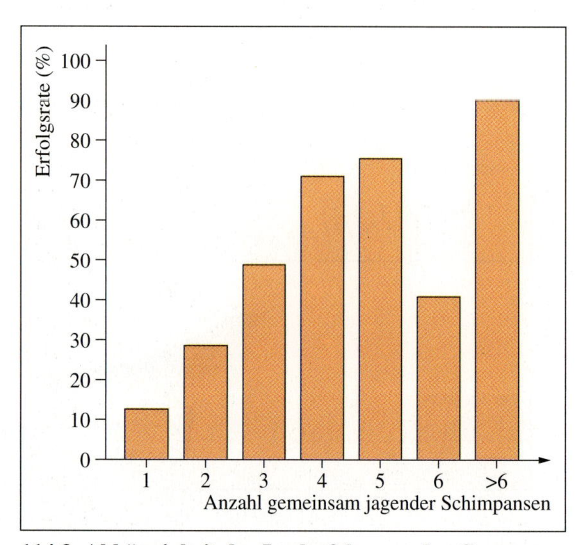

114.3 Abhängigkeit des Jagderfolgs von der Gruppengröße bei Schimpansen

7.2 Die Evolution des Sozialverhaltens

7.2.1 Die Evolution der Kooperation

Wenn sich im September die Regenzeit im westafrikanischen Taï-Nationalpark ihrem Ende nähert, eröffnen die dort lebenden Schimpansen ihre Jagdsaison. Ihre bevorzugte Beute sind Rote Stummelaffen. Der Jagderfolg der Schimpansen hängt davon ab, wie viele Gruppenmitglieder sich an der Jagd beteiligen: Einzeln jagende Schimpansen machen nur selten Beute, Gemeinschaftsjagden, an denen sich mehr als sechs Tiere beteiligen, verlaufen dagegen zu 90% erfolgreich. Das Erfolgsrezept der Schimpansen ist Zusammenarbeit oder **Kooperation**: Einige Jagdteilnehmer verfolgen das Opfer, andere lauern im Hintergrund und schneiden ihm den Weg ab.
Die Stummelaffen reagieren auf die Gefahr, die ihnen von den Schimpansen droht: Sie suchen vermehrt die Nähe von Diana-Meerkatzen. In dieser größeren Gemeinschaft ist das Einzeltier vor potentiellen Angreifern besser geschützt.

Unter „Darwinismus“ verstehen auch gebildete Menschen meist nur eines: einen ständigen Kampf aller gegen alle, bei dem der Stärkste siegt. Tatsächlich sprach DARWIN davon, dass der „Kampf ums Dasein“ („struggle for life“) zwischen den Individuen derselben Art am heftigsten ist, und „das entsetzlich grausame Wirken der Natur“ beunruhigte ihn zutiefst. Aber das Beispiel der Schimpansen und der Roten Stummelaffen zeigt, dass die Welt der Tiere nicht nur aus einem gnadenlosen Konkurrenzkampf besteht. Auch Kooperation, gegenseitige Hilfe und aufopferungsvolles Verhalten ist im Tierreich – und selbstverständlich auch beim Menschen – weit verbreitet.
Kooperation ist in der Verhaltensbiologie als eine Form der Zusammenarbeit definiert, die allen Beteiligten nützt, ohne dass damit Kosten verbunden wären. Damit wird auch die Ursache für die weite Verbreitung von Kooperation verständlich: Viele Ziele lassen sich nun einmal gemeinschaftlich leichter erreichen als allein. Ein allein jagender afrikanischer Wildhund hat zum Beispiel kaum eine Chance ein Gnu zu erbeuten, das doppelt so schwer ist wie er. Wildhunde, Wölfe, Löwen und Tüpfelhyänen, die sich auf das Erbeuten von Tieren spezialisiert haben, die oft viel größer sind als sie selbst, jagen daher in der Regel gemeinschaftlich.

Kooperation bringt aber auch Tieren, die nicht jagen, Vorteile. Tatsächlich kann man ein Merkmal, das viele Tierarten auszeichnet, als eine Form von Kooperation ansehen: das **Leben in sozialen Gruppen**. Die evolutionären Ursachen des Gruppenlebens sind allerdings schwieriger auszumachen, als es auf den ersten Blick erscheint. Das Leben in Gruppen bringt nämlich für den Einzelnen auch Nachteile mit sich. Zwei Nachteile wiegen besonders schwer:

Erstens erhöht sich das Risiko, mit Krankheitserregern infiziert zu werden. Dies kann ganz unmittelbar zum Tod des betroffenen Individuums führen.

Zweitens bedeutet das Zusammenleben mit Artgenossen auch erhöhte Konkurrenz um Nahrung und andere begrenzte Ressourcen. Als Folge dieser Konkurrenz bilden sich unter Tieren, die in Gruppen leben, oft soziale **Hierarchien** aus. Hierarchien regeln den Zugang zu begrenzten Ressourcen. Rangniedere Individuen müssen hier Nachteile in Kauf nehmen, die sich negativ auf ihre Fitness auswirken: Sie bekommen weniger oder qualitativ schlechtere Nahrung, sie haben geringere Chancen Kinder zu zeugen oder zu gebären, und die Jungen rangniederer Weibchen haben oft schlechtere Überlebenschancen als die der ranghöheren Weibchen. Bei manchen Arten, etwa bei Krallenaffen, unterdrückt das ranghöchste Paar die Fortpflanzung sämtlicher anderen Gruppenmitglieder.

Trotz dieser Nachteile wiegen für viele Tiere die Vorteile des Gruppenlebens aber offenbar schwerer. Zwei Vorteile waren für die Evolution des Gruppenlebens vermutlich entscheidend:

Erstens verringert Gruppenleben das Risiko, Opfer von Beutegreifern zu werden. Stummelaffen verringern ihr individuelles Risiko, von Schimpansen erbeutet zu werden, dadurch, dass sie sich in der Masse verstecken: Assoziationen zwischen Stummelaffen und Diana-Meerkatzen können mehr als hundert Mitglieder zählen. Gruppenleben erhöht auch die Wahrscheinlichkeit, einen Angreifer rechtzeitig zu entdecken. Dies kann lebensrettend sein, denn ein entdeckter Feind hat kaum noch eine Chance Beute zu machen. Schließlich kann auch gemeinsame Verteidigung einen wirksamen Schutz darstellen.

Zweitens lassen sich begrenzte Ressourcen gemeinschaftlich besser gegen Artgenossen verteidigen. Viele Tierarten, wie etwa Löwen, besitzen Territorien, die sie gegen Artgenossen verteidigen. Bei Konflikten entscheidet oft die Größe der beteiligten Gruppen, wer als Sieger aus der Auseinandersetzung hervorgeht. Auch in solchen Fällen dient das Verhalten des Individuums der Erhaltung eigener Überlebens- und Fortpflanzungschancen.

115.1 Kosten des Gruppenlebens. Bei Krallenaffen, beispielsweise beim Lisztäffchen, stammen alle Jungen vom ranghöchsten Paar.

115.2 Nutzen des Gruppenlebens. Moschusochsen kooperieren bei der Feindabwehr.

115.3 Nutzen des Gruppenlebens. Hanuman-Languren kooperieren bei Auseinandersetzungen mit anderen Gruppen.

7.2.2 Verwandtenselektion

Das Paradoxon des altruistischen Verhaltens. Belding-Ziesel sind kleine, in Gruppen lebende Nagetiere, die in den Prärien Nordamerikas siedeln. Wenn sie einen Marder oder Koyoten entdecken, stoßen sie einen speziellen Warnruf aus. Daraufhin verschwinden ihre Artgenossen blitzschnell in ihren Höhlen. Der Rufer selbst bringt sich allerdings in höchste Gefahr: Er wird mit größerer Wahrscheinlichkeit gefressen.

Das Beispiel der Belding-Ziesel zeigt ein evolutionstheoretisches Problem: Wie kann die natürliche Selektion **altruistisches Verhalten** belohnen – Verhaltensweisen also, die die eigenen Überlebens- und Fortpflanzungschancen mindern, die anderer Individuen dagegen fördern? Lange Zeit schien die Antwort ganz einfach: Das Verhalten der Ziesel dient schließlich der Arterhaltung! Auch DARWIN äußerte sich in dieser Richtung. In seinem 1871 veröffentlichten Buch über „Die Abstammung des Menschen“ schrieb er, dass *„die socialen Instinkte (...) ohne Zweifel vom Menschen ebenso wie von den niederen Thieren zum besten der ganzen Gemeinschaft erlangt worden sind.“* Dieses Konzept wurde später unter dem Namen **„Gruppenselektion“** bekannt.

116.1 Belding-Ziesel

Das Problem mit der Gruppenselektion. Gruppenselektion bedeutet, dass Verhaltensweisen in erster Linie nicht dem eigenen Überleben und der eigenen Fortpflanzung zugute kommen, sondern dem langfristigen Überleben der Gruppe oder der Art. Auf das Beispiel mit den Zieseln bezogen heißt dies: Gruppen, deren Mitglieder einander vor einer drohenden Gefahr warnen, werden auf Dauer eine höhere Überlebenschance haben als Gruppen aus lauter egoistischen Individuen, die einander nicht warnen. Vor dem Hintergrund des Überlebens einer ganzen Gruppe ist der Tod eines einzelnen Individuums unbedeutend: Gemeinnutz geht vor Eigennutz.

Erst Anfang der sechziger Jahre des 20. Jahrhunderts fiel einigen Biologen auf, dass die Geschichte einen Haken hat: Was würde passieren, wenn in einer Gruppe aus lauter uneigennützigen Individuen eine Mutation aufträte, die ihren Träger dazu veranlasste, gegen die herrschenden Regeln zu verstoßen und seine Artgenossen nicht zu warnen? Dieses eigennützige Individuum müsste zwangsläufig eine größere Überlebenschance als seine uneigennützigen Artgenossen haben und mehr Nachkommen produzieren. Im Endeffekt würden seine Gene die seiner altruistischen Artgenossen sehr schnell verdrängen. Die Evolution altruistischen Verhaltens musste also auf andere Weise erklärt werden. Die Lösung des Rätsels erfolgte 1964 durch den britischen Biologen WILLIAM D. HAMILTON.

Fitnessmaximierung durch Verwandtenselektion. HAMILTON war der Frage nachgegangen, wie es zur Evolution der so genannten **Eusozialität** gekommen sein könnte. „Eusozial“ werden Arten wie Ameisen oder Bienen genannt, die in Kolonien oder „Staaten“ mit sterilen „Arbeiterkasten“ leben, deren Mitglieder sich nicht selbst fortpflanzen, sondern sich auf verschiedene Art und Weise für das Wohl ihrer Gruppe aufopfern. Als HAMILTON sich fragte, wie eine solch extreme Form von Altruismus entstanden sein könnte, stieß er auf eine Tatsache, die schon lange bekannt war, aber unerwartete Auswirkungen auf die Verwandtschaftsbeziehungen zwischen den Mitgliedern eines Bienen- oder Ameisenstaates hat: Im Gegensatz zu den Weibchen entstehen die Männchen dieser Arten aus unbefruchteten Eizellen. Auch ihre eigenen Keimzellen, die Spermien, entstehen aus haploidem Gewebe, also ohne Meiose. Man bezeichnet solche Arten als **haplodiploid**.

Welche Folgen hat dies für die Verwandtschaftsbeziehungen? Betrachten wir zunächst die Verhältnisse bei diploiden Lebewesen. Hier erhält jedes Kind die Hälfte seines Erbguts vom Vater, die andere Hälfte von der Mutter. Der genetische Verwandtschaftsgrad oder **Verwandtschaftskoeffizient «r»** zwischen Eltern und

Kindern beträgt also r = 0,5. Da auch die Kinder nur die Hälfte ihres Erbguts an ihre eigenen Kinder weitergeben, halbiert sich der Verwandtschaftskoeffizient mit jeder weiteren Generation: Zwischen Großeltern und Kindern liegt er bei 0,25 usw. Der Verwandtschaftskoeffizient von Geschwistern beträgt im Mittel ebenfalls 0,5 – die Wahrscheinlichkeit, ein bestimmtes Allel von der Mutter und ein anderes vom Vater zu bekommen, beträgt in jedem Fall 50 %. Bei haplo-diploiden Arten ist dies anders: Hier erhalten alle Töchter das gesamte Erbgut ihres Vaters. Das führt dazu, dass der Verwandtschaftsgrad zwischen Töchtern im Mittel bei 0,75 liegt. Bienenarbeiterinnen sind mit ihren Schwestern also enger verwandt, als sie es mit ihren eigenen Kindern wären.
Die Schlussfolgerung ist einfach: Die Selektion begünstigt Individuen, die mehr Kopien ihrer eigenen Gene an die nächste Generation weitergeben als ihre Konkurrenten. Diese **Fitnessmaximierung** kann entweder auf direktem Wege erfolgen: durch eigene Fortpflanzung. Sie kann aber auch auf indirektem Weg erfolgen: durch die Unterstützung der Fortpflanzung naher Verwandter. In diesem Fall spricht man von **Verwandtenselektion**. Aus genetischer Sicht ist das Verhalten von Bienen, die ihrer Mutter helfen die eigenen Geschwister aufzuziehen, also keineswegs altruistisch, sondern eigennützig.

Eusozialität ist bei haplo-diploiden Insekten wenigstens 14-mal unabhängig voneinander entstanden, bei anderen, diploiden Arten dagegen äußerst selten: Man findet sie bei Termiten, einigen Blattläusen, Nacktmullen und einer kleinen karibischen Garnelenart. Das zeigt, dass Haplo-Diploidie für die Evolution von Eusozialität hilfreich, aber nicht notwendig ist. Zwei andere Faktoren kommen hinzu: Alle eusozialen Arten verbringen ihr ganzes oder einen großen Teil ihres Lebens in Nestern, Höhlen oder Bauen. Dies wiederum schränkt den Genfluss zwischen verschiedenen Gruppen ein: Bei solchen Tieren herrscht Inzucht vor. Inzucht aber bedeutet, dass der Verwandtschaftsgrad zwischen den Gruppenmitgliedern überdurchschnittlich hoch ist. Auch hier begünstigt also ein hoher Verwandtschaftsgrad die Evolution phänotypisch altruistischen, genetisch aber egoistischen Verhaltens.

Das Verhalten der Belding-Ziesel lässt sich ebenfalls mit dem Prinzip der Verwandtenselektion erklären. Nutznießer des Warnens sind nämlich in der Regel nahe Verwandte des Rufers. Der Rufer verringert zwar seine eigenen Überlebenschancen – aber Kopien seiner Gene werden mit größerer Wahrscheinlichkeit auch in den nächsten Generationen vorhanden sein.

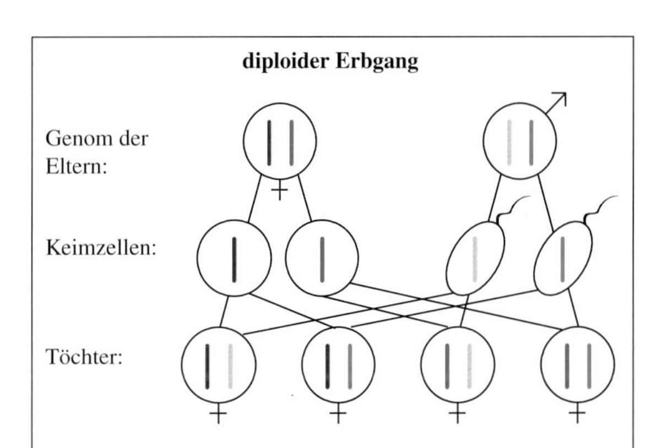

Verwandtschaftskoeffizienten zwischen Schwestern:

	♀	♀	♀	♀
♀	1,0	0,5	0,5	0,0
♀	0,5	1,0	0,0	0,5
♀	0,5	0,0	1,0	0,5
♀	0,0	0,5	0,5	1,0

Mittelwert: r = 0,5

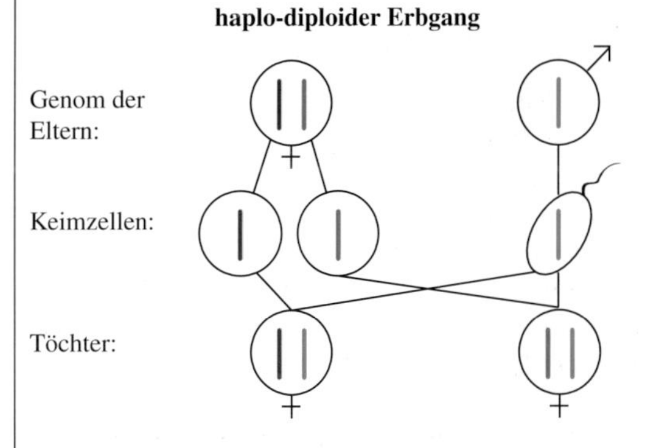

Verwandtschaftskoeffizienten zwischen Schwestern:

	♀	♀
♀	1,0	0,5
♀	0,5	1,0

Mittelwert: r = 0,75

117.1 Verwandtschaftsbeziehungen zwischen Geschwistern

7.2.3 Reziproker Altruismus

Nach HAMILTONs Theorie kann sich Altruismus in der Evolution nur durchsetzen, wenn der Altruist mit dem Empfänger der Hilfeleistung verwandt ist. Nur in diesem Fall werden ja die Kosten, die dem Altruisten per definitionem entstehen, durch entsprechende genetische Vorteile aufgewogen. Die Theorie der Verwandtenselektion ist ein zentraler Bestandteil der **Soziobiologie**, die im Gegensatz zur „klassischen" Ethologie davon ausgeht, dass das Verhalten von Tieren und Menschen nicht der Arterhaltung, sondern den handelnden Individuen bzw. ihren „egoistischen Genen" dient. Nun kennt aber jeder zumindest aus dem menschlichen Bereich Fälle von Hilfeleistungen, bei denen die Beteiligten nicht miteinander verwandt sind. Solche Fälle scheinen dem von der Soziobiologie postulierten „Prinzip Eigennutz" zu widersprechen. Den Ausweg aus diesem Dilemma zeigte 1971 der amerikanische Soziobiologe ROBERT L. TRIVERS mit seiner Theorie des **reziproken Altruismus**.

TRIVERS postulierte, dass sich altruistisches Verhalten auch dann in der Evolution durchsetzen kann, wenn der Empfänger einer Hilfeleistung zu einem späteren Zeitpunkt diese Hilfe erwidert. Die Kosten, die dem Altruisten zunächst entstehen, werden dann wieder ausgeglichen. Auch in diesem Fall ist altruistisches Verhalten also genetisch eigennützig – wobei dies für die handelnden Individuen aber keineswegs ein bewusstes Motiv sein muss.

Entstehen kann ein solches auf Gegenseitigkeit oder Reziprozität („Hilfst du mir, so helf ich dir") beruhendes System nur unter bestimmten Bedingungen:

1. Die Partner müssen sich persönlich kennen.
2. Sie müssen sich an vergangene Interaktionen erinnern können, also ein gutes Gedächtnis haben.
3. Sie müssen Gelegenheit haben wiederholt miteinander zu interagieren.

Damit wird deutlich, dass reziproker Altruismus in der Natur nicht häufig anzutreffen sein wird. Die Voraussetzungen für seine Entstehung sind vermutlich nur bei gruppenlebenden Säugetieren und Vögeln gegeben. Es kommt aber noch ein weiteres Problem hinzu: Da es keine Garantie gibt, dass eine Hilfeleistung tatsächlich auch erwidert wird, ist reziproker Altruismus anfällig für Schmarotzer.

Eines der bekanntesten Beispiele für reziproken Altruismus bieten ausgerechnet Tiere, die in der Öffentlichkeit einen denkbar schlechten Ruf genießen: Vampir-Fledermäuse. Vampire leben nicht in Transsylvanien, sondern in Mittelamerika, wo sie sich von dem Blut von Säugern ernähren. Nicht selten kommen sie am Morgen mit leerem Magen in ihre Schlafhöhle zurück. Passiert dies öfter, können die Folgen dramatisch sein: Ohne Nahrung ist ein Vampir innerhalb von drei Tagen verhungert. Dieser Gefahr wirken die Tiere dadurch entgegen, dass die erfolgreichen Heimkehrer einen Teil ihrer Nahrung wieder hervorwürgen und mit den erfolglosen Schlafgenossen teilen. Bevorzugt werden dabei nicht nur Verwandte, sondern auch unverwandte Artgenossen, von denen man selbst schon Nahrung erhalten hat. Der Gefahr, von Schmarotzern ausgebeutet zu werden, beugen die Tiere dadurch vor, dass sie nicht mit Artgenossen teilen, die nur selten dieselbe Schlafhöhle nutzen. Vertrautheit ist also eine Voraussetzung für Vertrauen!

Auch vom Menschen weiß man, dass sich Vertrautheit positiv auf die Bereitschaft auswirkt mit anderen zu teilen oder ihnen zu helfen. Menschen helfen aber oft auch anderen, mit denen sie weder verwandt sind noch von denen sie jemals eine Gegenleistung erwarten können. Gibt es beim Menschen also „echten", d. h. wirklich selbstlosen Altruismus?

Der amerikanische Evolutionsbiologe RICHARD D. ALEXANDER hat auch hierfür eine theoriekonforme Lösung angeboten. Er nennt sie **„indirekten reziproken Altruismus"**. Das Kernstück seiner Theorie besteht darin, dass die Gegenleistung nicht vom Empfänger der Hilfe kommen muss, sondern auch indirekt, über andere Mitglieder der Gesellschaft erfolgen kann. In einer Gesellschaft, in der die soziale Kontrolle streng ist und gelebte Nächstenliebe einen hohen moralischen Stellenwert besitzt, zahlt sich purer Egoismus zweifellos nicht aus: Menschen, die allzu offensichtlich nur ihre eigenen Interessen verfolgen, machen sich schnell unbeliebt. Menschen, die anderen dagegen helfen, ohne dabei ständig den eigenen Vorteil im Auge zu haben, sind allseits beliebt. Evolutionsbiologisch bedeutet dies, dass Altruisten höhere Fortpflanzungschancen haben als Egoisten. Die Strategie „Tu Gutes und rede darüber" zahlt sich also aus!

AUFGABEN

A1 Warum sind Eisbären weiß? Ein Entwicklungsgenetiker könnte darauf die folgende Antwort geben: „Eisbären haben ein weißes Fell, weil ihre Gene nicht die Synthese des farbgebenden Proteins codieren. Infolgedessen enthalten die Haare des Eisbären kein Pigment, sodass sie das Licht aufgrund ihrer physikalischen Beschaffenheit total reflektieren."
Ein Evolutionsbiologe würde auf dieselbe Frage zweifellos anders antworten: „Eisbären haben ein weißes Fell, weil dieses in der Umwelt, in der Eisbären leben, selektionsbegünstigt war. Ein brauner Bär hätte in der Arktis wenig Chancen, sich unbemerkt seiner Beute zu nähern. Infolgedessen würde er bald verhungern und damit weniger Nachkommen hinterlassen als sein weißer Konkurrent."
Dass man „Warum-Fragen" ganz unterschiedlich beantworten kann, hatte bereits vor mehr als 2000 Jahren der griechische Philosoph und Naturforscher ARISTOTELES (384 bis 322 v. Chr.) erkannt. Er unterschied zwischen „Wirkursachen" und „Zweckursachen". Die Antwort des Entwicklungsgenetikers beschreibt eine „Wirkursache" oder, wie man heute auch sagt, eine **proximate Ursache:** den unmittelbaren Mechanismus, der für das weiße Fell verantwortlich ist. Die Antwort des Evolutionsbiologen bezieht sich dagegen auf die „Zweckursache" oder **ultimate Ursache:** die Funktion bzw. den Selektionsvorteil, der für die Evolution des weißen Fells verantwortlich war.
In der Verhaltensbiologie spielt die Unterscheidung zwischen proximaten und ultimaten Ursachen eine wichtige Rolle. Suchen Sie nach einer proximaten und einer ultimaten Erklärung für die Beobachtung, dass die Arbeiterinnen eines Bienenstaates sich nicht reproduzieren.

A2 Vor 170 Jahren dichtete der Geheimrat VON GOETHE: „Vom Vater hab' ich die Statur, des Lebens ernstes Führen, vom Mütterchen die Frohnatur und Lust zu fabulieren."
Dass viele Charakterzüge und Verhaltensweisen, wie etwa altruistisches Verhalten gegenüber Verwandten, eine genetische Grundlage haben, behaupten auch moderne Verhaltensforscher und Genetiker. Dagegen wird oft eingewandt, dass noch niemand ein Gen für Altruismus, Aggression oder andere Verhaltensweisen gefunden habe.
Wie stichhaltig ist dieser Einwand?

GLOSSAR

Altruismus: Hilfeleistung, die die direkte (→) Fitness des Empfängers der Hilfe erhöht, die des Helfers dagegen verringert

Eusozialität: Sozialsystem, das durch das Zusammenleben mehrerer Generationen, gemeinschaftliche Brutfürsorge und sterile Kasten gekennzeichnet ist

Fitness: Maß dafür, wie viele Kopien der eigenen Gene durch eigene Fortpflanzung (direkte Fitness) und Verwandtenunterstützung (indirekte Fitness) in die nächste Generation gelangen; die Summe aus direkter und indirekter Fitness wird als Gesamtfitness bezeichnet.

Gruppenselektion: in der älteren Biologie vorherrschende Auffassung, nach der Verhaltensweisen und andere Merkmale von der Selektion begünstigt werden, weil sie dem Wohl der Gruppe oder Art zugute kommen (Prinzip der „Arterhaltung")

Haplo-Diploidie: Fortpflanzungsweise, bei der ein Geschlecht aus unbefruchteten Eizellen, das andere aus befruchteten Eizellen entsteht

Hierarchie: soziale Rangfolge innerhalb einer Gruppe

Klassische Ethologie: durch LORENZ und TINBERGEN geprägte Richtung der Verhaltensforschung, die vor allem die Mechanismen des Verhaltens untersuchte und der (→) Gruppenselektion große Bedeutung zumaß

Kooperation: Form der Zusammenarbeit, die allen Beteiligten Vorteile bringt und damit im Gegensatz zu (→) altruistischem Verhalten nicht mit Kosten verbunden ist

reziproker Altruismus: Hilfeleistung, die zu einem späteren Zeitpunkt vom Empfänger der Hilfe erwidert wird

Soziobiologie: Zweig der Verhaltensforschung, der die evolutionsbiologischen Ursachen des Sozialverhaltens von Tieren und Menschen untersucht

Verwandtenselektion: Selektionsvorteil, der dadurch entsteht, dass die Weitergabe von Kopien der eigenen Gene durch die Unterstützung von Verwandten gefördert wird

Verwandtschaftskoeffizient: Maß für den Anteil gemeinsamer Gene, die von einem gemeinsamen Vorfahren stammen

8 Die Evolution des Menschen

8.1 Die Stellung des Menschen im natürlichen System

Als CARL VON LINNÉ, ein gläubiger Christ, aber auch ein gewissenhafter Naturwissenschaftler, im Jahr 1758 den Menschen zusammen mit Halbaffen, Affen und Fledermäusen in seine Säugetierordnung der **Primaten** einordnete, machte sich bei seinen Zeitgenossen Unbehagen breit: Seit dem Mittelalter galten Affen als vom Teufel geschaffene Zerrbilder des Menschen. Die „Krone der Schöpfung", das „Ebenbild Gottes" in die Nähe jener Kreaturen zu stellen, grenzte an Gotteslästerung.

Hundert Jahre später, 1858 in London, spitzte sich die Auseinandersetzung über die Stellung des Menschen in der Natur zu. Der Anatom RICHARD OWEN meinte, dem Menschen gebühre in LINNÉs Systematik wenigstens eine eigene Unterklasse, da er sich vom Schimpansen ebenso grundsätzlich unterscheide wie dieser vom Schnabeltier. THOMAS HENRY HUXLEY, der wegen seiner bissigen Rhetorik später als „DARWINs Bulldogge" bekannt wurde, griff OWEN daraufhin in öffentlichen Vorträgen scharf an. Die vergleichende Anatomie zeigte HUXLEYs Ansicht nach eindeutig, dass sich Menschenaffen von Menschen weniger unterscheiden als von Pavianen. Ein Jahr später, 1859, war der Skandal perfekt: DARWIN hatte seine „Entstehung der Arten" veröffentlicht. Das heikle Thema hatte er dort zwar nur in einem einzigen Satz angesprochen: „Licht wird auch fallen auf den Ursprung des Menschen und seine Geschichte" (dem ersten deutschen Übersetzer DARWINs erschien dieser Satz immerhin noch so anstößig, dass er ihn einfach wegließ). Die Konsequenzen waren freilich allen klar: „Vom Affen sollen wir abstammen?", soll sich die Frau eines anglikanischen Bischofs empört haben. „Mein Lieber, wir wollen hoffen, dass das nicht wahr ist. Aber wenn es wahr ist, wollen wir beten, dass es sich nicht herumspricht".

120.1 DARWIN-Karikatur, 1874

Natürlich war DARWIN bewusst, dass er mit seiner unausgesprochenen These, der Mensch sei nicht von Gott erschaffen, sondern wie alle anderen Arten das Produkt eines natürlichen Evolutionsprozesses, die religiösen Gefühle vieler Menschen zutiefst verletzen würde. Erst 12 Jahre später widmete er ein ganzes Buch der „Abstammung des Menschen". Seine Mitstreiter waren weniger zurückhaltend. 1863 veröffentlichte HUXLEY ein Buch, in dem er „die Frage aller Fragen" – die Stellung des Menschen in der Natur – durch DARWINs Abstammungslehre als gelöst bezeichnete. Im selben Jahr hielt ERNST HAECKEL einen vielbeachteten Vortrag, in dem er ebenfalls zur Abstammung des Menschen Stellung nahm. Anders als der berühmte Paläontologe GEORGES CUVIER (1769 bis 1832), der kategorisch behauptet hatte, „l'homme fossile n'existe pas" (den fossilen Menschen gibt es nicht), war HAECKEL überzeugt, es müsse ein ausgestorbenes Bindeglied zwischen Affen und Menschen geben. Er gab diesem „missing link" sogar schon einen Namen: *Pithecanthropus alalus* – „der sprachlose Affenmensch". HAECKEL prophezeite, man werde die fossilen Reste dieses Wesens in Südostasien finden. Anders als DARWIN, der unsere Vorfahren „auf dem afrikanischen Festlande" vermutete, glaubte er nämlich, dass die dort heimischen Gibbons unsere nächsten lebenden Verwandten seien.

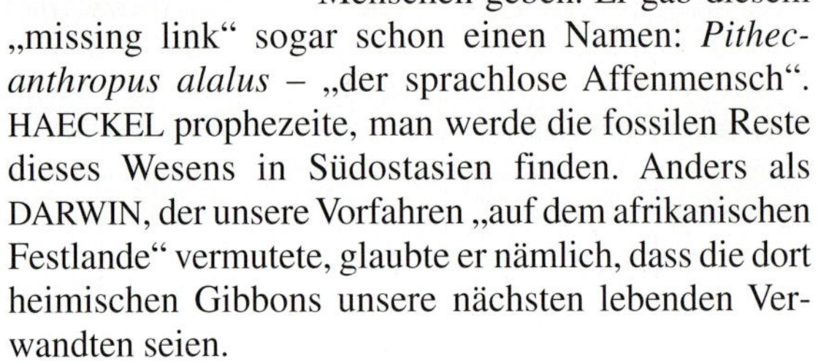

Als der junge holländische Militärarzt EUGENE DUBOIS 1891 auf Java tatsächlich fossile Knochen eines solchen Urmenschen fand (er nannte ihn *„Pithecanthropus erectus"* – den „aufrecht gehenden Affenmenschen"), verkündete HAECKEL begeistert: „Die Abstammung des Menschen von einer ausgestorbenen tertiären Primatenkette ist keine vage Hypothese mehr, sondern eine historische Tatsache." Natürlich ließe sich diese Tatsache „nicht exakt" beweisen – aber das gelte schließlich für alle historischen Tatsachen!

Anthropologen förderten in den folgenden hundert Jahren noch viele fossile Reste ausgestorbener Verwandter des Menschen zu Tage, darunter auch solche, die dem von HAECKEL postulierten Bindeglied zwischen Affen und Menschen näher kommen als DUBOIS' *„Pithecanthropus"* (der heute *Homo erectus* heißt).

Dass Menschen zu den Primaten gehören, ist heute unumstritten, wenngleich die genaue systematische Stellung des Menschen immer noch zu Auseinandersetzungen Anlass gibt. Primaten, die im Deutschen oft noch altertümlich als „Herrentiere" bezeichnet werden, sind eine außerordentlich vielgestaltige Säugetierordnung mit ungefähr 250 Arten. Man unterscheidet heute sechs natürliche Verwandtschaftsgruppen:

1. die auf Madagaskar lebenden Lemuren,
2. die auf dem afrikanischen Festland sowie in Süd- und Südostasien lebenden Loris und Galagos,
3. die in Südostasien beheimateten Koboldmakis,
4. die in Mittel- und Südamerika heimischen Neuweltaffen,
5. die in Afrika und im südlichen Asien lebenden Affen der Alten Welt und
6. die ebenfalls aus Afrika und dem südlichen Asien stammenden Menschenaffen und Menschen.

Lemuren, Loris und Galagos sowie Koboldmakis werden auch als „Halbaffen" den „echten" Affen gegenübergestellt, da sie sich durch eine Reihe ursprünglicher Merkmale wie z. B. ein relativ kleines Hirnvolumen auszeichnen. Verwandtschaftlich stehen die Koboldmakis den „echten" Affen allerdings näher als den übrigen „Halbaffen".

Die ersten Primaten – kleine, nachtaktive Halbaffen, die sich von Eiern, Insekten und anderen Kleintieren ernährten – gab es vermutlich schon in der von den Sauriern beherrschten Kreidezeit, vor 70 oder 80 Millionen Jahren. Im Eozän – vor etwa 45 Millionen Jahren – tauchten dann die ersten Vertreter der „echten" Affen auf. Im Miozän, vor etwa 23 Millionen Jahren, begann die Blütezeit der Menschenaffen, die es damals – verglichen mit den wenigen heute noch lebenden Arten – auf eine bemerkenswerte Formenvielfalt brachten. All diese Entwicklungen hatten ihren Ursprung auf dem afrikanischen Kontinent. Und hier war es auch, wo vor etwa fünf Millionen Jahren die Vorfahren des Menschen auf der Bildfläche erschienen.

121.1 Klassifikation der Primaten (Auszug)

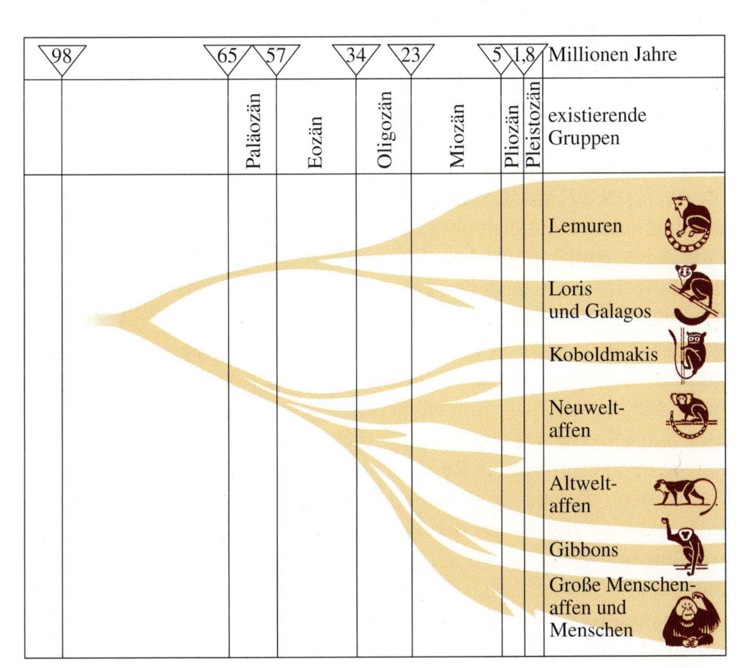

121.2 Stammbaumschema der Primaten

122.1 Primaten und ihre Hände und Füße. A Katta, B Plumpori, C Koboldmaki,

Kennzeichen der Primaten. Primaten zeichnen sich durch eine ungewöhnlich große Formenvielfalt aus: Die Spannweite reicht vom 30 g leichten Zwergmausmaki bis zum 160 kg schweren Gorilla. Die meisten Primaten sind baumlebende Bewohner der Tropen und Subtropen. Einige Arten, wie die japanischen Rotgesichtsmakaken oder die im nordafrikanischen Atlasgebirge heimischen Berberaffen, leben aber auch in gemäßigten Breiten oder sind, wie die Paviane (oder der Mensch), zum Bodenleben übergegangen.

Anatomisch sind Primaten durch einen ganzen Katalog von Merkmalen charakterisiert. Ihre Augen sind wie bei den Katzen nach vorn gerichtet und ermöglichen stereoskopisches Sehen. Hände und Füße sind mit fünf Fingern beziehungsweise Zehen ausgestattet, die üblicherweise Nägel (anstatt Krallen) tragen und mit tastempfindlichen Hautleisten versehen sind. Daumen und Großzehen sind opponierbar, d. h., sie können den übrigen Fingern (bzw. Zehen) gegenübergestellt werden, wodurch Hände und Füße zu ausgezeichneten Greiforganen werden. Typisch für Primaten sind ferner eine geringe Fortpflanzungsrate, späte Geschlechtsreife, lange Abhängigkeit der Jungen von elterlicher Fürsorge und lange Lebensdauer. Mehrlingsgeburten sind nur bei wenigen Gruppen die Regel.

Ein weiterer Trend, der sich durch die Primatenevolution zieht, ist die Vergrößerung des Gehirns. Insbesondere bei Affen, Menschenaffen und Menschen ist das Gehirn größer als bei anderen Säugern; ihr Sozialverhalten ist komplexer. Fast alle Primaten leben in sozialen Gruppen, deren Mitglieder miteinander kooperieren und konkurrieren. Persönliche Beziehungen und die Fähigkeit, mit anderen Bündnisse zu schließen, sind dabei von besonderer Bedeutung.

Wo steht der Mensch? Nur in einem einzigen „typischen" Primatenmerkmal unterscheidet sich der Mensch von den übrigen Primaten: Seine Großzehe hat die Opponierbarkeit eingebüßt. Dieser Unterschied ist eine Folge des aufrechten Ganges, der eine ganze Reihe weiterer Umkonstruktionen des Skeletts nach sich gezogen hat.

Dass Menschen mit den Menschenaffen verwandtschaftlich eng verbunden sind, lässt sich unter anderem an der Morphologie der Zähne ablesen: Die Backenzähne von Menschenaffen und Menschen zeichnen sich durch ein spezielles Muster aus Höckern und Furchen aus, das den Altweltaffen fehlt. Für Paläoanthropologen, die sich mit den fossilen Resten ausgestorbener Vorfahren des Menschen beschäftigen, ist dieses Merkmal besonders wertvoll, da die Zähne zu den besterhaltenen Körperteilen gehören.

Auch hinsichtlich der Chromosomenzahl zeigen sich Übereinstimmungen zwischen den großen Menschenaffen und den Menschen: Schimpansen, Bonobos, Gorillas und Orang-Utans haben 48 Chromosomen, Menschen 46. Beim Menschen sind zwei Chromosomen aus dem haploiden Chromosomensatz der Menschenaffen zu einem einzigen verschmolzen. Wichtiger als die Chromosomenzahl (die beispielsweise bei Gibbons zwischen 38 und 52 schwankt) sind allerdings Übereinstimmungen in der Feinstruktur.

Biochemisch sind die Ähnlichkeiten ebenfalls unübersehbar. Die Aminosäuresequenz des Cytochrom-c-Moleküls ist bei Menschenaffen und Menschen

D Kapuzineraffe (Neuweltaffe), E Berberaffe (Altweltaffe), F Gorilla

völlig identisch, während beim Rhesusaffen eine Position (von 104) mit einer anderen Aminosäure besetzt ist (bei anderen Säugern finden sich im Mittel 10,4 Aminosäure-Substitutionen).

Die genauen verwandtschaftlichen Beziehungen des Menschen zu den Menschenaffen sind erst in den letzten Jahren aufgeklärt worden. Die traditionelle Systematik der Primaten, wie sie in Abbildung 121.1 dargestellt ist, untergliedert die Überfamilie der Hominoidea (Menschenaffen und Menschen) in drei Familien:

- die **Hylobatidae** („kleine" Menschenaffen oder Gibbons)
- die **Pongidae** („große" Menschenaffen) mit dem Orang-Utan, dem Gorilla, dem Schimpansen und seiner Schwesterart, dem Bonobo, und
- die **Hominidae,** zu der neben dem Menschen auch alle seine aufrecht gehenden Vorfahren gerechnet werden.

In dieser Systematik sind Unterschiede im Körperbau, die im Wesentlichen auf Unterschieden in der Fortbewegungsweise beruhen, das wichtigste Klassifikationsmerkmal. Aber sind die Pongiden und die Hominiden tatsächlich voneinander getrennte Schwestergruppen? Zweifel an dieser Interpretation kamen schon in den sechziger Jahren des 20. Jahrhunderts auf, als man entdeckte, dass sich der asiatische Orang-Utan in einer Reihe biochemischer Merkmale von den afrikanischen Menschenaffen (Gorilla, Schimpanse, Bonobo) deutlicher unterscheidet als diese vom Menschen. Seit den achtziger Jahren bedient man sich einer weiteren Technik, mit der sich Unterschiede in der DNA verschiedener Spezies quantifizieren lassen: der DNA-Hybridisierung. Diese Untersuchungen ergaben, dass die Nucleotidsequenzen der DNA von Schimpanse und Mensch zu 98,4 % identisch sind, die von Gorilla und Schimpanse aber nur zu 97,8 %.

Man kann sogar berechnen, wann sich die einzelnen Entwicklungslinien voneinander getrennt haben. Dabei geht man davon aus, dass statistisch und über lange Zeiträume gesehen der Austausch von Nucleotiden in regelmäßigen zeitlichen Abständen erfolgt – eine Erwartung, die durch andere Untersuchungen gestützt wird. Danach haben sich die Entwicklungslinien von Schimpanse und Mensch vor fünf bis sechs Millionen Jahren voneinander getrennt, die von Schimpanse und Gorilla aber schon vor mehr als acht Millionen Jahren. Mit anderen Worten: Schimpansen sind mit Menschen näher verwandt als mit Gorillas. Die „klassische" Systematik gibt die tatsächlichen Verwandtschaftsbeziehungen also nicht richtig wieder. Viele Wissenschaftler plädieren daher dafür, die Bezeichnung „Pongidae" aus der Systematik zu tilgen und alle großen Menschenaffen in die Familie der Hominiden mit aufzunehmen. Da die Unterschiede zwischen Schimpansen und Menschen geringer sind als bei vielen anderen Arten einer Gattung, gehen andere Wissenschaftler noch einen Schritt weiter und fordern, Menschen, Schimpansen und Bonobos in einer einzigen Gattung zu vereinigen. Da man sich darauf geeinigt hat, dass die jeweils älteste Bezeichnung Vorrang hat, würden damit also auch Schimpansen und Bonobos den Gattungsnamen *Homo* („Mensch") erhalten.

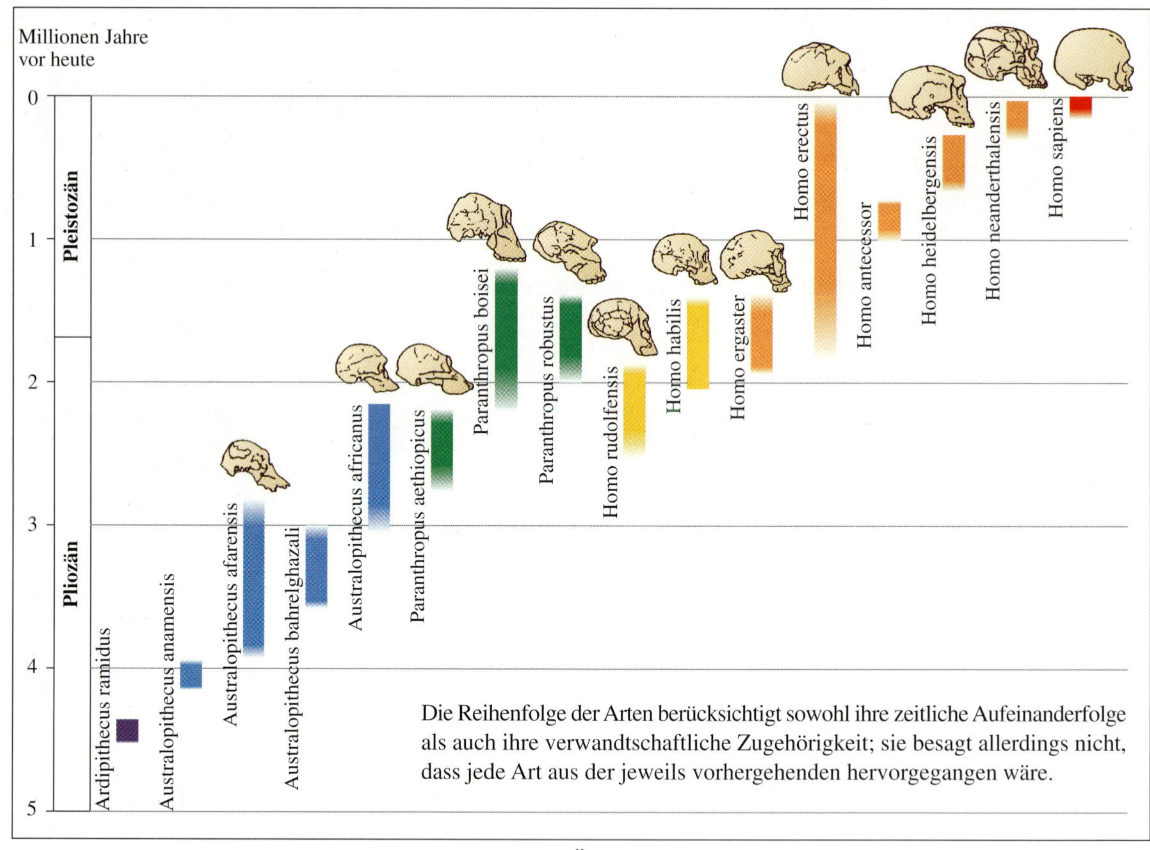

124.1 ***Homo sapiens*** **und seine fossile Verwandtschaft im Überblick**

8.2 Die Fossilgeschichte des Menschen

Die Wissenschaft, die sich mit den ausgestorbenen Vorfahren des heutigen Menschen beschäftigt, heißt **Paläoanthropologie.** Die Suche nach den fossilen Überresten unserer Vorfahren gestaltet sich weitaus schwieriger als die Suche nach der berühmten Nadel im Heuhaufen. Außer einigen Knochen- und Zahnfragmenten ist kaum etwas erhalten, und diese wenigen Reste geben sowohl zeitlich als auch geografisch ein außerordentlich lückenhaftes Bild. In den sauren Böden der Urwaldregionen der Erde beispielsweise werden Knochen schnell zersetzt. Man sollte sich also nicht darüber wundern, dass das Wissen um die Stammesgeschichte des Menschen auch heute noch mit vielen Fragezeichen versehen ist: Es ist etwa so, als müsste man die Geschichte des Römischen Reiches anhand eines einzigen Zahns eines römischen Legionärs rekonstruieren.

Trotz dieser Probleme sind in den letzten Jahrzehnten so viele Fossilien gefunden worden, dass man sich ein angenähertes Bild von dem Weg, der zum Menschen führte, machen kann. Dieser Weg war alles andere als eine einfache gerade Linie vom „Affenmenschen" zum modernen Menschen der heutigen Zeit. In der Frühgeschichte der Menschheit gab es eine Vielzahl von Arten; warum wir als einzige übrig geblieben sind, ist eines der großen, noch ungelösten Rätsel der Paläoanthropologie.

Paläoanthropologie ist heute aber längst nicht mehr auf das Sammeln und Katalogisieren fossiler Knochen beschränkt. Insbesondere moderne molekulargenetische Verfahren haben in den letzten Jahren zu neuen Erkenntissen geführt. So ist es beispielsweise gelungen, durch den Vergleich winziger DNA-Spuren aus den Knochen fossiler Menschen mit entsprechenden Nucleotidsequenzen heutiger Menschen etwas über die verwandtschaftlichen Beziehungen beider Gruppen zu erfahren. DNA-Vergleiche heutiger Menschen geben Aufschluss über den Ursprung der Menschheit.

8.2.1 Die Australopithecinen

„Als ich an jenem Morgen aufstand, wusste ich, dies war ein Tag, an dem ich das Schicksal herausfordern musste. Irgendetwas Entscheidendes lag in der Luft." Stunden später stolperte DONALD JOHANSON an jenem 30. November des Jahres 1974 in der Afar-Wüste Äthiopiens über die Reste eines 3,2 Millionen Jahre alten Hominidenskeletts. „In der ersten Nacht nach der Entdeckung gingen wir nicht zu Bett. Wir redeten unaufhörlich und tranken ein Bier nach dem anderen. Wir hatten ein Tonbandgerät im Lager und dazu ein Band mit dem Beatles-Song »Lucy in the Sky with Diamonds«. Wir ließen dieses Band immer wieder mit voller Lautstärke ablaufen."
Der Fund wurde „Lucy" getauft, und die Art, der Lucy angehörte, erhielt den wissenschaftlichen Namen *Australopithecus afarensis* – der „Südaffe aus der Afar-Wüste". Untersuchungen ihres Skeletts (und der Knochen ihrer Artgenossen) ergaben, dass sie offenbar aufrecht gegangen war. Ihr Gehirn war aber kaum größer als das eines Schimpansen.

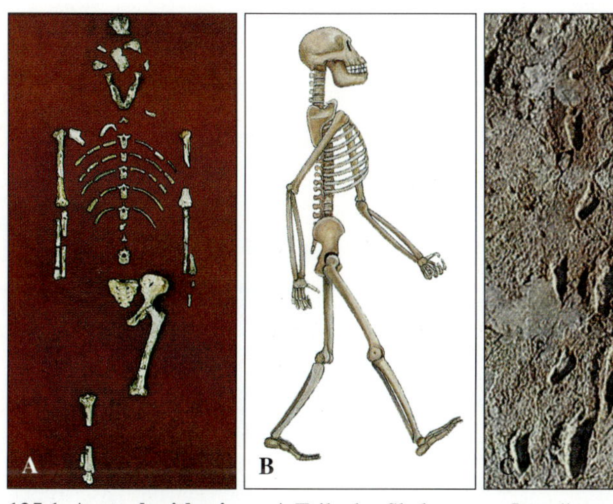

125.1 Australopithecinen. A Teile des Skeletts um „Lucy" aus Äthiopien; **B** Rekonstruktion von „Lucy"; **C** Fußspuren bei Laetoli in Tansania

Dass es in Afrika lange vor dem Erscheinen des modernen Menschen aufrecht gehende „Affenmenschen" mit vergleichsweise kleinen Gehirnen gegeben hatte, war schon seit 1925 bekannt. Damals entdeckte man in Südafrika den teilweise erhaltenen Schädel eines Kindes, das den Artnamen *Australopithecus africanus* erhielt. Da man allerdings seit den Zeiten von HAECKEL und DUBOIS den Ursprung der Menschheit in Asien vermutete, glaubten die meisten, es handele sich um einen Schimpansenschädel. 1912 wollte ein nationalbewusster Brite der Fachwelt sogar weismachen, die Wiege der Menschheit habe in England gelegen: Er verscharrte dazu Teile des Schädels eines modernen Menschen zusammen mit denen eines Orang-Utan-Unterkiefers in einer Kiesgrube bei Piltdown in Sussex und ließ dieses „Fossil" dann von Sammlern „finden". Erst 1953 wurde der „Piltdown-Mensch" als Fälschung entlarvt.
Im Dezember 1993 fanden Wissenschaftler in Äthiopien Knochenreste von Vormenschen, die mit 4,4 Millionen Jahren noch erheblich älter als „Lucy" sind. Die Art, zu der sie gehörten, nannten sie *Ardipithecus ramidus* – den „Bodenaffen von der Wurzel". Damit wollten sie zum Ausdruck bringen, dass diese Art der Wurzel des Menschengeschlechts sehr nahe steht: Die Anatomie wies darauf hin, dass *Ardipithecus* aufrecht gehen konnte, aber ansonsten Schimpansen noch sehr ähnlich war.
Ardipithecus, Australopithecus und die als „Nussknackermenschen" bekannt gewordenen Angehörigen der Gattung *Paranthropus* (die von einigen Wissenschaftlern zur Gattung *Australopithecus* gezählt werden) sind überzeugende Belege für DARWINs These, dass die Wiege der Menschheit in Afrika gelegen hat, denn nur dort hat man ihre fossilen Reste gefunden.
Die Australopithecinen, wie man diese Gruppe von „Vormenschen" auch nennt, zeichnen sich vor allem durch drei Merkmale aus:
1. Sie gingen aufrecht – was unter anderem auch durch den sensationellen Fund der etwa 3,7 Millionen Jahre alten fossilen Fußspuren in der Vulkanasche bei Laetoli in Tansania belegt ist;
2. Ihr Hirnvolumen war mit ca. 400 bis 500 cm^3 nicht wesentlich größer als das von Schimpansen;
3. Ihre Eckzähne waren – ebenso wie die des modernen Menschen – wesentlich kleiner als die von Menschenaffen.
Steinwerkzeuge stellten die Australopithecinen offenbar nicht her – was allerdings nicht bedeutet, dass sie überhaupt keine Werkzeuge benutzten oder herstellten. Nicht auszuschließen ist beispielsweise, dass sie Knüppel oder Steine als Waffen einsetzten – was auch Schimpansen gelegentlich tun. Die Reduktion der Eckzähne, die Affen und Menschenaffen als Waffen dienen, wird von manchen Forschern als Indiz dafür gedeutet.

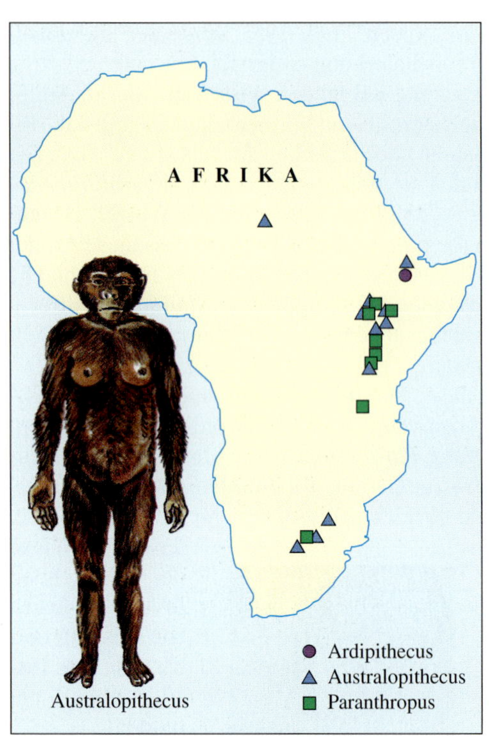

126.1 **Fundorte von Australopithecinen**

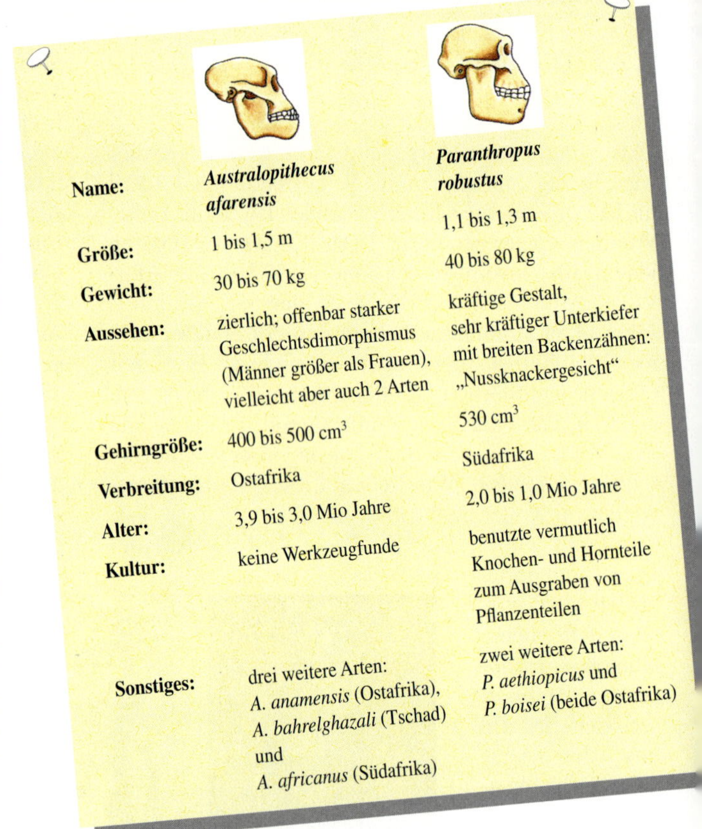

Name:	***Australopithecus afarensis***	***Paranthropus robustus***
Größe:	1 bis 1,5 m	1,1 bis 1,3 m
Gewicht:	30 bis 70 kg	40 bis 80 kg
Aussehen:	zierlich; offenbar starker Geschlechtsdimorphismus (Männer größer als Frauen), vielleicht aber auch 2 Arten	kräftige Gestalt, sehr kräftiger Unterkiefer mit breiten Backenzähnen: „Nussknackergesicht"
Gehirngröße:	400 bis 500 cm³	530 cm³
Verbreitung:	Ostafrika	Südafrika
Alter:	3,9 bis 3,0 Mio Jahre	2,0 bis 1,0 Mio Jahre
Kultur:	keine Werkzeugfunde	benutzte vermutlich Knochen- und Hornteile zum Ausgraben von Pflanzenteilen
Sonstiges:	drei weitere Arten: *A. anamensis* (Ostafrika), *A. bahrelghazali* (Tschad) und *A. africanus* (Südafrika)	zwei weitere Arten: *P. aethiopicus* und *P. boisei* (beide Ostafrika)

Vom Killer-Affen zum Gejagten

„Der *Australopithecus* führte ein gewalttätiges Leben. Er tötete rücksichtslos seine Artgenossen und fraß sie ebenso wie andere Tiere. Diese Fleisch fressenden Kreaturen bemächtigten sich ihrer lebenden Opfer mit Gewalt, erschlugen sie, rissen ihre zerschmetterten Körper auseinander und zerstückelten sie, löschten ihren Durst mit dem warmen Blut ihrer Opfer und schlangen das zuckende Fleisch gierig herunter."

Der Verfasser dieser blumigen Prosa war RAYMOND DART – der Entdecker des *Australopithecus africanus.* DARTs Hypothese, der Mensch stamme von mordgierigen „Killer-Affen" ab, wurde durch den 1967 erschienenen Bestseller „Adam kam aus Afrika" von ROBERT ARDREY sehr populär. Nicht das große Gehirn habe die Waffen geschaffen, behauptete ARDREY, sondern die Waffe habe den Menschen geschaffen.

DART stützte seine Überzeugung auf Beobachtungen, die er in den Kalksteinhöhlen Südafrikas gemacht hatte. Darin fanden sich nicht nur zertrümmerte Knochen von Australopithecinen, sondern auch die von Pavianen und Antilopen. DART vermutete, die Australopithecinen hätten Knochen und Hörner von Antilopen benutzt, um ihre Opfer zu erschlagen – er sprach von einer *„osteo-donto-keratischen"* Werkzeugkultur.

Heute weiß man, dass das Bild vom „Killer-Affen" in wesentlichen Punkten falsch ist. Die Australopithecinen waren keine Raubtiere, sondern ernährten sich hauptsächlich vegetarisch. Genauere Untersuchungen der in den Höhlen Südafrikas gefundenen Knochen ergaben, dass es sich um die Reste der Mahlzeiten von Leoparden und Hyänen handelte. *Australopithecus* war also kein Jäger, sondern Gejagter. Auch für eine „osteodontokeratische" Werkzeugkultur gibt es keine Anzeichen – wenn man davon absieht, dass der südafrikanische *Paranthropus robustus* offenbar Knochen- und Hornteile benutzte, um nach Wurzeln und unterirdischen Knollen zu graben.

Dass die Australopithecinen friedliche Pflanzenfresser waren, die ihresgleichen nie etwas zuleide taten, ist allerdings ebenfalls unwahrscheinlich: DARTs Beschreibung war zwar reine Fiktion; aber sie findet sich fast wörtlich wieder in den Beschreibungen blutiger Auseinandersetzungen zwischen Schimpansen verschiedener Gruppen.

8.2.2 Der „nackte Affe" und der aufrechte Gang

Am Ende des Miozäns, vor etwa fünf bis sechs Millionen Jahren, veränderte sich das Klima und mit ihm die Landschaft in Afrika tief greifend. Es wurde kühler und trockener, und besonders im Osten des Kontinents, jenseits des großen Grabenbruchs, schwanden die Regenwälder und breiteten sich Savannen aus. Zur selben Zeit und am selben Ort – in den Savannenbiotopen Ostafrikas – tauchten die Australopithecinen auf der Bühne der Evolution auf, die sich von ihren Vorfahren vor allem durch ein Merkmal unterschieden, den aufrechten Gang. War die Ausbreitung der Savannen die Ursache für die Evolution des aufrechten Ganges? Die meisten Evolutionsbiologen vermuten dies, wenngleich es neuerdings Hinweise dafür gibt, dass vor acht Millionen Jahren schon einmal ein Menschenaffe namens *Oreopithecus bambolii* den aufrechten Gang erworben hatte.

Es hat viele Versuche gegeben, die Evolution des aufrechten Ganges zu erklären. Im Mittelpunkt stand dabei immer wieder, dass die Hände frei wurden, um Werkzeuge herzustellen und zu benutzen. Schon DARWIN sah hierin den Selektionsvorteil des aufrechten Ganges. Aus zwei Gründen ist diese Argumentation aber nicht besonders überzeugend: Erstens deutet nichts darauf hin, dass die Australopithecinen sich durch eine besonders ausgeprägte Werkzeugkultur auszeichneten. Und zweitens stellen auch Menschen normalerweise keine Werkzeuge her, wenn sie sich fortbewegen. In dieser Hinsicht scheint die Fortbewegungsweise von Affen also nicht nachteilig. Natürlich erleichtert das Freiwerden der Hände das *Tragen* von Werkzeugen oder Nahrung. Tatsächlich bewegen sich auch Affen und Menschenaffen gelegentlich zweibeinig fort, wenn sie etwas tragen. Dennoch bezweifeln die meisten Forscher, dass dies der eigentliche Auslöser für die Evolution des aufrechten Ganges war.

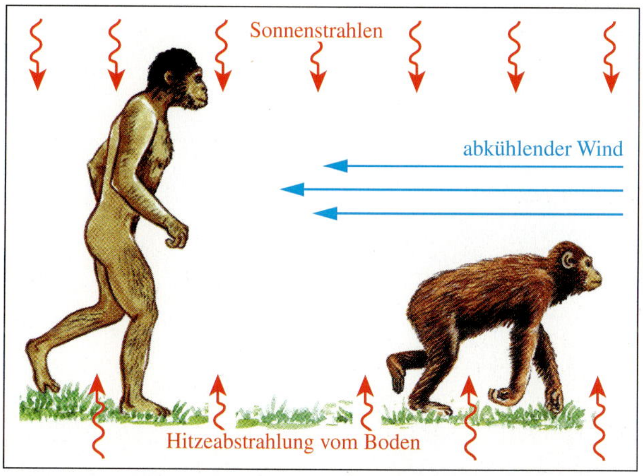

Wahrscheinlicher ist, dass der aufrechte Gang im direkten Zusammenhang mit dem erwähnten Klimaumschwung stand. Die frühen Australopithecinen waren ebenso wie die heute lebenden Menschenaffen in erster Linie Fruchtfresser, während sich die später auftretenden Formen der Gattung *Paranthropus* mehr von hartfaserigen Pflanzenteilen ernährten. Früchte tragende Bäume wurden aber in der offeneren Savannenlandschaft immer seltener und waren über ein erheblich weiteres Gebiet verstreut. Für die Australopithecinen bedeutete dies, dass sie weitere Wege zurücklegen mussten, um satt zu werden.

Unter diesen Umständen bot der aufrechte Gang zwei wesentliche Vorteile: Erstens trat ein Energiespareffekt ein; Messungen haben ergeben, dass Menschen mit dem gleichen Energieaufwand eine doppelt so lange Strecke zurücklegen können wie die sich vierfüßig fortbewegenden Schimpansen. Zweitens hatte ein aufrecht gehender *Australopithecus* erheblich weniger Probleme mit der Regulierung seiner Körpertemperatur – was auch für die Funktion des Gehirns von großer Bedeutung ist: Die den in der tropischen Savanne um die Mittagszeit von oben kommenden Sonnenstrahlen ausgesetzte Körperfläche wird minimiert; und durch den größeren Abstand zum ebenfalls Hitze abstrahlenden Boden erhält der Körper zusätzliche Kühlung durch Wind.

Sonnenstrahlen
abkühlender Wind
Hitzeabstrahlung vom Boden

127.1 Die „Kühlertheorie" des aufrechten Ganges

Noch ein weiteres Merkmal des heutigen Menschen und seiner Vorfahren kann durch die „Savannentheorie" erklärt werden: die Nacktheit. Genau betrachtet haben die Menschen zwar nicht weniger Haare als ihre nichtmenschlichen Verwandten, aber deren kleinere Haare ermöglichen es, zu schwitzen: ein außerordentlich effektives Kühlsystem.

Bislang hat die Theorie anscheinend nur einen Schönheitsfehler: Die Knochen von *Ardipithecus,* dem bislang ältesten aufrecht gehenden Australopithecinen, wurden in einem Gelände gefunden, das damals offenbar recht dicht bewaldet war. Das könnte bedeuten, dass der aufrechte Gang doch im Wald und nicht in der Savanne entstand. Es könnte allerdings auch sein, dass der Wald nicht mehr der *bevorzugte* Lebensraum von *Ardipithecus* war oder dass er auch hier weitere Strecken zurücklegen musste, um satt zu werden.

Die Anatomie des aufrechten Ganges

Der aufrechte Gang des Menschen hat eine ganze Reihe von Umkonstruktionen im Primatenskelett nach sich gezogen: ① Das **Hinterhauptsloch** – die Verbindung zwischen Wirbelsäule und Schädel – ist beim Menschen nach vorn gelagert. Eine starke Nackenmuskulatur, die ein Vorwärtskippen des Kopfes verhindert, wird dadurch überflüssig.

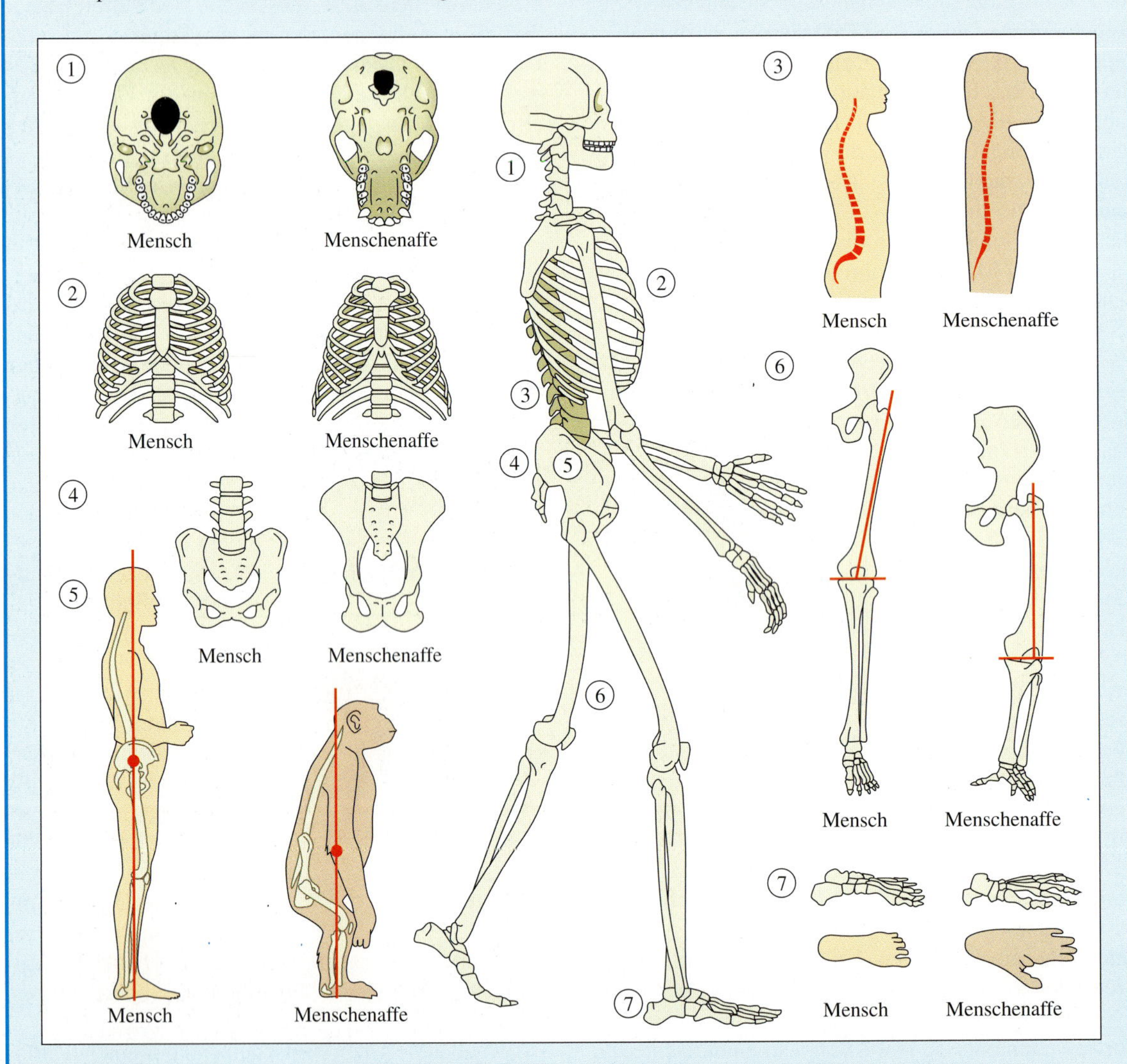

um das Gleichgewicht zu halten. ⑥ Der **Oberschenkel** ist beim Menschen nach innen eingewinkelt, sodass die Füße unter den Körperschwerpunkt gesetzt werden. ⑦ Die Großzehe hat ihre Opponierbarkeit eingebüßt; damit hat der **Fuß** seine Greiffähigkeit verloren und ist zum Standfuß geworden.

② Der **Brustkorb** ist nicht mehr trichterförmig, sondern tonnenförmig. ③ Die **Wirbelsäule** ist doppelt S-förmig gekrümmt. ④ Das **Becken** ist kürzer und breiter als bei Menschenaffen: Dadurch wird die Hebelwirkung von Muskeln, die den Rumpf beim aufrechten Gang stabilisieren, verstärkt. ⑤ Der **Schwerpunkt** des Körpers liegt im Beckenbereich. Beim Gehen verlagert er sich daher nur geringfügig, sodass wenig Energieaufwand nötig ist,

Anhand zahlreicher Skelettmerkmale lässt sich also feststellen, ob ein fossiler Primat aufrecht gegangen ist oder nicht. Die Australopithecinen konnten zweifelsfrei aufrecht gehen. Allerdings zeichneten sich „Lucy“ und ihre Verwandten im Gegensatz zum modernen Menschen auch noch durch lange, gebogene Finger- und Zehenknochen aus – Merkmale, die darauf hinweisen, dass die Australopithecinen auch noch gut an das Klettern in Bäumen angepasst waren.

Eine Außenseiterhypothese

Neugeborene fühlen sich im Wasser ausgesprochen wohl: Untergetaucht halten sie sofort die Luft an und schwimmen ohne Angst umher. Auch beim erwachsenen Menschen ist dieser Tauchreflex, der automatisch die Atemwege verschließt und damit die Gefahr des Wasserschluckens verringert, noch ausgebildet. Für Tiere, die im Wasser leben, ist dies zweifellos eine äußerst nützliche Anpassung. Aber warum haben Menschen einen Tauchreflex?

Irgendetwas Seltsames muss in der menschlichen Evolution passiert sein, orakelt der Zoologe DESMOND MORRIS. „Das dunkle Zeitalter des Menschen fällt in etwa mit dem Pliozän vor vier bis sieben Millionen Jahren zusammen. Affen gingen ins Pliozän hinein und Affenmenschen kamen heraus", schreibt er in seinem Buch „Das Tier Mensch". Für das, was „dem Menschen während dieser mysteriösen Jahrmillionen widerfahren" sei, gibt es seiner Ansicht nach „nur eine ernst zu nehmende Theorie", die **„Wasseraffentheorie".**

Nach der „Wasseraffentheorie" – sie wurde 1960 von dem britischen Meeresbiologen ALISTER HARDY aufgestellt – hat es in der menschlichen Evolution eine Phase gegeben, in der unsere Vorfahren im Wasser gelebt haben. Das würde – so meinen HARDY und MORRIS – eine ganze Reihe menschlicher Merkmale plausibler erklären als die „traditionelle Savannentheorie": unter anderem den Tauchreflex, die Nacktheit, die vergleichsweise dicke Fettschicht unter unserer Haut, die Fähigkeit zu weinen (und dabei salzige Tränen zu vergießen) und – den aufrechten Gang. All dies sind – mit Ausnahme des aufrechten Ganges – Merkmale, die typischerweise bei wasserlebenden Tieren auftreten. Aber auch der aufrechte Gang hatte im Wasser möglicherweise seine Vorteile: Unsere Vorfahren, so vermutete HARDY, hätten ihre Nahrung im Meerwasser gesucht; dafür mussten sie tauchen. Aber um zu essen und gelegentlich zu verschnaufen, haben sie aufrecht auf dem Meeresboden gestanden. Außerdem sei die Evolution des aufrechten Ganges im Wasser viel wahrscheinlicher als an Land: Wegen des Auftriebs hätten unsere Vorfahren nämlich weniger Probleme mit der Schwerkraft gehabt und damit wohl auch nicht an Bandscheibenvorfällen und anderen unangenehmen Folgeerscheinungen dieser Fortbewegungsart an Land gelitten.

Wie so manche unorthodoxe Idee übt die Wasseraffentheorie auf viele Menschen eine große Anziehungskraft aus: Sie scheint plausibel, löst offenbar eine ganze Reihe schwieriger Probleme auf verblüffend einfache Weise und steht – last not least – im Widerspruch zur gängigen Lehrmeinung. Nur ist sie deshalb natürlich noch nicht „wahr".

Das größte Problem der „Wasseraffentheorie" (die nur von ihren Befürwortern eine „Theorie" genannt wird – die Skeptiker sprechen von einer Hypothese) ist, dass sie sich auf keinerlei Fossilfunde stützen kann. Als sie in den sechziger Jahren aufkam, konnte man noch argumentieren, derartige Fossilien würden schon noch gefunden, wenn man nur an den richtigen Stellen suche. Schließlich habe sich ja auch die Behauptung, es gäbe keine fossilen Menschen, als Irrtum erwiesen. Außerdem herrschte damals die Meinung vor, die menschliche Entwicklungslinie habe sich von den Menschenaffen vor wenigstens zwölf Millionen Jahren getrennt. Zwischen diesem Zeitpunkt und dem Auftauchen der ersten Australopithecinen schien es eine Lücke im Fossilmaterial von wenigstens acht Millionen Jahren zu geben: Zeit genug für den Weg ins Wasser hinein und wieder heraus. Heute wissen wir, dass sich die menschliche Entwicklungslinie von der äffischen erst vor fünf bis sechs Millionen Jahren getrennt hat. Wenig später, vor knapp viereinhalb Millionen Jahren, tauchte *Ardipithecus* auf – der „Bodenaffe von der Wurzel". Für eine Evolution, die zunächst ins Wasser hinein führte und dann wieder heraus, fehlte also offenbar schlicht und einfach die Zeit. Auch der Körperbau der Australopithecinen spricht gegen die Wasseraffenhypothese: Sie konnten zwar aufrecht gehen, waren aber auch noch an ein Leben auf den Bäumen angepasst.

130.1 Urmenschen in der afrikanischen Savanne

8.2.3 Die ersten Menschen

Vor zweieinhalb Millionen Jahren veränderte sich das Weltklima erneut: Die Polkappen vereisten und es wurde weltweit trockener. Die Fauna in Afrika veränderte sich: Viele Waldantilopen starben aus. Antilopen, die den heutigen in der Savanne lebenden Arten ähnelten, wurden dagegen häufiger. In dieser Zeit entstand die Gattung *Paranthropus* – Hominiden, die mit ihrem mächtigen Gebiss auch hartfaserige Pflanzenteile zermahlen konnten. Zur gleichen Zeit tauchten in Afrika die ersten Vertreter einer weiteren Hominidengattung auf, die sich auf andere Weise an die veränderten Umweltbedingungen angepasst hatten: die ersten Menschen.

Seit 1960 hatte ein Team um den in Kenia geborenen Anthropologen LOUIS LEAKEY (1903 bis 1972) in der Olduvai-Schlucht in Tansania knapp zwei Millionen Jahre alte Reste von Hominiden gefunden, die sich von den Australopithecinen durch menschenähnlichere Kiefer und Zähne und vor allem durch ein größeres Gehirn unterschieden. Außerdem fand man bei ihnen auch erstmals einfach bearbeitete Steine, von denen scharfkantige Stücke abgeschlagen worden waren. Da man Anfang der sechziger Jahre noch der Ansicht war, nur Menschen seien in der Lage, Werkzeuge herzustellen, gab man der neuen Art den Namen ***Homo habilis*** („geschickter Mensch").

Hinsichtlich seiner Schädelmerkmale war *Homo habilis* eindeutig „moderner" als die Australopithecinen. Überraschenderweise ergab aber ein 1986 gefundenes, teilweise erhaltenes Skelett, dass er kopfabwärts offenbar noch affenähnlicher war als „Lucy": Mit seinen unverhältnismäßig langen Armen und kurzen Beinen ähnelte er in den Körperproportionen eher heutigen Menschenaffen. Das deutet darauf hin, dass nicht nur „Lucy" und ihre Verwandten, sondern auch die ersten „Urmenschen" noch einen Teil ihres Lebens auf Bäumen verbrachten. Möglicherweise verbrachten sie dort die Nächte, um sich vor den damals in der afrikanischen Savanne häufigen Säbelzahnkatzen und Hyänen zu schützen.
Bemerkenswert war auch, dass *Homo habilis* mit einer Körperhöhe von etwa einem Meter nicht größer war als „Lucy". Damit widersprach „Lucys Kind", wie der Skelettfund von 1986 auch genannt wurde, früheren Vorstellungen, wonach es in der Hominidenevolution eine stetige Größenzunahme gegeben habe.
Bereits eine halbe Million Jahre früher existierte im östlichen Afrika allerdings schon eine weitere, deutlich größere Menschenart: ***Homo rudolfensis.*** Er erhielt seinen Namen nach dem Rudolfsee, der heute Turkanasee heißt. Merkwürdigerweise scheint *H. rudolfensis*, soweit man dies nach den bislang gefundenen Skelettresten beurteilen kann, in seinen Körperproportionen bereits „moderner" als der später auftretende *H. habilis* gewesen zu sein. Aufgrund

dieser Ungereimtheiten herrscht über die genaue systematische Einordnung dieser beiden Arten noch große Unsicherheit – manche Forscher betrachten beide sogar als Angehörige einer einzigen Art. Ob einer von ihnen oder beide tatsächlich Nachfahren von „Lucy" waren, also in direkter Linie von *Australopithecus afarensis* abstammen, ist ebenfalls außerordentlich unsicher. Der deutsche Paläoanthropologe FRIEDEMANN SCHRENK, der einen Kiefer von *H. rudolfensis* in Malawi fand, hält diese Art (im Gegensatz zu *H. habilis*) nicht nur für einen direkten Nachfahren von *A. afarensis*, sondern auch für einen direkten Vorfahren von uns selbst. Andere Forscher sind hier anderer Meinung. Vermutlich werden erst weitere Funde ein genaueres und besser gesichertes Bild von den Anfängen der Menschheit vermitteln können.

Einigkeit besteht darüber, dass *Homo habilis* und *H. rudolfensis* sich eine neue ökologische Nische erschlossen hatten: die zunehmende Verwertung von Fleisch als neuer Nahrungsgrundlage. Die Steinwerkzeuge, die beide Arten herstellten und die man oft zusammen mit Knochen verschiedener Säugetiere gefunden hatte, spielen dabei eine zentrale Rolle. Lange Zeit nahm man an, dass die verschieden geformten „Kernsteine", von denen Splitter abgeschlagen worden waren, als Werkzeuge benutzt wurden. Durch Experimente erkannte man jedoch, dass die scharfkantigen Abschläge sehr viel besser als Werkzeug geeignet waren: Mit ihnen lassen sich selbst Elefanten zerlegen. Dies bedeutet freilich nicht, dass die ersten Menschen erfolgreiche Jäger waren. Die Knochen von Antilopen und anderen Säugern, die man zusammen mit den bearbeiteten Steinen fand, tragen nämlich nicht nur Einkerbungen, die von scharfkantigen Steinen stammen, sondern oft auch von Raubtierzähnen stammende Bissspuren. Viele Forscher nehmen daher an, dass die ersten Menschen eher Aasfresser als Jäger waren.

Dass unsere Vorfahren auf diese Weise den Nimbus des heroischen Jägers verlieren und stattdessen in die Nähe von Geiern und Hyänen gerückt werden, erscheint vielen Menschen natürlich nicht unbedingt schmeichelhaft. Hyänen genießen ihren schlechten Ruf allerdings zu Unrecht: Sie ernähren sich keineswegs nur von Aas, sondern erjagen ihre Beute zum großen Teil selbst. Und auch unsere Vorfahren sind sicher keine reinen Aasfresser gewesen. Sie waren wohl eher Allesfresser, die sich von Früchten, Knollen, Aas und Kleintieren ernährt haben. Vielleicht haben sie auch – ebenso wie die heutigen Schimpansen – systematisch Jagd auf kleinere Säugetiere gemacht. Fleisch spielte aber zweifellos in der Nahrungspalette der frühen Menschen eine bedeutendere Rolle als bei den Australopithecinen oder Schimpansen.

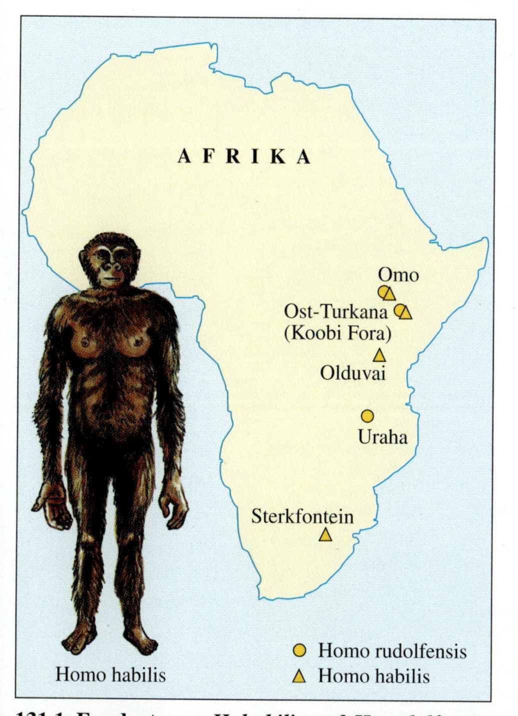

131.1 Fundorte von *H. habilis* und *H. rudolfensis*

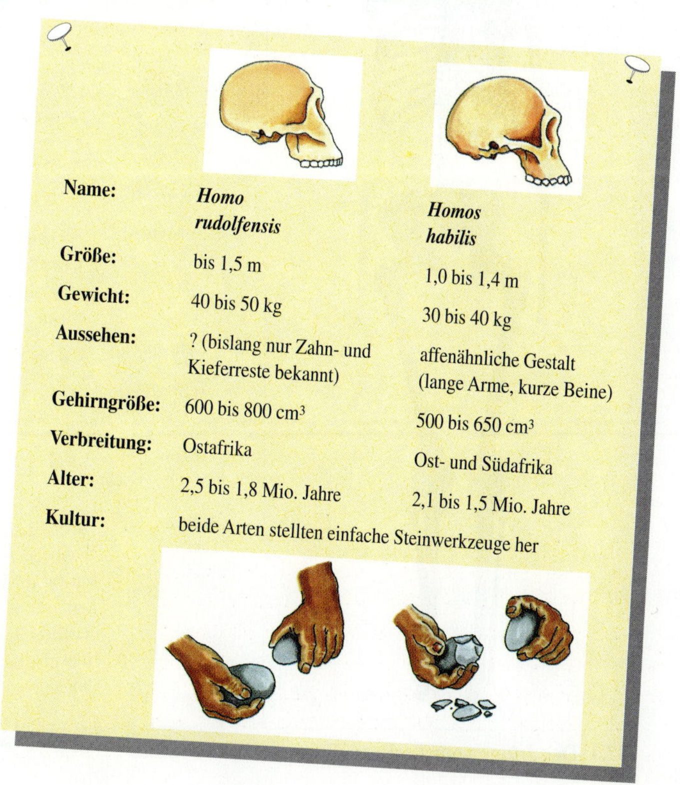

Name:	*Homo rudolfensis*	*Homos habilis*
Größe:	bis 1,5 m	1,0 bis 1,4 m
Gewicht:	40 bis 50 kg	30 bis 40 kg
Aussehen:	? (bislang nur Zahn- und Kieferreste bekannt)	affenähnliche Gestalt (lange Arme, kurze Beine)
Gehirngröße:	600 bis 800 cm³	500 bis 650 cm³
Verbreitung:	Ostafrika	Ost- und Südafrika
Alter:	2,5 bis 1,8 Mio. Jahre	2,1 bis 1,5 Mio. Jahre
Kultur:	beide Arten stellten einfache Steinwerkzeuge her	

8.2.4 Die Frühmenschen des Pleistozäns

Im August 1984 fand ein Anthropologenteam unter der Leitung von RICHARD LEAKEY, einem Sohn des bereits erwähnten LOUIS LEAKEY, am Turkana-See in Nordkenia das fast vollständige Skelett eines etwa elfjährigen Jungen, der vor 1,6 Millionen Jahren offenbar an einer Blutvergiftung gestorben war. In seinem Kiefer fanden sich Spuren einer Entzündung. Der Junge war schlank und für sein Alter schon bemerkenswert groß: Als Erwachsener wäre er wohl wenigstens 1,80 m groß geworden. In seinen Körperproportionen war der „Junge vom Turkana-See" jenen Menschen, die heute in dieser Region leben, also außerordentlich ähnlich. Hinsichtlich anderer Merkmale unterschied er sich aber von heutigen Menschen recht deutlich: Er hatte eine fliehende Stirn, kräftige Überaugenwülste und kein Kinn. Vor allem aber war sein Gehirn mit 880 cm³ erheblich kleiner als das heutiger Menschen. Auch ausgewachsen wäre es kaum größer geworden.

LEAKEY identifizierte den Jungen als einen Angehörigen der Art ***Homo erectus*** – jener Art also, die DUBOIS vor über 100 Jahren auf Java entdeckt hatte. Fossilien, die man *Homo erectus* zuordnet, hat man in weiten Teilen Afrikas, Europas und Asiens gefunden. Die ältesten Funde stammten aus Afrika. Daher nahm man an, dass *Homo erectus* als direkter Nachfahre von *Homo habilis* (oder *H. rudolfensis*) als erster Hominide den Sprung vom afrikanischen Kontinent geschafft hatte und auch als direkter Vorläufer des modernen Menschen anzusehen ist. Neuere Funde und Untersuchungen säen an dieser Interpretation aber erhebliche Zweifel. Insbesondere zwei Entdeckungen der letzten Jahre sorgten für Aufsehen: Erstens stellte sich heraus, dass manche *Erectus*-Fossilien auf Java und in China mit etwa 1,8 Millionen Jahren offenbar ebenso alt waren wie die ältesten Funde aus Afrika. War *H. erectus* also in Wirklichkeit in Asien entstanden? Wer waren dann aber seine Vorfahren? Zweitens ergaben neue Datierungen an javanischen Fossilien, dass diese Art dort noch vor rund 40000 Jahren gelebt hatte.

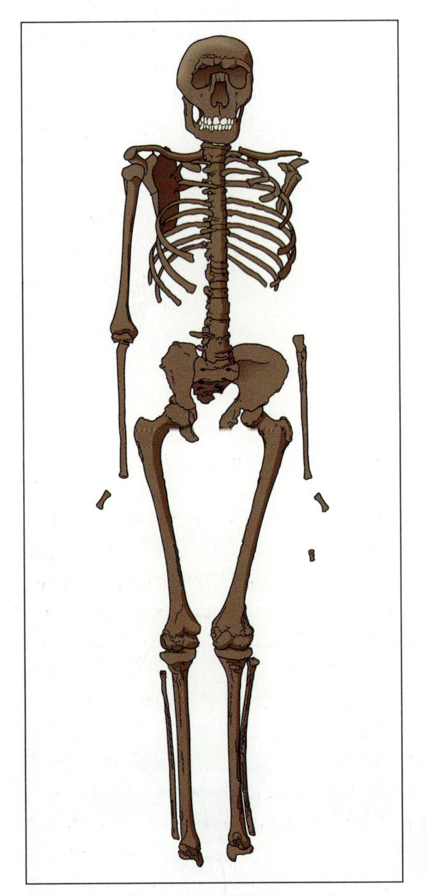

132.1 Der Junge vom Turkana-See

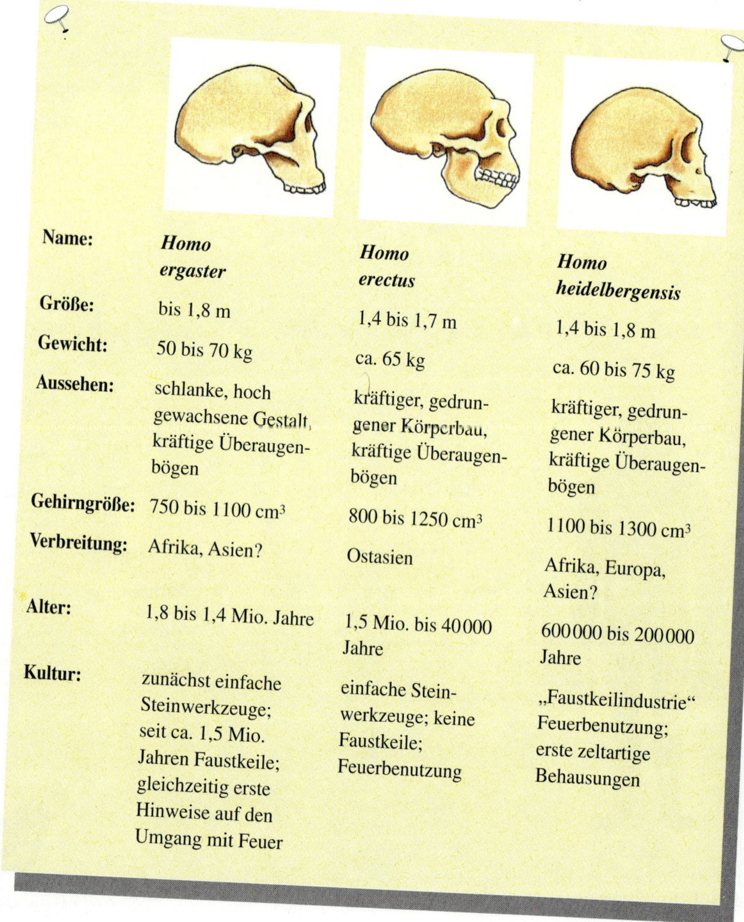

Name:	***Homo ergaster***	***Homo erectus***	***Homo heidelbergensis***
Größe:	bis 1,8 m	1,4 bis 1,7 m	1,4 bis 1,8 m
Gewicht:	50 bis 70 kg	ca. 65 kg	ca. 60 bis 75 kg
Aussehen:	schlanke, hoch gewachsene Gestalt, kräftige Überaugenbögen	kräftiger, gedrungener Körperbau, kräftige Überaugenbögen	kräftiger, gedrungener Körperbau, kräftige Überaugenbögen
Gehirngröße:	750 bis 1100 cm³	800 bis 1250 cm³	1100 bis 1300 cm³
Verbreitung:	Afrika, Asien?	Ostasien	Afrika, Europa, Asien?
Alter:	1,8 bis 1,4 Mio. Jahre	1,5 Mio. bis 40000 Jahre	600000 bis 200000 Jahre
Kultur:	zunächst einfache Steinwerkzeuge; seit ca. 1,5 Mio. Jahren Faustkeile; gleichzeitig erste Hinweise auf den Umgang mit Feuer	einfache Steinwerkzeuge; keine Faustkeile; Feuerbenutzung	„Faustkeilindustrie" Feuerbenutzung; erste zeltartige Behausungen

Aus dieser Zeit sind dort aber auch schon moderne Menschen nachweisbar. Wenn die beiden Arten aber über Tausende von Jahren nebeneinander existiert hatten, wie konnte dann die eine der Vorfahre der anderen sein?
Aufgrund dieser Befunde und anatomischer Untersuchungen sind viele Forscher heute der Meinung, dass sich hinter der Bezeichnung *Homo erectus* in Wirklichkeit wenigstens drei verschiedene Arten verbergen:

1. Homo ergaster (der „Handwerker"). Dieser Art werden die frühen afrikanischen Fossilien, wie der Junge vom Turkana-See, aber auch einige Funde aus Georgien und Ostasien zugeordnet. *H. ergaster* war vermutlich der erste Hominide, der vor knapp zwei Millionen Jahren von Afrika nach Asien ausgewandert ist.

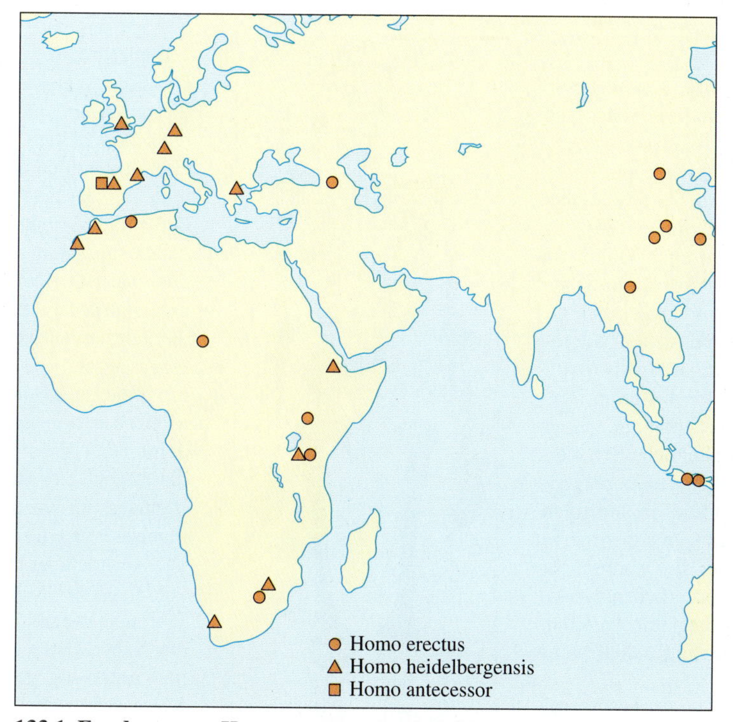

133.1 Fundorte von *Homo erectus* (einschließlich *Homo ergaster*), *Homo heidelbergensis* und *Homo antecessor*

2. Homo erectus.
Zu dieser Art werden vielfach nur noch südostasiatische Formen, wie die „Java-Menschen" und die in den neunzehnhundertzwanziger und -dreißiger Jahren gefundenen „Peking-Menschen" gezählt. Sollte sich diese Einordnung bestätigen, wäre *Homo erectus* in dieser Region entstanden und auch wieder ausgestorben. Entgegen der traditionellen Ansicht würde er damit nicht mehr zu unseren Ahnen zählen, sondern einen blind endenden Seitenzweig im Hominidenstammbaum repräsentieren.

3. Homo heidelbergensis.
Diese Art wurde nach einem 1907 in der Nähe von Heidelberg gefundenen, etwa 600 000 Jahre alten Unterkiefer benannt. Funde aus Bilzingsleben (Thüringen), England, Frankreich, Spanien, Italien und Afrika werden ebenfalls zu dieser Art gezählt.

1997 beschrieben spanische Wissenschaftler noch eine weitere Frühmenschenart: ***Homo antecessor*** (lat. *antecedere*: vorangehen). Der Name bezieht sich darauf, dass es sich bei diesen Menschen – sie lebten vor knapp 800 000 Jahren in Nordspanien – offenbar um die ersten Menschen gehandelt hat, die von Afrika aus nach Europa eingewandert sind. Nur im äußersten Osten Europas, im Kaukasus, wurde ein weitaus älterer, *H. ergaster* zugeschriebener Unterkiefer gefunden. Ob es sich hier wirklich um eine neue Art handelt, ist – ebenso wie das gesamte übrige Szenario – in der Wissenschaft noch heftig umstritten. Die spanischen Forscher nehmen jedenfalls an, dass *H. antecessor* ein Nachfahre von *H. ergaster* und der Vorfahre von *H. heidelbergensis*, dem Neandertaler und uns selbst war.

Rätselraten gibt es nach wie vor über die Lebensweise des *Homo erectus* und seiner Verwandten. Sicher ist, dass diese Menschen erstmals feiner bearbeitete Faustkeile herstellten – ein standardisierter Werkzeugtyp, der nach einer „geistigen Schablone" im Kopf des Herstellers angefertigt wurde. Nur in Ostasien blieb diese Technik unbekannt. Zeitgleich mit dem Auftauchen der ersten Faustkeile vor etwa 1,5 Millionen Jahren gibt es die ersten Hinweise auf den Gebrauch von Feuer. Obwohl unsicher ist, welchem Zweck die ersten „Lagerfeuer" dienten, war dies für die Aufbereitung tierischer Nahrung und die Besiedlung kühlerer Regionen zweifellos eine äußerst wichtige Innovation. Ob die Frühmenschen des Pleistozäns aber – wie es lange Zeit angenommen wurde – erfolgreiche Großwildjäger waren, wird von den meisten Fachleuten heute skeptisch beurteilt.

Wer waren die Neandertaler?

„Wenn uns in der U-Bahn ein Neandertaler begegnete, würde er kaum Aufsehen erregen – vorausgesetzt er wäre gewaschen, rasiert und hätte moderne Kleider an." (W. STRAUS & A.J.E. CAVE, 1957)
„Die meisten Menschen würden den Platz wechseln, wenn sich ein Cro-Magnon-Mensch neben sie setzte – bei einem Neandertaler würden sie aussteigen." (J.S. JONES, 1995)

Die Neandertaler sorgen auch heute noch – mehr als hundert Jahre nach ihrer Entdeckung – für Kontroversen, wie diese beiden Aussagen führender Anthropologen zeigen. Die Geschichte begann im August des Jahres 1856, als Steinbrucharbeiter in einer Höhle im Neandertal bei Düsseldorf die Knochen eines Lebewesens entdeckten, das sie für einen Höhlenbären hielten. Sie informierten den Lehrer JOHANN CARL FUHLROTT, einen begeisterten Naturforscher, der sofort erkannte, was er vor sich hatte: Das längliche Schädeldach besaß zwar mächtige Überaugenwülste wie ein Tier und die kräftigen Oberschenkelknochen waren merkwürdig gebogen, aber dies waren nicht die Gebeine eines eiszeitlichen Tieres, sondern die einer bislang unbekannten, unvorstellbar primitiven fossilen Menschen-„Rasse"!
Zustimmung fand FUHLROTT bei dem Bonner Anatomen HERMANN SCHAAFFHAUSEN, der wie viele seiner Zeitgenossen schon lange am Dogma von der Konstanz der Arten zweifelte und in dem Neandertaler seine Überzeugung bestätigt sah, dass der Mensch von äffischen Vorfahren abstamme. Das damalige Wissenschaftsestablishment war freilich anderer Ansicht: Ein Kollege SCHAAFFHAUSENs meinte, die gebogenen Oberschenkel würden den Neandertaler als einen Kosaken der russischen Kavallerie ausweisen, der 1814 auf dem Feldzug gegen Napoleon schwer verletzt zum Sterben in die Höhle gekrochen sei. Die massiven Überaugenwülste seien entstanden, weil der Mann wegen seiner Schmerzen dauernd die Stirn gerunzelt habe!
DARWINs Freund HUXLEY machte sich über derlei Erklärungen lustig. Aber auch er mochte den Neandertaler nicht als Bindeglied „zwischen Affen und Menschen" ansehen, da die Größe seines Gehirns der des modernen Menschen entsprach. Allen weiteren Spekulationen bereitete 1872 der berühmte Mediziner RUDOLF VIRCHOW – ein erklärter Gegner der DARWINschen Evolutionstheorie – mit der Behauptung ein Ende, es handele sich um einen modernen Menschen, dessen Knochen durch Rachitis und chronische Arthritis pathologisch verändert seien.

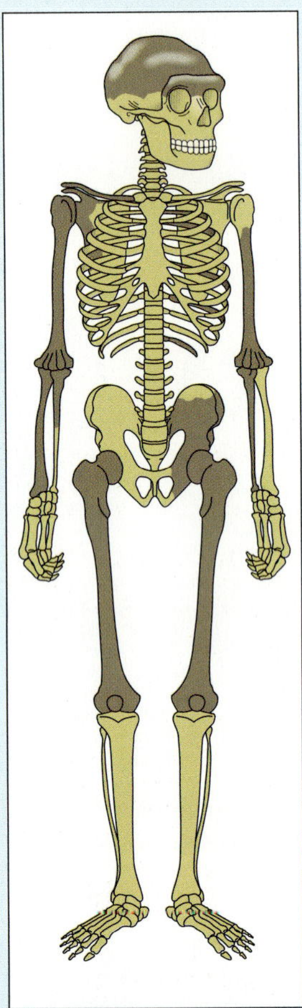
134.1 Der Fund aus dem Neandertal (erhaltene Skelettteile dunkel markiert)

Die Entdeckung weiterer Angehöriger dieser Menschenform – die ersten waren schon 1830 in Belgien und 1848 in Gibraltar gefunden worden, ohne dass man ihre Bedeutung erkannt hatte – ließen die Vermutung, es handele sich dabei samt und sonders um Kranke oder verirrte Kosaken, allerdings zunehmend unzutreffend erscheinen. Um die Jahrhundertwende setzte sich die Überzeugung durch, dass es sich um eine ausgestorbene, pleistozäne Menschenform gehandelt habe. Moderne Datierungsmethoden bestätigten diese Sicht. Der Streit darüber, wer die Neandertaler waren, sollte freilich bis in unsere Tage fortdauern.
Die Neandertaler lebten in der Zeit von vor etwa 200 000 Jahren bis vor 30 000 Jahren in weiten Teilen Europas und des Nahen Ostens. Sie waren stämmig und untersetzt gebaut und mit einer Körperhöhe von 1,65 Metern nicht besonders groß. Ihre Knochen waren allerdings erheblich massiver als die unseren und sie verfügten über Muskelpakete, die einen Arnold Schwarzenegger vor Neid erblassen lassen würden. Ihr Gehirn war mit einem Volumen von durchschnittlich 1500 cm^3 bemerkenswert groß (absolut gesehen sogar etwas größer als das heutiger Menschen). Dennoch galten sie wegen ihrer Furcht einflößenden Überaugenwülste und der fliehenden Stirn bis in die Mitte des 20. Jahrhunderts als ungeschlachte, primitive und brutale Wesen – eher Tiere als Menschen.
Erst nachdem in den sechziger Jahren in einer Höhle bei Shanidar im Irak einige Aufsehen erregende Entdeckungen gemacht worden waren, begann sich das Bild zu wandeln. Verheilte Knochenbrüche bewiesen, dass die Neandertaler für Kranke und Verkrüppelte sorgten. Gräber mit Grabbeigaben zeigten, dass sie

Tote bestatteten und wohl auch religiöse Vorstellungen hatten. Ein Grab war offenbar mit Blumen geschmückt worden: In ihm fanden sich ungewöhnlich viele Pollenkörner von Heckenrosen, Lichtnelken und Traubenhyazinthen. Die Neandertaler waren also weitaus weniger „primitiv", als man ursprünglich gedacht hatte. Damit begann sich die Ansicht durchzusetzen, dass es sich nicht nur um unsere direkten Vorfahren handelte, sondern dass die Neandertaler eine zeitlich und geografisch begrenzt aufgetretene „Rasse" unserer eigenen Spezies waren: *Homo sapiens neanderthalensis.*

Zweifel an dieser Auffassung blieben jedoch bestehen: In Afrika hatte man fossile, aber modern aussehende Menschen gefunden, deren Alter auf mehr als 100 000 Jahre datiert wurde, und im Nahen Osten lebten Neandertaler und anatomisch moderne Menschen über mindestens 50 000 Jahre in enger Nachbarschaft, ohne dass es eindeutige Hinweise darauf gab, dass sich beide miteinander fortpflanzten. In Europa verschwanden die Neandertaler dagegen innerhalb weniger tausend Jahre, nachdem dort vor 40 000 Jahren die ersten anatomisch modernen Menschen auftraten.

Erst 1997 gelang es Münchener Wissenschaftlern mit modernen Methoden die Neandertaler-Frage einer Klärung näher zu bringen. Aus dem Oberarmknochen des 1856 gefundenen Neandertalers isolierten sie Spuren seiner DNA, vervielfältigten sie mithilfe der PCR-Technik (Polymerasekettenreaktion) und verglichen sie mit der DNA heutiger Menschen. Aus den Unterschieden ließ sich errechnen, wann sich die Linien, die zum Neandertaler und zum modernen Menschen geführt hatten, getrennt haben mussten. Das Ergebnis lautete: vor 555 000 bis 690 000 Jahren. Damit scheidet der Neandertaler als Vorfahr des modernen Menschen aus: Offenbar repräsentiert auch er einen blind endenden Seitenzweig im Hominidenstammbaum.

Auch die Vermutung, dass sich Neandertaler und moderne Menschen bei ihrem Zusammentreffen in Europa und im Nahen Osten miteinander fortgepflanzt haben, erscheint nunmehr unwahrscheinlich (obwohl die genetischen Analysen dies nicht vollkommen ausschließen). Offenbar wurde der Neandertaler, dem die meisten Wissenschaftler heute den Status einer eigenen Art – *Homo neanderthalensis* – zugestehen, zumindest in Europa vom modernen Menschen sehr schnell verdrängt. Der Verdacht, dass dabei Gewalt im Spiel war, ist vor dem Hintergrund der blutigen Eroberungskriege unserer eigenen Geschichte sicher nicht ganz abwegig. Beweise existieren dafür jedoch nicht. Computersimulationen zeigen, dass auch geringe Unterschiede in der Sterblichkeit oder der Geburtenrate zum raschen Aussterben der Neandertaler geführt haben könnten.

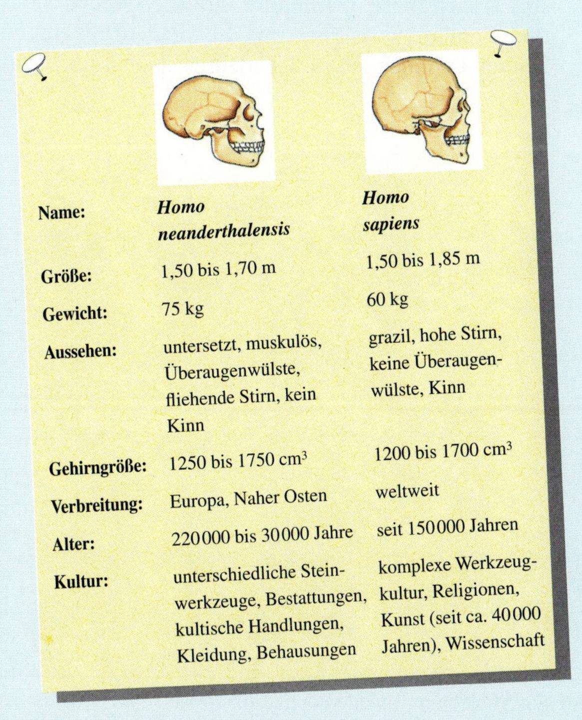

Name:	***Homo neanderthalensis***	***Homo sapiens***
Größe:	1,50 bis 1,70 m	1,50 bis 1,85 m
Gewicht:	75 kg	60 kg
Aussehen:	untersetzt, muskulös, Überaugenwülste, fliehende Stirn, kein Kinn	grazil, hohe Stirn, keine Überaugenwülste, Kinn
Gehirngröße:	1250 bis 1750 cm^3	1200 bis 1700 cm^3
Verbreitung:	Europa, Naher Osten	weltweit
Alter:	220000 bis 30000 Jahre	seit 150000 Jahren
Kultur:	unterschiedliche Steinwerkzeuge, Bestattungen, kultische Handlungen, Kleidung, Behausungen	komplexe Werkzeugkultur, Religionen, Kunst (seit ca. 40000 Jahren), Wissenschaft

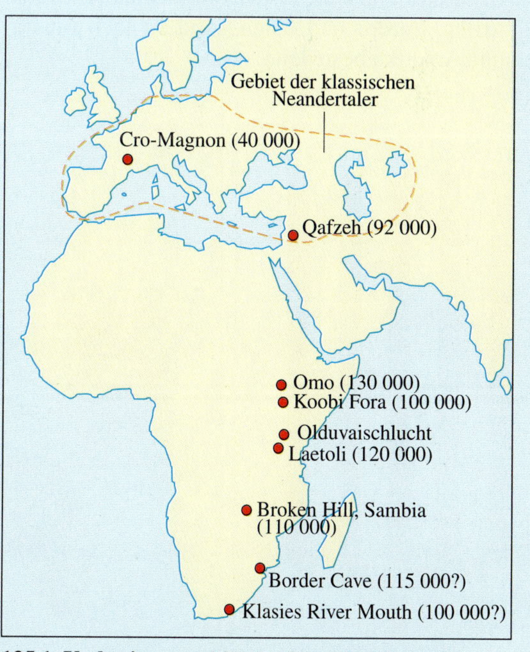

135.1 Verbreitungsgebiet des Neandertalers und Fundorte zeitgleich lebender moderner Menschen

8.2.5 Der Ursprung des modernen Menschen

1868 wurden in der Höhle von Cro-Magnon in Südwestfrankreich die Skelette von fünf Menschen freigelegt, deren Alter man heute auf etwa 30000 Jahre schätzt. Neben ihnen fanden sich Überreste ausgestorbener Tierarten, Steinwerkzeuge, gravierte Rentiergeweihe und Anhänger aus Muscheln und Elfenbein. Im Vergleich zu den meisten heutigen Menschen waren die Menschen von Cro-Magnon recht kräftig gebaut. Um Neandertaler handelte es sich jedoch nicht: Ihre Knochen waren dünnwandiger, und ihr gewölbter Schädel mit der hohen Stirn und dem ausgeprägten Kinn wies sie als frühe Vertreter unserer eigenen Art, *Homo sapiens*, aus.

Auch die Kultur der Cro-Magnon-Menschen unterschied sich von der der Neandertaler. Steinwerkzeuge wurden feiner bearbeitet, und neue Materialien wie Knochen und Elfenbein wurden nicht nur verwendet um Gebrauchs-, sondern auch um Schmuckgegenstände herzustellen. Farbige Darstellungen von Mammuts, Wisenten, Pferden und anderen Tieren, wie man sie in den Höhlen von Altamira (Spanien), Lascaux und Chauvet (Frankreich) fand, zeugen von einer beeindruckenden künstlerischen Ausdruckskraft.

Fossilfunde anatomisch moderner Menschen kennt man mittlerweile von allen fünf Kontinenten. *Homo sapiens* war offenbar die erste Hominidenart, die nicht nur Afrika, Europa und Asien, sondern auch Australien und Amerika besiedelte.

Über die Entstehung der Art *Homo sapiens* bestehen allerdings noch tiefe Meinungsunterschiede. Die Vertreter der **Hypothese vom multiregionalen Ursprung des modernen Menschen** vermuten, der Übergang vom „Frühmenschen" zum modernen Menschen hätte sich vor wenigstens einer Million Jahren mehrfach unabhängig voneinander in verschiedenen Regionen der Alten Welt vollzogen. Die Vertreter der **Hypothese vom afrikanischen Ursprung des modernen Menschen** meinen dagegen, dieser Übergang hätte sich nur ein einziges Mal vor vergleichsweise kurzer Zeit – vor etwa 150000 Jahren – und nur in einer einzigen Region der Alten Welt vollzogen: in Afrika.

Hypothese vom multiregionalen Ursprung des modernen Menschen. Die Anhänger dieser Hypothese vermuten, dass sich einige der für die heutigen großen Menschengruppen – etwa die Asiaten, die Ureinwohner Australiens oder die Europäer – charakteristischen Merkmale in einem langen Zeitraum herausgebildet haben. Dies geschah auch ungefähr dort, wo diese Menschen heute leben. Die heute beobachtbaren Unterschiede zwischen den verschiedenen, oft als „Rassen" bezeichneten Menschheitsgruppen haben dieser Hypothese zufolge also einen sehr alten Ursprung, der sich bis auf *Homo erectus*, der als unser aller Vorfahr gilt, zurückführen lässt. Gestützt wird diese Vermutung durch regionale Kontinuitäten im Fossilmaterial. So deuten bestimmte Übereinstimmungen in Schädelmerkmalen nach An-

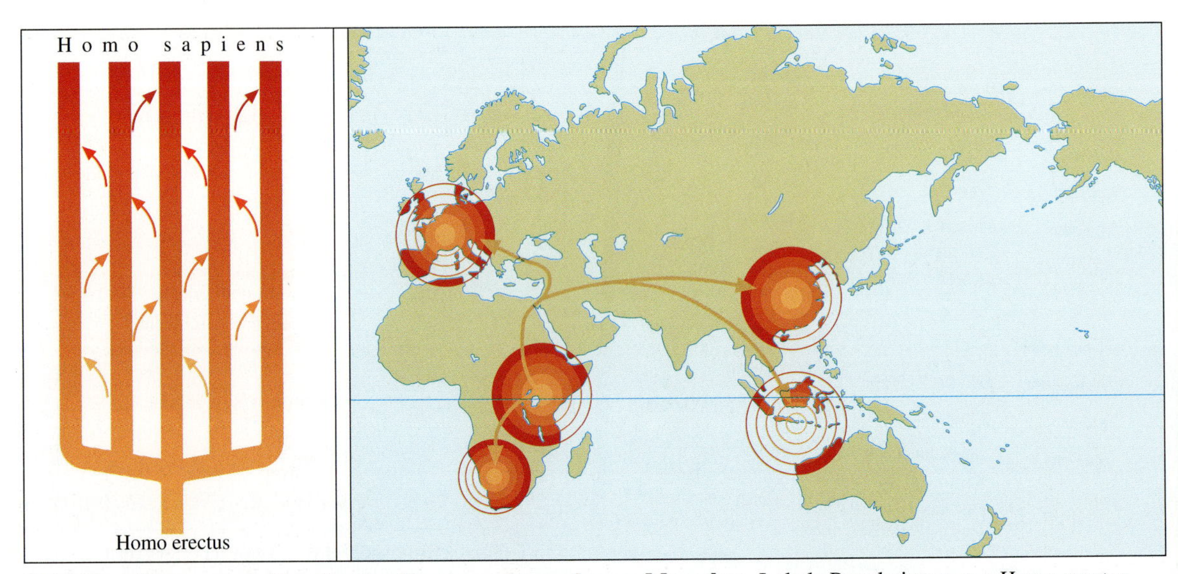

136.1 Hypothese vom multiregionalen Ursprung des modernen Menschen. Lokale Populationen von *Homo erectus* entwickeln sich unabhängig voneinander zu *Homo sapiens*.

sicht der Multiregionalisten darauf hin, dass die australischen Ureinwohner beispielsweise direkte Nachfahren des auf Java gefundenen *Homo erectus* seien. Die heutigen Ostasiaten seien dagegen Abkömmlinge der „Peking-Menschen", während sich in Europa *Homo erectus* über „archaische" *Homo-sapiens*-Formen und den Neandertaler zum heutigen *Homo sapiens* weiterentwickelt habe. Auch in Afrika habe eine eigene Entwicklungslinie vom „Jungen vom Turkana-See" über archaische *Sapiens*-Formen zu den heutigen Afrikanern geführt.

Wenn die Hypothese vom multiregionalen Ursprung des modernen Menschen zutrifft, hätten die heutigen, oft als „Rassen" bezeichneten verschiedenen Menschheitsgruppen also ein beträchtliches Alter. Schon auf der Stufe des *Homo erectus* hätten sich unsere Vorfahren an die regionaltypischen Umstände ihres Lebensraums angepasst. Warum es dennoch nicht zu einer für eine solche adaptive Radiation typischen Artaufspaltung gekommen ist, sondern sich alle Populationen unabhängig voneinander zu einer einzigen Art, nämlich *Homo sapiens* weiterentwickelt haben, erklärte man zunächst mit einem vagen „inneren Bedürfnis zur Vervollkommnung". Da ein solches inneres Bedürfnis mit naturwissenschaftlichen Mitteln niemals nachgewiesen werden konnte, schlagen die Verfechter der Hypothese heute eine andere Erklärung vor: Die einzelnen Menschheitsgruppen hätten sich zwar weitgehend unabhängig voneinander entwickelt, aber in den Kontaktzonen zwischen den jeweiligen Populationen sei der Genfluss niemals unterbrochen worden.

Hypothese vom afrikanischen Ursprung des modernen Menschen. Für die Anhänger dieser Hypothese, die auch als „Out-of-Africa-Modell" bekannt wurde, hat die gesamte Menschheit dagegen eine gemeinsame und vergleichsweise junge Wurzel. Ihrer Meinung nach ist *Homo sapiens* vor etwa 150 000 Jahren in Afrika entstanden, hat sich von dort aus über die gesamte Welt ausgebreitet und die in anderen Regionen der Alten Welt lebenden Menschen verdrängt. Für die Herausbildung genetischer Unterschiede zwischen verschiedenen Menschengruppen stand also nur wenig Zeit zur Verfügung. Entsprechend wird auch „Rassenunterschieden" nur geringe Bedeutung zugeschrieben.

Auch dieses Modell wird durch Fossilfunde gestützt: Die ältesten Fossilfunde moderner Menschen – sie werden auf wenigstens 130 000 Jahre datiert – stammen nämlich vom afrikanischen Kontinent. Skelettfunde aus dem Nahen Osten sind mit einem Alter von etwa 100 000 Jahren schon deutlich jünger. In dieser Region haben Neandertaler und moderne Menschen über lange Zeit in enger Nachbarschaft miteinander gelebt. Hinweise dafür, dass sie miteinander fruchtbare Nachkommen gezeugt hätten und damit beide Angehörige *einer* Art waren, gibt es aber nicht. Tatsächlich ist es unsicher, ob die beiden Gruppen sich jemals begegnet sind. Auch die bereits erwähnten Genanalysen des Neandertalers sprechen dagegen, dass dieser ein Vorfahr der heutigen Europäer war, wie es die Multiregionalisten vermuten.

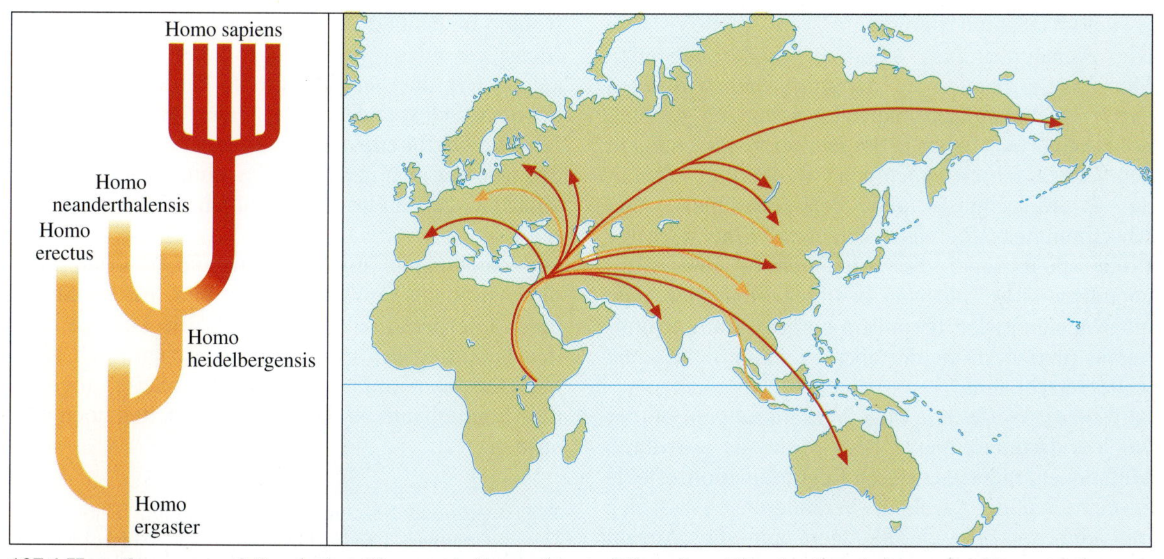

137.1 Hypothese vom afrikanischen Ursprung des modernen Menschen. Einzelne Populationen von *Homo sapiens* wandern vor ca. 100 000 Jahren aus ihrer afrikanischen Heimat aus und verdrängen die Nachkommen von *Homo ergaster*.

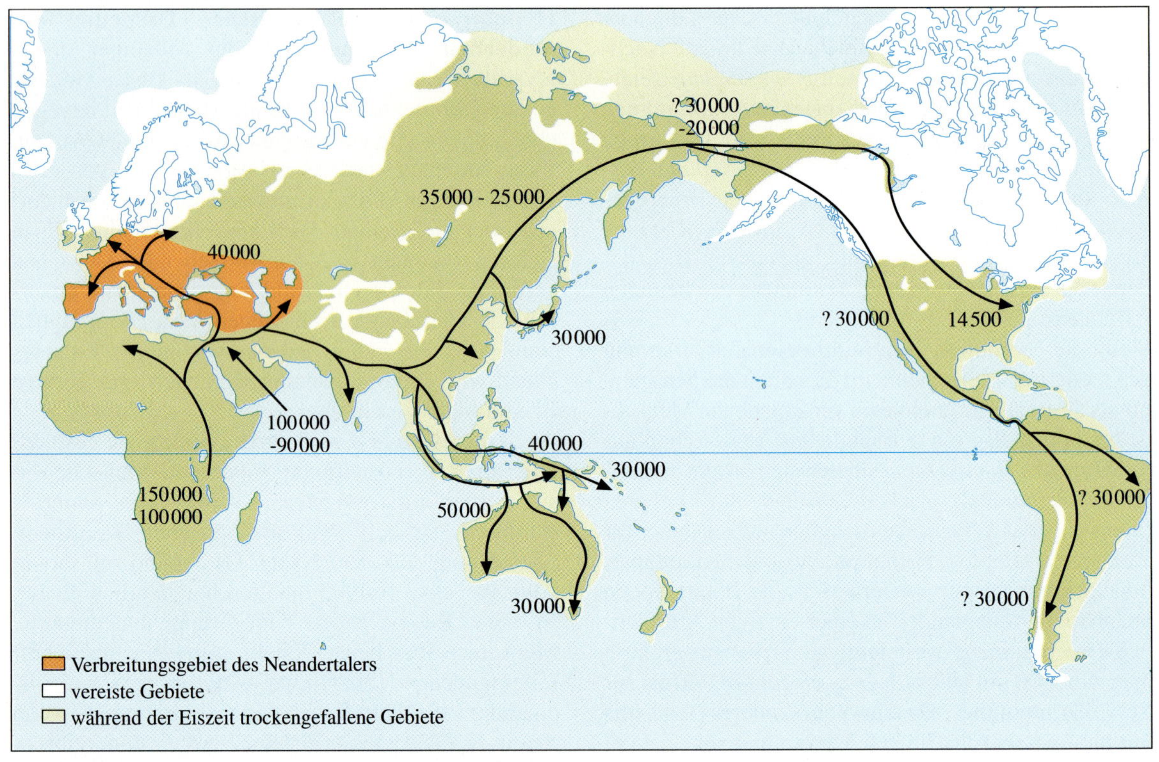

138.1 Die Ausbreitungsgeschichte des modernen Menschen

Die ältesten Spuren des modernen Menschen in Ostasien sind etwa 50000 Jahre alt. Die Besiedlung Europas erfolgte vor 35000 bis 40000 Jahren. Der amerikanische Kontinent wurde vermutlich in zwei Wanderungswellen besiedelt, von denen die erste vor etwa 30000 Jahren stattfand.

Die Annahme, dass sämtliche heute lebenden Menschen afrikanischen Ursprungs sind, wird auch durch molekulargenetische Untersuchungen gestützt. Solche Analysen haben in der Evolutionsforschung in den letzten Jahren zunehmend Bedeutung erlangt, da sie Rückschlüsse über Verwandtschafts- und Abstammungsverhältnisse erlauben. Eine wichtige Rolle spielt dabei die Untersuchung der Mitochondrien-DNA (mtDNA) heutiger Menschen. Die mtDNA eignet sich besonders gut zur Stammbaumrekonstruktion, da sie nur über die mütterliche Linie weitervererbt wird.

Auf diese Weise kommen Veränderungen in der Nucleotidsequenz dieses DNA-Moleküls nur durch Mutationen, nicht aber durch Rekombinationseffekte zustande. Aus der Anzahl der Veränderungen lässt sich mit gewissen Einschränkungen auf die Anzahl der Mutationen schließen, die im Lauf der Zeit stattgefunden haben.

Vergleiche der mtDNA von Menschen aus allen Erdteilen ergaben, dass sich alle Menschen hinsichtlich dieses Merkmals bemerkenswert ähnlich sind – viel ähnlicher als etwa die verschiedenen in Äquatorialafrika lebenden Schimpansenpopulationen. Dieser Befund unterstützt die Annahme, dass alle heutigen Menschen relativ jungen Ursprungs sind. Zweitens zeigte sich, dass sich die größte Variabilität bei den heutigen Schwarzafrikanern findet. Auch dieser Befund spricht für einen afrikanischen Ursprung unserer Spezies, der sich nach den Berechnungen der Molekularbiologen auf etwa 150000 Jahre vor heute datieren lässt.

Untersuchungen am Y-Chromosom, das nur über die männliche Linie weitervererbt wird, bestätigen diese Interpretation. Dennoch ist die Debatte über den Ursprung des modernen Menschen noch nicht beendet. Der auf der folgenden Seite abgebildete Stammbaum ist daher in Einzelheiten noch umstritten.

A1 Begründen Sie die oben aufgestellte These, dass Untersuchungen der mtDNA heutiger Menschen die Hypothese vom afrikanischen Ursprung des Menschen unterstützen.

Der Stammbaum der Hominiden

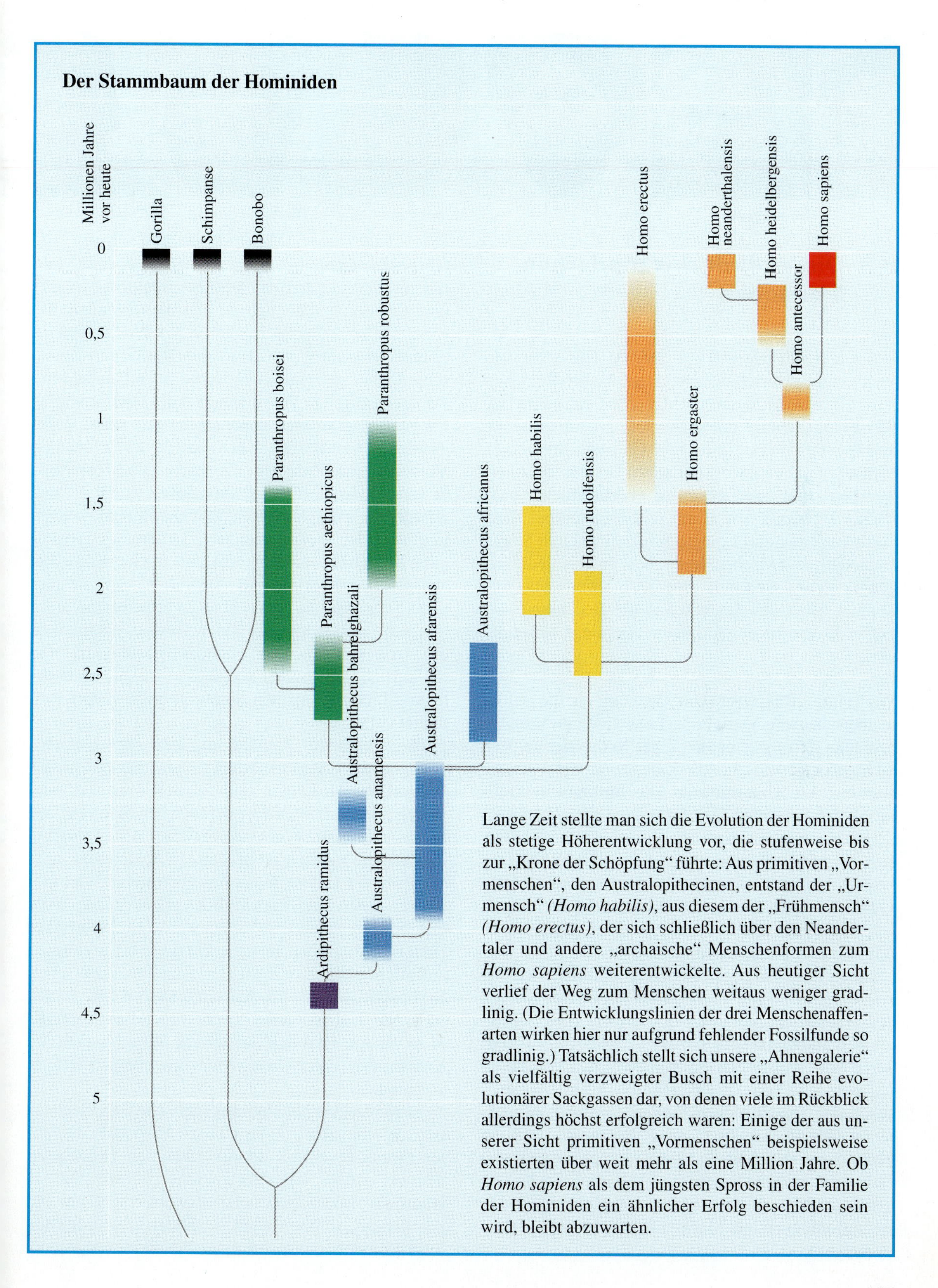

Lange Zeit stellte man sich die Evolution der Hominiden als stetige Höherentwicklung vor, die stufenweise bis zur „Krone der Schöpfung" führte: Aus primitiven „Vormenschen", den Australopithecinen, entstand der „Urmensch" *(Homo habilis)*, aus diesem der „Frühmensch" *(Homo erectus)*, der sich schließlich über den Neandertaler und andere „archaische" Menschenformen zum *Homo sapiens* weiterentwickelte. Aus heutiger Sicht verlief der Weg zum Menschen weitaus weniger gradlinig. (Die Entwicklungslinien der drei Menschenaffenarten wirken hier nur aufgrund fehlender Fossilfunde so gradlinig.) Tatsächlich stellt sich unsere „Ahnengalerie" als vielfältig verzweigter Busch mit einer Reihe evolutionärer Sackgassen dar, von denen viele im Rückblick allerdings höchst erfolgreich waren: Einige der aus unserer Sicht primitiven „Vormenschen" beispielsweise existierten über weit mehr als eine Million Jahre. Ob *Homo sapiens* als dem jüngsten Spross in der Familie der Hominiden ein ähnlicher Erfolg beschieden sein wird, bleibt abzuwarten.

Spanierin

Norwegerin

Inder

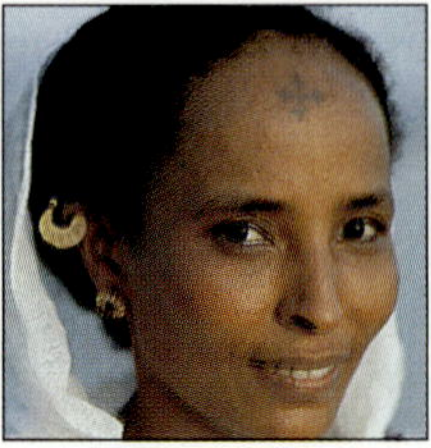
Äthiopierin

Westafrikanerin

Buschmann

8.3 Die Vielfalt des modernen Menschen

Schon ein flüchtiger Blick auf die Gesichter von Menschen aus verschiedenen geografischen Regionen dieser Erde zeigt, dass sich Menschen auf vielfältige Weise voneinander unterscheiden. Niemand würde eine Westafrikanerin mit einer Chinesin oder einen Schweden mit einem australischen Ureinwohner verwechseln, und zwar wegen so oberflächlicher physischer Merkmale wie Haut- und Augenfarbe, Haar, Form von Nase und Lippen, Schädelform und Statur. Unterschiede zwischen Menschen unterschiedlicher geografischer Herkunft sind also zweifellos eine Realität. Über das Ausmaß und die Bedeutung derartiger Unterschiede wird heute allerdings heftig gestritten.

Was sind „Rassen"? Um Ordnung in die schier unüberschaubare Vielfalt der Lebewesen zu bringen, bedienen sich Systematiker einer Reihe hierarchisch ineinander verschachtelter Kategorien wie Familie, Gattung, Art, Unterart usw. Die **biologische Definition der Art** lautet: *Eine Art ist eine natürliche Fortpflanzungsgemeinschaft, die von anderen Gruppen durch Fortpflanzungsbarrieren getrennt ist.* Mitglieder einer Art können also miteinander fruchtbare Nachkommen zeugen und tun es üblicherweise auch, wenn sich die Gelegenheit dazu ergibt, Mitglieder verschiedener Arten dagegen nicht.
„Rassen" sind weniger eindeutig definiert: *Rassen oder Unterarten sind Populationen derselben Art, die sich in den Häufigkeitsverteilungen ihrer genetisch bedingten Merkmale voneinander unterscheiden.* Da es keine Fortpflanzungsschranken zwischen den Populationen derselben Art gibt, sind die Übergänge zwischen den verschiedenen Rassen einer Art zwangsläufig fließend. Genetisch „reine" Rassen gibt es in der Natur deswegen nicht, und jeder Versuch einer Grenzziehung ist notwendigerweise willkürlich. In der Genetik spricht man daher besser von Homozygotie in Bezug auf einzelne Merkmale anstatt von „Reinrassigkeit".

Gibt es menschliche „Rassen"? Heute lebende Menschen aller Hautfarben können fruchtbare Nachkommen miteinander zeugen und tun dies auch. Sie gehören also eindeutig zur selben Art: *Homo sapiens.* Ebenso eindeutig ist, dass sich Menschen unterschiedlicher geografischer Herkunft auf mehr oder weniger auffällige Weise voneinander unterscheiden. Lange Zeit ging man daher davon aus, dass es tief greifende biologische Unterschiede zwischen den Völkern dieser Erde gebe. Versuche, die Menschheit in verschiedene „Rassen" aufzuteilen, erweisen sich allerdings als problematisch: Manche Humanbiologen unterscheiden drei so genannte „Großrassen" (Europide, Mongolide und Negride), andere vier (Europide, Mongolide, Negride und Australide) und wieder andere meinen, die Menschheit in sechzig und mehr „Rassen" aufgliedern zu können. Rassensystematiken erweisen sich also als hochgradig subjektiv und willkürlich. Abgesehen von dieser – nicht unerwarteten – Tatsache tauchten allerdings noch weitere Probleme auf:
Erstens ergaben populationsgenetische Untersuchungen, dass die genetischen Unterschiede zwischen Europäern, Afrikanern und Asiaten etwa zehnmal geringer sind als etwa die zwischen den Schimpansen West- und Ostafrikas. Angesichts der Tatsache, dass für die meisten Menschen ein Schimpanse aussieht wie der andere, muss dies überraschen. Der Genetiker LUCA CAVALLI-SFORZA meint dazu: „Weil uns die Unterschiede zwischen weißer und schwarzer Haut oder zwischen verschiedenen Gesichtsschnitten auffallen, neigen wir zu der Annahme, zwischen Europäern, Afrikanern, Asiaten und so weiter müsse es große Unterschiede geben. (...) Aber das trifft nicht zu: Im Hinblick auf unsere übrige genetische Konstitution unterscheiden wir uns nur geringfügig voneinander."
Zweitens zeigten populationsgenetische Untersuchungen, dass hinsichtlich der meisten Merkmale die Unterschiede *innerhalb* der so genannten Großrassen weitaus größer sind als *zwischen* ihnen. Dunkle Hautfarbe findet man beispielsweise nicht nur bei Afrikanern, sondern auch im Süden des indischen Subkontinents – also bei einer Bevölkerungsgruppe,

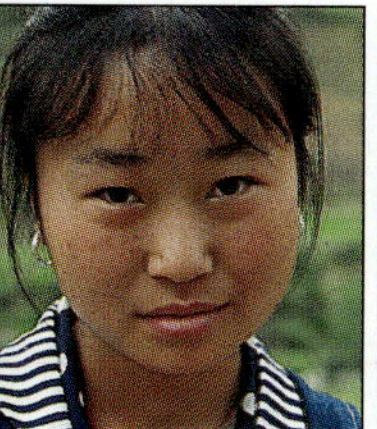

hinesin Eskimo Kalapako-Indianer Polynesierin Maori Australier

die man gemeinhin zum „europiden Rassenkreis" zählt. Auch Kraushaar kommt nicht nur bei Afrikanern vor, sondern ebenso bei den Bewohnern der Fidschi-Inseln oder den Papuas Neuguineas.
Drittens schließlich stellte sich heraus, dass die genetischen Unterschiede zwischen verschiedenen afrikanischen Populationen etwa doppelt so groß sind wie die zwischen allen übrigen menschlichen Bevölkerungen. Diese von keiner einzigen der üblichen Rassenklassifikationen berücksichtigte Tatsache weist – wie bereits angemerkt – darauf hin, dass der Ursprung des modernen Menschen in Afrika lag. Sie bedeutet freilich nicht, dass die Afrikaner die „primitivste" menschliche Bevölkerung wären.

Aus all diesen Gründen sind die meisten Anthropologen heute äußerst zurückhaltend bei der Aufteilung der Menschheit in verschiedene „Rassen" geworden. Viele sind wie CAVALLI-SFORZA sogar der Meinung, dass bei der komplexen Struktur menschlicher Populationen der Rassenbegriff „völlig unsinnig" ist. Viel bedeutsamer als genetische Unterschiede sind gesellschaftliche und kulturelle Unterschiede. Sie können das Zusammenleben von Menschen – wie etwa das Beispiel Nordirland zeigt – außerordentlich problematisch machen.

Verwandtschaftsanalysen. Trotz der Problematik des Rassenbegriffs lassen sich Unterschiede in den Allelfrequenzen zwischen Menschen unterschiedlicher geografischer Herkunft messen und mithilfe dieser Daten Stammbäume rekonstruieren. Die Rekonstruktion derartiger Stammbäume beruht auf dem **Prinzip der genetischen Distanz**. Anhand einfacher erblicher Merkmale, wie etwa des Rhesusfaktors, eines Blutgruppensystems, lässt sich das Prinzip der Methode verdeutlichen. Der Rhesusfaktor tritt in zwei Varianten auf: Rh-positiv und Rh-negativ. In der deutschen Bevölkerung sind beispielsweise etwa 15 % der Menschen Rh-negativ, bei den Basken beträgt der Anteil 25 % und bei den Chinesen weniger als 1 %. Die genetische Distanz zwischen Basken und Deutschen beträgt demnach 10 Prozentpunkte oder 0,1, die zwischen Deutschen und Chinesen 0,15 und die zwischen Basken und Chinesen 0,25. Eine realistische genetische Distanz lässt sich natürlich nur aus einer Vielzahl verschiedener Gene berechnen, wobei man aus den für die einzelnen Allele festgestellten Distanzen einen Durchschnittswert ermittelt.

A1 Der unten abgebildete Stammbaum moderner menschlicher Populationen beruht auf der Analyse von 110 Genen von Menschen aus insgesamt 42 Populationen der ganzen Welt, die hier der Übersichtlichkeit halber zu neun Gruppen zusammengefasst wurden. Erläutern Sie den Stammbaum und ziehen Sie Schlussfolgerungen.

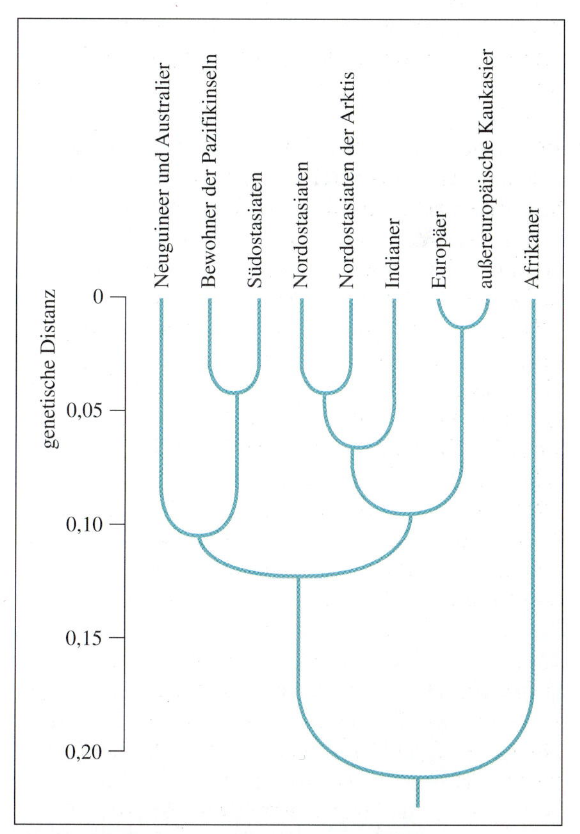

141.1 Stammbaum moderner menschlicher Populationen

Ursachen geografischer Vielfalt. Schon der griechische Geschichtsschreiber HERODOT (ca. 484 bis 425 v. Chr.) vermutete, dass die Unterschiede zwischen afrikanischen, asiatischen und europäischen Bevölkerungen durch unterschiedliche Klimaeinflüsse bedingt seien. Heute gilt es als sicher, dass viele dieser Unterschiede auf das Wirken der **natürlichen Selektion** zurückzuführen sind: Sie sind das Ergebnis von biologischen Anpassungsvorgängen, die die Überlebens- und Fortpflanzungschancen ihrer Träger beeinflussen. Beispielsweise schützt das Kraushaar vieler tropischer Bevölkerungen das Gehirn durch eine wärmeisolierende Luftschicht vor Überhitzung. Andere Merkmale, wie etwa die geografisch unterschiedliche Häufigkeit bestimmter Blutgruppen, stehen im Zusammenhang mit der Verbreitung von Infektionskrankheiten. Die Blutgruppe B ist beispielsweise in Regionen, in denen bis ins 20. Jahrhundert immer wieder Pockenepidemien herrschten, besonders häufig. Träger dieser Blutgruppe haben bei einer Pockeninfektion erhöhte Überlebenschancen, da ihre Antikörper das Antigen des Pockenerregers eher erkennen und bekämpfen können.

Natürliche Selektion muss aber nicht die einzige Ursache für das Entstehen der menschlichen Vielfalt gewesen sein. Auch **genetische Drift**, also das zufällige Auseinanderdriften von Allelhäufigkeiten in verschiedenen Populationen, oder **sexuelle Selektion** können eine wichtige Rolle dabei gespielt haben. Ein nach Ansicht mancher Biologen wahrscheinliches Beispiel für das Wirken sexueller Selektion ist die *Verteilung der Hautfarben*. Die unmittelbare Ursache unterschiedlicher Hautfarben sind Pigmentzellen, die in unterschiedlichem Maße das dunkelbraune bis schwarze Melanin bilden und speichern. Evolutive Ursachen für Pigmentierungsunterschiede sind zum Teil sicher der natürlichen Selektion zuzuschreiben, denn sehr helle oder sehr dunkle Haut kann in einer nicht dazu passenden Umwelt fatale Folgen haben: In Regionen mit einer hohen Strahlungsintensität ultravioletten Lichts ist helle Haut nachteilig, da sie eine giftig wirkende Überproduktion des Vitamins D_3 und die Entstehung von Hautkrebs begünstigt. In lichtärmeren Regionen ist dagegen dunkle Haut nachteilig, da sie die für die Bildung des Vitamins D_3 notwendige UV-Strahlung absorbiert und damit den Calcium-Stoffwechsel beeinträchtigt. Die Folge davon ist Rachitis – eine Knochenerkrankung, die insbesondere für Heranwachsende und schwangere Frauen gefährlich ist.

Infolgedessen sollte man erwarten, dass zwischen der Intensität der UV-Strahlung und dem Grad der Hautpigmentierung ein Zusammenhang besteht. Ein solcher Zusammenhang wurde auch gefunden – allerdings ist er nicht besonders eng: Die Bewohner Äquatorial-Westafrikas haben beispielsweise eine wesentlich dunklere Haut, als man nach der dort herrschenden UV-Strahlung erwarten würde. Manche dieser Unstimmigkeiten werden damit erklärt, dass die Menschen noch nicht so lange in den jeweiligen Regionen leben, dass sie sich durch natürliche Selektion an die lokalen Bedingungen hätten anpassen können. Oft scheint dies aber nicht zuzutreffen, sodass für Unterschiede zwischen Menschen aus verschiedenen Regionen neben der natürlichen Selektion auch sexuelle Vorlieben verantwortlich sein können. Die in Mitteleuropa verbreitete Vorliebe für blonde Frauen ist dafür ein Beispiel. Da Merkmale wie Haut, Haar und Augenfarbe überall auf der Welt eine wichtige Rolle bei der Partnerwahl spielen, sind gerade sie für das Wirken sexueller Selektion prädestiniert.

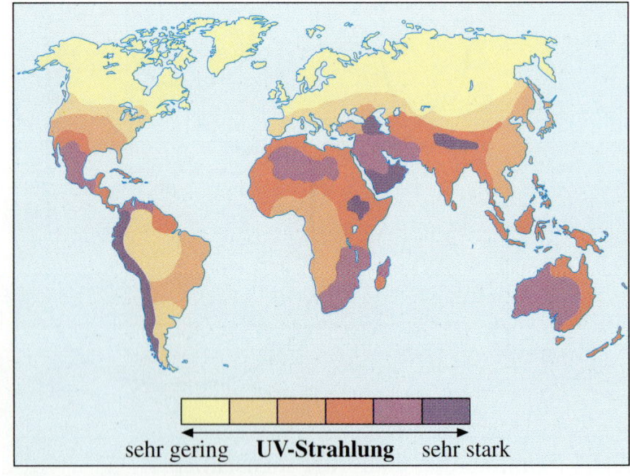

142.1 Geografie der UV-Strahlung

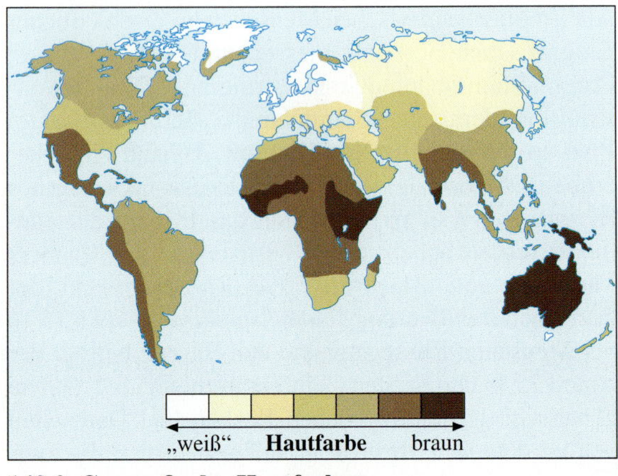

142.2 Geografie der Hautfarben

„Rassenkunde“ – Rassenwahn

Am 15. September 1935 wurde in Nürnberg das „Gesetz zum Schutze des deutschen Blutes und der deutschen Ehre“ verabschiedet. Es stellte die Eheschließung und jeglichen Geschlechtsverkehr zwischen „Juden und Staatsangehörigen deutschen oder artverwandten Blutes“ unter Strafe. Die meisten deutschen Anthropologen, die sich fast ganz der so genannten „Rassenkunde“ verschrieben hatten, begrüßten dieses Gesetz. Prof. EUGEN FISCHER, Direktor des Kaiser-Wilhelm-Instituts für „Anthropologie, menschliche Erblehre und Eugenik“ schloss eine Rede an der Berliner Universität „mit dem Dank an den Führer, der es durch die Nürnberger Gesetze den Erbforschern ermöglicht habe, ihre Forschungsergebnisse dem Volksganzen praktisch dienstbar zu machen“.

143.1 Volksverhetzung

Dumpfer Rassismus, der nicht selten in brutale Gewalt gegen Fremde umschlägt, ist ein ebenso altes wie aktuelles Problem, das viele Ursachen hat. Trotz Holocaust und brennender Asylbewerberheime ist er auch kein spezifisch deutsches Problem – man denke nur an den jahrhundertelangen Sklavenhandel, die „Apartheid“ oder die „ethnischen Säuberungen“ im ehemaligen Jugoslawien. Auch das Verbot der so genannten „Rassenschande“ im Nationalsozialismus hatte Vorbilder: Im amerikanischen Bundesstaat Virginia wurde 1930 ein Gesetz erlassen, das Eheschließungen zwischen „Personen der kaukasischen (= europäischen) Rasse und Personen, die mehr als 1/16 Indianerblut oder eine Spur Negerblut in ihren Adern haben“, unter Androhung von Gefängnisstrafen verbot.

Die Wurzeln des wissenschaftlich verbrämten Rassismus reichen tief ins 18. und 19. Jahrhundert zurück. LINNÉ beispielsweise erlag den schon in seiner Zeit gängigen Vorurteilen: Er nannte Afrikaner „träge“, „schamlos“ und „von Launen regiert“, Europäer dagegen „lebhaft“, „erfinderisch“ und „von Sitten regiert“. Vor allem Schwarzafrikaner wurden immer wieder in die Nähe von Tieren gerückt, was einem Freibrief für ihre Versklavung gleichkam. Im 19. Jahrhundert legte der Franzose JOSEPH ARTHUR COMTE DE GOBINEAU den Grundstein für den Mythos von der angeblichen Überlegenheit der „nordischen Rasse“. In seinem „Essay über die Ungleichheit der menschlichen Rassen“ behauptete er, diese sei die „edelste“ von allen. Auch DARWIN war vor den rassistischen Anwandlungen seiner Zeit nicht gefeit, wandte sich aber scharf gegen die Sklaverei.

Eine wertneutrale Behandlung der „Rassenfrage“ hat es zu keiner Zeit und in keinem Land der Welt gegeben. Nur in Deutschland aber gingen eine scheinbar wertfreie Wissenschaft und eine Ideologie, die den Rassenwahn zur Staatsdoktrin erhoben hatte, eine so enge Allianz ein. Anthropologen lieferten der menschenverachtenden Politik der Nationalsozialisten nicht nur das geistige Rüstzeug; sie waren auch hocherfreut über die Umsetzung ihrer „wissenschaftlichen“ Erkenntnisse. Juden und andere „Untermenschen“ bezeichneten sie als „Parasiten“, die zum „Schutze des eigenen Erbgutes“ „ausgemerzt“ gehörten. „Rassenkreuzungen“, so behaupteten sie, führten zu körperlichen und geistig-seelischen „Disharmonien“, obwohl ihre eigenen Untersuchungen an Mischlingsbevölkerungen in Südafrika und Südostasien nichts dergleichen erbracht hatten. Ihre massenhaft erstellten „Rassegutachten“ trugen nicht unerheblich zur Organisation der so genannten „Endlösung der Judenfrage“, dem organisierten Massenmord, bei. Mit Wissenschaft hatte all dies nichts zu tun.

Nach dem Krieg fand eine Aufarbeitung nicht statt. Die Anthropologen fühlten sich und ihre Wissenschaft von den Nazis missbraucht. E. FISCHER wurde zum Ehrenmitglied der Deutschen Gesellschaft für Anthropologie gewählt und schrieb seine Memoiren: „Über die Begegnung mit Toten“. Von toten Juden war darin nicht die Rede. Die „nordische Rasse“ geistert noch immer durch manches Lehrbuch der Anthropologie. Nur das Adjektiv „edel“ fehlt.

8.4 Geistige und kulturelle Evolution

8.4.1 Die Evolution der Intelligenz

Lange Zeit hatte der Schimpanse Sultan vergeblich versucht, mit einem zu kurzen Bambusrohr eine Banane außerhalb seiner Reichweite zu angeln. Endlich kam ihm die zündende Idee: Er steckte zwei Bambusrohre ineinander und konnte sich mit diesem selbst gefertigten Werkzeug der Banane bemächtigen.
Unter Intelligenz versteht man die Fähigkeit, neue Situationen nicht durch Versuch und Irrtum, also durch ständiges Herumprobieren, sondern durch Einsicht und damit quasi „auf Anhieb“ zu bewältigen. Dass auch Menschenaffen in der Lage sind, Kausalzusammenhänge zu erfassen und Probleme durch Einsicht zu lösen, konnte der Psychologe WOLFGANG KÖHLER mit seinem Schimpansen Sultan schon vor über 80 Jahren zeigen. So bestätigte er DARWINs Vermutung, dass *„die Verschiedenheit an Geist zwischen dem Menschen und den höheren Thieren (...) nur eine Verschiedenheit des Grads und nicht der Art"* ist.
Der materielle Sitz der Intelligenz ist das Gehirn, und dieses Organ hat in der Evolution der Primaten eine dramatische Größenzunahme erfahren:
– Das Gehirn von Affen und Menschenaffen ist doppelt so groß wie das gleich großer Halbaffen und das der meisten anderen Säugetiere;
– das Gehirn der frühesten Vertreter der Gattung Mensch übertraf mit einem Volumen von 600 bis 800 cm³ das der Australopithecinen und der heutigen Menschenaffen bereits deutlich; *Homo erectus* brachte es vor einer Million Jahren auf ein Gehirnvolumen von über 1000 cm³;
– das Gehirn heutiger Menschen ist mit einem weltweiten Mittel von 1230 cm³ etwa dreimal so groß wie das der Großen Menschenaffen. Das Gehirn der Neandertaler war mit durchschnittlich etwa 1500 cm³ sogar noch größer.
Von der Größe eines Gehirns auf die Intelligenz seines Trägers zu schließen ist problematisch: Bei heutigen Menschen findet sich zwischen beiden Merkmalen kein eindeutiger Zusammenhang. Auch dass Neandertaler im Durchschnitt größere Gehirne als die meisten heute lebenden Menschen hatten, bedeutet nicht unbedingt, dass sie intelligenter waren als wir. Vermutlich handelte es sich nur um eine Folge der insgesamt größeren Körpermasse der Neandertaler. Dennoch war die Zunahme der Gehirngröße in der menschlichen Evolution sicher auch mit einer Zunahme der Intelligenz verbunden.
Ein Gehirn, das intelligente Problemlösungen ermöglicht, ist zweifellos ein nützliches Organ. Aber das menschliche Gehirn ist auch ein energetisch besonders aufwendiges Organ: Obwohl es nur etwa zwei Prozent der Körpermasse eines Erwachsenen ausmacht, verbraucht es 20 Prozent der Energie, die der Stoffwechsel bereitstellt. Noch mehr Energie verbraucht das kindliche Gehirn, das beim Menschen nach der Geburt noch ein ganzes Jahr mit derselben Geschwindigkeit wächst wie im Mutterleib. Die Größe des Gehirns hängt also von der Energie ab, die der mütterliche

Kulturstufe	Altsteinzeit			
	Prä-Oldowan 4,4–2,5 Mio	Oldowan 2,5–1 Mio	Alt-Acheuléen 1,5–0,5 Mio	Jung-Acheuléen 0,25–0,2 Mio
		Geröllgeräte, Abschläge	Faustkeilindustrie einfache Fertigung	sorgfältige Bearbeit
Kulturelle Errungenschaften und typische Werkzeugfunde	keine Werkzeugfunde	Transport von Werkzeugrohstoffen; Steinabschläge als Schneidegeräte und zum Entfleischen von Kadavern; Zertrümmerung von Markknochen	Gebrauch des Feuers	zelt- bzw. hüttenartige Behausungen; Kleidun feuergehärtete Lanzen
Hirnvolumen ∅	440 cm³	640 cm³	940 cm³	
Gattung bzw. Art	*Ardipithecus, Australopitheus, Paranthropus*	*Homo rudolfensis, Homo habilis*	*Homo ergaster, Homo erectus*	*Homo heidelberge*

144.1 Evolution des Gehirns und Entwicklung der Werkzeugtechnik

Organismus während der Schwangerschaft und der Stillzeit zur Verfügung stellen kann. Dies bedeutet, dass die Zunahme der Gehirngröße in der menschlichen Evolution eine verbesserte Energieversorgung erforderlich machte.
Tiere gewinnen ihre Energie aus den organischen Verbindungen ihrer Nahrung. Untersuchungen der Zähne von Australopithecinen zeigen, dass sich diese ebenso wie die meisten heute lebenden nichtmenschlichen Primaten vorwiegend vegetarisch ernährten. Die ersten Vertreter der Gattung *Homo* erweiterten dagegen ihr Nahrungsspektrum zunehmend durch tierische Nahrung. Fleisch, Fett und Knochenmark sind aber nicht nur energetisch hochwertig, sondern auch leichter verdaulich als pflanzliche Nahrung. Daher haben Fleischfresser einen kürzeren Magen-Darm-Trakt als Pflanzenfresser. Der Darm ist aber nach dem Gehirn das Organ, das am meisten Energie beansprucht. Durch die Verkürzung des Darms konnte also ein größerer Anteil der vom Stoffwechsel produzierten Energie an das Gehirn abgeführt werden. Die entscheidende Voraussetzung für die Vergrößerung des Gehirns in der Evolution des Menschen bestand also in einer Veränderung der Ernährungsgewohnheiten.
Aus den oben dargestellten Zusammenhängen wird deutlich, warum Fleischfresser im Allgemeinen größere Gehirne haben als Pflanzenfresser. Der Allesfresser Mensch hat allerdings ein größeres Gehirn als alle Fleisch fressenden Säuger. Welche anderen Faktoren außer der Ernährung könnten für die enorme Größenzunahme des menschlichen Gehirns verantwortlich gewesen sein?

Lange Zeit nahm man an, der entscheidende Anstoß zur Evolution der menschlichen Intelligenz habe in der Entwicklung des aufrechten Ganges gelegen. Auf diese Weise wurden Arme und Hände frei, was den Gebrauch und die Herstellung von Werkzeugen ermöglichte. Dies wiederum sollte den Selektionsdruck auf die Größenzunahme des Gehirns zum Erfinden immer neuer und komplizierterer Werkzeuge ausüben. Gegen diese Vermutung spricht allerdings, dass bereits Schimpansen Werkzeuge benutzen und einige davon auch selbst herstellen. Werkzeuggebrauch gehörte also vermutlich schon *vor* der Evolution des aufrechten Ganges zum Verhaltensrepertoire der Hominiden. Hinzu kommt, dass sich der technische Fortschritt über lange Zeit weitaus schleppender vollzog, als man es in Anbetracht der stürmischen Evolution des Gehirns erwarten würde. Die ältesten Steinwerkzeuge der nach der Olduwai-Schlucht benannten **„Oldowan-Kultur“** waren sehr einfach und wurden ebenso wie die nur wenig komplexeren **Faustkeile** der nach einem französischen Fundort benannten **„Acheuléen-Kultur“** weit mehr als eine Million Jahre genutzt. Vor etwa 200 000 Jahren, also *nachdem* das Gehirn seine heutige Größe erreicht hatte, beschleunigte sich das Tempo der Werkzeugtechnologie etwas. Aber erst vor 40 000 Jahren, also lange Zeit nach dem Entstehen des modernen Menschen, kam es zu einer „kreativen Explosion“: Es wurden neue Rohstoffe wie Knochen und Elfenbein verarbeitet, neue Werkzeugtypen wie Harpunen und Speere hergestellt und es entstanden beeindruckende künstlerische Darstellungen wie die Höhlenmalereien von Lascaux.

			Mittel- und Jungsteinzeit
Moustérien 100 000–30 000	Aurignacien 35 000–15 000	Magdalénien bis 12 000	Neolithikum 10 000–4000
ɔschlag-, Klingenindustrie	Klingenindustrie	sauber bearbeitete Stein-, Holz- und Knochenwerkzeuge	Ackerbaugeräte, erste Metallwerkzeuge
Bestattungen mit Grabbeigaben(?); Verwendung von Farbstoffen	Nähnadeln; Schmuck aus Tierzähnen, Muscheln und Elfenbein; Beginn der Eiszeitkunst: Höhlenmalerei, Kleinplastik	Harpune, Speerschleuder, Pfeil und Bogen	Keramik; Städte mit Straßennetzen und anderer Infrastruktur; Handelswege; Domestikation von Haustieren; Metallgewinnung
1500 cm^3			1230 cm^3
Homo neanderthalensis	*Homo sapiens*		

Nach heutigen Vorstellungen war technischer Fortschritt eine *Konsequenz* der Gehirnevolution und nicht ihre *Ursache.* Verhaltensforscher vermuten den Ursprung der Intelligenz in einem ganz anderen Bereich: dem sozialen.
Affen sind intelligente Tiere. Sie kennen die Mitglieder ihrer Gruppe individuell, wissen, wer mit wem verwandt oder freundschaftlich verbunden ist, und sie kennen ihre eigene Rangposition und die der anderen Tiere in ihrer Gruppe. Vor allem aber verstehen sie es, dieses Wissen geschickt zu ihrem eigenen Vorteil einzusetzen.
In anderen Bereichen zeigen sich Affen dagegen seltsam begriffsstutzig: Obwohl sie z. B. wissen könnten, dass Antilopen nicht auf Bäumen leben, lassen sie sich durch den Anblick eines Antilopenkadavers auf einem Baum nicht im Mindesten aus der Ruhe bringen. Dabei signalisiert ein solches Bild höchste Gefahr: Nur Leoparden schleppen ihre Beute auf Bäume, um sie dort in Ruhe verzehren zu können.
Beobachtungen wie diese stützen die Hypothese, dass Intelligenz in erster Linie eine soziale Funktion hat. Für den sozialen Ursprung der Intelligenz sprechen auch theoretische Überlegungen: Der Umgang mit Artgenossen erfordert ein besonderes Maß an Intelligenz, wenn deren Verhalten schwer vorhersehbar ist. Schwer vorhersehbar ist Verhalten immer dann, wenn es nicht genetisch starr programmiert ist, sondern flexibel an wechselnde Umstände angepasst werden kann. Im sozialen Bereich entsteht dadurch ein positives Rückkoppelungssystem, weil der Selektionsdruck für eine Zunahme der Intelligenz vom Interaktionspartner ausgeht. Die Evolution der Intelligenz wird auf diese Weise zum „Selbstläufer".
Man sollte daher erwarten, dass sozial lebende Tiere im Durchschnitt über mehr Gehirnmasse verfügen als solche, die nur selten mit Artgenossen interagieren. Dies ist bei Säugern der Fall. Außerdem besteht bei Primaten und anderen Säugern ein Zusammenhang zwischen der für die jeweilige Art typischen Gruppengröße und der Größe ihrer Großhirnrinde – also jenem Teil des Gehirns, der für die „intelligente" Verarbeitung von Informationen zuständig ist. Kennt man die Größe der Großhirnrinde einer Art, kann man also deren Gruppengröße vorhersagen. Beim Menschen kommt man so auf einen Wert von etwa 150 Individuen. Genau dies ist die für viele Jäger- und Sammlervölker typische Gruppengröße. Schimpansengruppen haben dagegen selten mehr als 50 Mitglieder. Damit scheint das menschliche Gehirn als Anpassung an den Umgang mit ungewöhnlich vielen intelligenten Sozialpartnern entstanden zu sein.

Evolutionäre Erkenntnistheorie

Erkenntnis ist das Ziel aller Wissenschaft. Aber können wir wirklich erkennen, wie die Welt beschaffen ist? Der Philosoph IMMANUEL KANT (1724 bis 1804) widmete dieser Frage eines seiner Hauptwerke: die „Kritik der reinen Vernunft". Nach KANT erfahren wir die Welt nur, wie sie uns erscheint, aber nicht, wie sie wirklich ist.
Die modernen Naturwissenschaften geben KANT recht: Ein Stuhl ist keineswegs das massive Gebilde, das wir in ihm sehen. Er besteht aus Elementarteilchen, die einen beträchtlichen Abstand voneinander haben. Mit unseren Sinnesorganen nehmen wir nur einen sehr begrenzten Ausschnitt der tatsächlichen Welt wahr. Anderen Tieren stellt sich die Welt in vieler Hinsicht völlig anders dar als uns: Rotkehlchen können sich am Magnetfeld der Erde orientieren, Bienen ultraviolettes Licht sehen und Nilhechte elektrische Felder wahrnehmen.
Als KONRAD LORENZ (1903 bis 1989) im Jahr 1941 KANTs Lehrstuhl in Königsberg (heute Kaliningrad) übernahm, entwickelte er ausgehend von den Ideen KANTs und DARWINs eine Theorie, die die begrenzte menschliche Erkenntnisfähigkeit erklärt: die *evolutionäre Erkenntnistheorie.*
Nach dieser Theorie beruht Erkenntnis auf den Wahrnehmungen von Sinnesorganen und ihrer Verarbeitung im Gehirn. Diese Organe sind Produkte eines langen Evolutionsprozesses, und ihre Strukturen und Arbeitsweisen wurden durch die natürliche Selektion geformt: Individuen, die besser an ihre Umwelt angepasst waren als andere, hinterließen mehr Nachkommen. Demzufolge besteht die Funktion unserer Sinnesorgane und unseres Gehirns nicht darin, die Welt zu verstehen, sondern darin, in ihr zu *überleben und erfolgreich Nachkommen zu produzieren.*
Das erklärt, warum unser Erkenntnisapparat nicht vollkommen ist und warum viele Phänomene „über unseren Horizont gehen" und unanschaulich bleiben. Aber es bedeutet auch, dass unser Erkenntnisapparat zumindest bis zu einem gewissen Grad *die reale Welt* abbildet, weil er *an sie angepasst* ist.
Der Evolutionsbiologe GEORGE G. SIMPSON (1902 bis 1984) drückte es so aus: „Der Affe, der keine realistische Wahrnehmung von dem Ast hatte, auf den er sprang, war bald ein toter Affe – und gehört daher nicht zu unseren Urahnen."

8.4.2 Die Evolution der Sprache

Ende der vierziger Jahre des 20. Jahrhunderts zog ein amerikanisches Psychologenehepaar ein Schimpansenbaby namens Viki bei sich zu Hause auf, um ihm das Sprechen beizubringen. Sehr erfolgreich war der Versuch nicht. Nach Jahren mühsamen Trainings brachte es Viki nur auf vier Wörter: „mama", „papa", „up" und „cup". Auch Vikis Aussprache ließ zu wünschen übrig: Die eher gehauchten als gesprochenen Wörter waren nahezu unverständlich.

Die Sprache ist eines der wesentlichen Kennzeichen des Menschen. Sprache ermöglicht es, Informationen auszutauschen, Pläne zu schmieden und Erfahrungen an andere weiterzugeben. Damit wurde die Sprache zur wichtigsten Triebfeder für die kulturelle Evolution des Menschen.
Schimpansen können nicht sprechen. Natürlich können sich auch Tiere durch Laute verständigen. Allerdings glaubte man lange Zeit, dass die Kommunikation von Tieren etwas völlig anderes sei als die menschliche Sprache. Tiere, so hieß es, würden durch Laute nur momentane Stimmungen ausdrücken. Im Gegensatz zur Sprache sei ihnen ihre Kommunikation vollständig angeboren und unterläge keiner willkürlichen Kontrolle. Aus drei Gründen hält man diese Ansicht inzwischen für überholt: Erstens beruht die menschliche Fähigkeit, Sprache zu verstehen und zu erlernen, auf einer **angeborenen Lerndisposition,** also einem genetischen Programm.

147.1 Lernen des richtigen Lautgebrauchs bei Meerkatzen. Erwachsene machen Warnrufe, wenn sie einen gefährlichen Greifvogel entdecken; Jungtiere warnen auch vor harmlosen Störchen.

Zweitens spielen **Lernprozesse** für das Verstehen und den richtigen Gebrauch von Lauten nicht nur beim Menschen, sondern auch bei Affen und Menschenaffen eine wichtige Rolle. Und drittens ist die Art und Weise, wie nichtmenschliche Primaten miteinander kommunizieren, wesentlich komplexer und willkürlicher, als man lange Zeit dachte. Lautäußerungen von Affen bezeichnen ebenso wie menschliche Wörter bestimmte Objekte oder Ereignisse in ihrer Umwelt, und die Tiere setzen sie gezielt ein, um Informationen an Artgenossen zu übermitteln und deren Verhalten zu beeinflussen.

Der „Sprachinstinkt"

Jeder, dem die deutsche Sprache geläufig ist, erkennt sofort, dass von den folgenden beiden Sätzen nur einer grammatisch richtig ist:

Woher weißt du, wen er sah?

Wen weißt du, woher er sah?

Aber welche Regel sagt uns das? Diese Frage könnte wohl nur ein Sprachwissenschaftler beantworten. Dass wir dennoch erkennen können, welcher Satz richtig ist, beruht nach Ansicht des amerikanischen Linguisten NOAM CHOMSKY darauf, dass Menschen mit einer genetisch verankerten Sprachkompetenz ausgestattet sind, die die Grundstrukturen aller menschlichen Sprachen bestimmt. Die angeborene Sprachkompetenz versetzt Kinder in die Lage, im Prinzip jede menschliche Sprache zu verstehen und besonders leicht zu erlernen.

CHOMSKY begründet dies folgendermaßen:

1) Kinder lernen Sprache in einem Alter, in dem sie zu vergleichbaren intellektuellen Leistungen nicht entfernt fähig sind. Erwachsenen fällt es dagegen viel schwerer, eine neue Sprache zu lernen.

2) Das Erlernen einer Sprache gleicht der Aneignung einer komplizierten Theorie. Dennoch wirken sich Intelligenzunterschiede bei Kindern fast nicht auf das Ausmaß der Sprachbeherrschung aus.

3) Der Spracherwerb erfolgt beim Kind weitgehend ohne gezielten Unterricht und wird ständig perfektioniert, obwohl es viele falsche und unvollständige Sätze hört.

4) Es gibt sprachliche Universalien, also Strukturmerkmale, die alle menschlichen Sprachen gemeinsam haben.

Auch Vikis Versagen lag weniger an ihren mangelnden geistigen Fähigkeiten als daran, dass ihr die anatomischen Voraussetzungen für das Hervorbringen einer artikulierten Sprache fehlten: Nur beim Menschen befindet sich der Kehlkopf in einer für diese Tätigkeit günstigen Position. Menschenaffen, die in Zeichensprachen unterrichtet werden, sind aber durchaus in der Lage, sich durch Symbole verständlich zu machen und auch einfache Sätze zu bilden. Der im Sprachforschungslabor der Georgia State University in Atlanta aufgewachsene Bonobo Kanzi erlangte auf diesem Weg Weltruhm: Kanzi „spricht“ mithilfe einer Computertastatur, auf deren Tasten farbige Symbole für jeweils bestimmte Wörter stehen. Sein „Wortschatz“ umfasst mittlerweile mehr als 200 dieser Symbole, und die Art und Weise, wie er sie kombiniert, verrät Sinn für Grammatik.

148.1 Der Bonobo Kanzi kommuniziert über die Symbole einer Computertastatur

Trotz der beachtlichen Fähigkeiten nichtmenschlicher Primaten ist die menschliche Sprache aber eine evolutionäre Neuerwerbung. Wann in der Evolution des Menschen ist sie entstanden? Da Sprache ebenso wenig wie die aus Knorpel und anderen vergänglichen Geweben bestehenden Teile des Stimmapparates versteinert, wird sich diese Frage vielleicht nie endgültig klären lassen. Die vorhandenen Indizien werden unterschiedlich gedeutet: Nach Ansicht einiger Wissenschaftler lässt die Anatomie der Schädelbasis von Neandertalern den Schluss zu, dass diese noch nicht sprechen konnten. Andere schließen aus der Anatomie des fossilen Zungenbeines eines Neandertalers, der Größe ihres Gehirns und ihrer kulturellen Leistungen, dass diese sehr wohl in der Lage gewesen seien zu sprechen. Wieder andere vermuten, dass die Sprache erst vor etwa 35 000 Jahren ihre heutige Ausprägung erreichte – also lange nach dem Erscheinen des modernen Menschen. Zu dieser Zeit tauchten in Europa die ersten Höhlenmalereien und andere Anzeichen für eine „kulturelle Explosion“ auf.

Ähnlich schwierig ist die Frage zu beantworten, welche evolutionären Ursachen für die Entstehung der Sprache verantwortlich waren. Für die kulturelle Entwicklung der Menschheit war die Sprache zweifellos sehr förderlich, da sie eine außerordentlich effektive Weitergabe von Informationen ermöglichte. Aber dies war wohl eher eine Folge der Sprachfähigkeit und nicht ihre Ursache. Ebenfalls unwahrscheinlich ist, dass die Sprache im Zusammenhang mit der Jagd entstanden ist: Abgesehen davon, dass sich Jäger eher nichtverbal verständigen und auch Schimpansen und andere Tiere kooperativ jagen, wäre mit dieser Hypothese schwer zu erklären, warum Frauen – wie viele Untersuchungen zeigen – sprachlich kompetenter sind als Männer. Viele Wissenschaftler glauben daher, dass nicht nur die Intelligenz, sondern auch die Sprache in erster Linie eine soziale Funktion erfüllt: Wir machen Konversation, um zwischenmenschliche Beziehungen zu knüpfen und soziale Nähe herzustellen. Da jede menschliche Gesellschaft ein komplexes Netzwerk aus Kooperation und Konkurrenz darstellt, musste die Fähigkeit, sich auf diese Weise Bündnispartner zu verschaffen, einen hohen Selektionsvorteil haben.

Nichtmenschliche Primaten bedienen sich einer anderen Methode, den sozialen Zusammenhalt zwischen den Mitgliedern ihrer Gruppe zu festigen: der sozialen Fellpflege – umgangssprachlich „Lausen“ genannt. Dieser Tätigkeit widmen Affen umso mehr Zeit, je größer die Gruppe ist, in der sie leben. Allerdings kann man nicht gleichzeitig „lausen“ und Nahrung suchen. Daher ist die Zeit, die man mit „Lausen“ verbringen kann, und damit auch die Zahl der Sozialkontakte, die auf diese Weise unterhalten werden können, notwendigerweise begrenzt. Affengruppen haben daher selten mehr als 50 Mitglieder. Gruppen von Menschen, die einander persönlich kennen und miteinander kooperieren, umfassen dagegen typischerweise etwa 150 Personen. In einer solchen Gruppe ist „Lausen“ als soziales Bindemittel ungeeignet. Durch Sprache konnten die Menschen dagegen den sozialen Zusammenhalt ihrer Gruppe gewährleisten, ohne andere, lebensnotwendige Tätigkeiten zu vernachlässigen.

Die Anatomie der Sprache

Vor 140 Jahren entdeckte der französische Anatom PAUL BROCA (1824 bis 1880), dass bei einem Patienten, der Sprache zwar verstehen, selbst aber nicht sprechen konnte, eine bestimmte Region in der linken Hemisphäre der Großhirnrinde geschädigt war. Wenig später fand der deutsche Arzt CARL WERNICKE (1848 bis 1905) heraus, dass Menschen, die Schäden in einer anderen Region der linken Großhirnhemisphäre aufwiesen, zwar fließend sprechen konnten, das Gesprochene aber weitgehend ohne Sinn war.

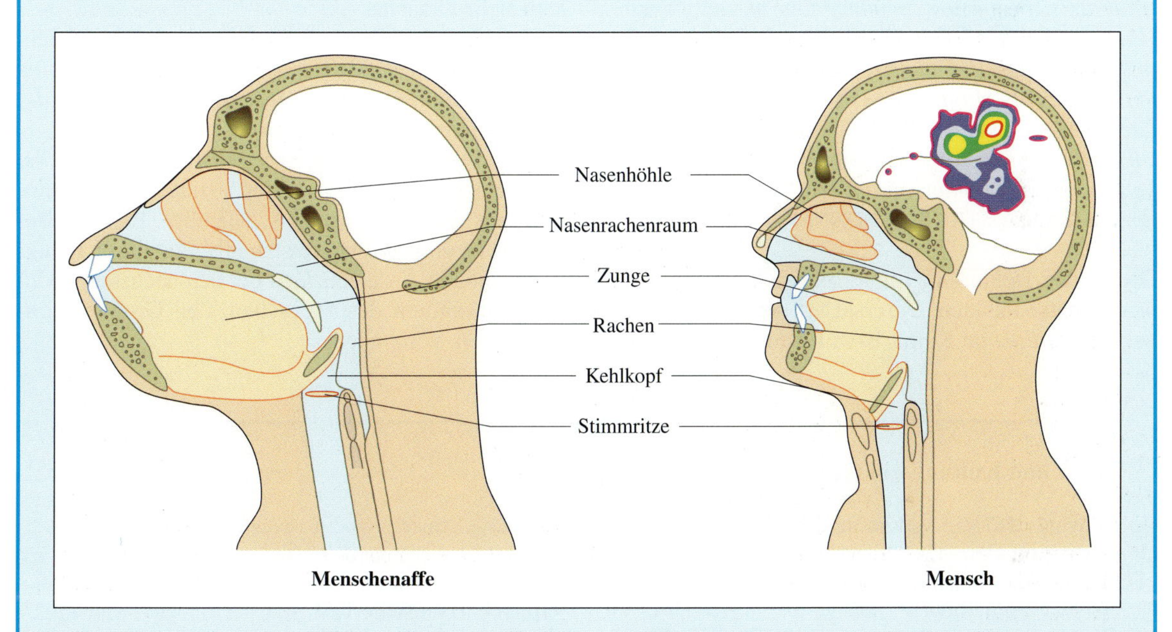

Menschenaffe **Mensch**

Heute weiß man, dass nicht nur die als „Sprachzentren" bekannt gewordenen BROCA- und WERNICKE-Regionen für das Hervorbringen und Verstehen von Sprache wichtig sind. Mit modernen Verfahren wie der Positronen-Emissions-Tomographie (PET), bei der Hirnaktivitäten durch radioaktiv markierte Substanzen sichtbar gemacht werden, lässt sich zeigen, dass hier viele andere Regionen beteiligt sind (in der Abbildung sind beim Menschen diejenigen Hirnregionen farbig markiert, die beim *Sprechen* von Wörtern aktiv sind).
Man weiß heute auch, dass die BROCA- und die WERNICKE-Region keine Neuerwerbung des Menschen sind. Bei Affen und Menschenaffen finden sich in denselben Gehirnregionen Zellansammlungen, deren Schädigung die Kommunikationsfähigkeit beeinträchtigt. Anatomische Anzeichen dafür, dass das BROCA-Zentrum schon bei den Australopithecinen und *Homo habilis* vergrößert war, sind also keine überzeugenden Beweise dafür, dass diese fossilen Vorfahren des modernen Menschen auch über eine Sprache in unserem Sinne verfügten.
Anatomische Gründe dafür, dass Menschenaffen unfähig sind, eine artikulierte Wortsprache hervorzubringen, finden sich im Aufbau ihres Stimmbildungsapparats. Der Stimmapparat des Menschen besteht aus dem Kehlkopf, dem Rachen, den Stimmbändern, der Zunge und den Lippen. Bei Affen, anderen Säugetieren und auch menschlichen Säuglingen liegt der Kehlkopf weit oben im Hals. Dadurch kann der oberste Knorpel des Kehlkopfes, der Kehldeckel, die Verbindung zwischen der Mund- und der Nasenhöhle verschließen: Das Tier kann ebenso wie der menschliche Säugling gleichzeitig schlucken und atmen – ohne sich zu verschlucken. Der für die Lautbildung wichtige Rachenraum ist allerdings drastisch eingeengt. Im Alter von 1½ Jahren beginnt der Kehlkopf beim Menschen langsam nach unten zu wandern. Etwa zur selben Zeit spricht das Baby plötzlich und ohne für die Eltern erkennbaren Grund sein erstes richtiges Wort. Möglich wird dies durch die Erweiterung des Rachenraumes oberhalb der Stimmbänder. Es entsteht ein Resonanzraum, der den von Kehlkopf und Stimmbändern gebildeten Lauten Klangfarbe und feinste Nuancierung verleihen kann. Der Stimmapparat eines Schimpansen ist dagegen nicht in der Lage, Vokale wie i, u oder a hervorzubringen, und auch die Bildung von Konsonanten bereitet nichtmenschlichen Primaten Schwierigkeiten.

8.4.3 Evolution und Kultur

Was ist Kultur? Kultur ist ein vieldeutiger Begriff: Manche verstehen darunter „die Verfeinerung des Geschmacks und des Benehmens sowie des Kunstverständnisses". Begriffe wie „Kulturnation" legen nahe, dass es auch Nationen gibt, die nicht über Kultur verfügen. Andere halten für „Kultur" alles, was nicht „Natur" ist: „Kultur ist geleistet, ist Schöpfung nach menschlichem Entwurf; Natur ist gewachsen."
Zwei – von weit über hundert – Definitionen fassen den Begriff ein wenig genauer:

„Kultur (...) ist jenes komplexe Ganze, das Wissen, Glauben, Kunst, Moral, Recht, Sitte, Brauch und alle anderen Fähigkeiten und Gewohnheiten umfasst, die der Mensch als Mitglied einer Gesellschaft erworben hat." (EDWARD B. TYLER, Ethnologe, 1871)
„Kultur ist die Weitergabe von Informationen durch Verhalten, insbesondere durch den Vorgang von Lehren und Lernen." (JOHN T. BONNER, Biologe, 1980)

Die beiden Definitionen unterscheiden sich in zwei wesentlichen Punkten: Die erste legt den Schwerpunkt auf die *Inhalte* von Kultur bzw. Kulturen und sie betrachtet Kultur als etwas *spezifisch Menschliches.* Die zweite Definition legt den Schwerpunkt dagegen auf die Art und Weise der *Weitergabe* von Informationen, und für sie ist Kultur bzw. Kulturfähigkeit *nicht* von vornherein spezifisch menschlich: Die Weitergabe von Informationen durch Verhalten ist auch bei vielen Tieren üblich.
Die biologische Definition hebt auch den von der abendländischen Philosophie behaupteten Gegensatz zwischen den Begriffen „Natur" und „Kultur" auf: Kultur ist nicht plötzlich und ohne erkennbaren Grund über die Menschheit hereingebrochen, sondern sie hat als Ergebnis eines langen Evolutionsprozesses eine natürliche Ursache.
In diesem Evolutionsprozess hat sich Kultur als ein außerordentlich *effektives und daher von der natürlichen Selektion begünstigtes Mittel der Daseinsbewältigung* erwiesen.
Die wichtigsten Voraussetzungen für die Evolution der menschlichen Kultur waren soziales Lernen, einsichtiges Handeln, vorausschauendes Planen, Bewusstsein und Symbolverständnis. All diese Fähigkeiten sind in Ansätzen auch bei den nächsten lebenden Verwandten des Menschen, den Großen Menschenaffen, vorhanden.

Natur und Kultur – ein Gegensatz?

Im Winter 1615/16 verbrachte der Franzose SAMUEL DE CHAMPLAIN einige Monate bei den Huronen, einem kanadischen Indianervolk. Dort beobachtete er einen merkwürdigen Brauch: *„Die Kinder",* schrieb er in seinem Reisebericht, *„sind niemals die Erben ihres Vaters (...). Die Ehemänner setzen vielmehr zu ihren Nachfolgern und Erben die Kinder ihrer Schwestern ein (...)."* Spätere Reisende fanden diesen Brauch bei einer ganzen Reihe anderer Völker. Man bezeichnet ihn als **Avunkulat** (*avunculus:* lat. = „Oheim", d. h. Onkel mütterlicherseits).
Zweifellos ist das Avunkulat ein kulturelles Phänomen. Kultur aber hat nach weit verbreiteter Ansicht mit Biologie nicht nur nichts zu tun, sondern ist etwas völlig anderes: *„Unsere Kultur ist ganz allgemein auf die Unterdrückung von Trieben aufgebaut",* betonte SIGMUND FREUD schon 1908. Nach dieser Auffassung werden wir also erst dann zum wirklichen Menschen, wenn wir unsere „triebhafte" Natur mit kulturellen Mitteln beherrschen.
Bei genauerer Betrachtung scheint der Gegensatz zwischen Kultur und Natur allerdings zu verschwimmen. CHAMPLAIN stellte nämlich fest, dass sich die Huronen durch eine bemerkenswerte sexuelle Freizügigkeit auszeichneten: Auch Verheiratete beschränkten ihre Sexualkontakte nicht auf den jeweiligen Ehepartner. Die **Vaterschaftsunsicherheit,** mit der Männer ohnehin grundsätzlich konfrontiert sind, wurde dadurch zu einem besonderen Problem: Die Männer konnten nie sicher sein, dass die Kinder ihrer Frauen auch tatsächlich ihre eigenen waren.
Darüber, wer die *Mutter* eines Kindes ist, besteht aber auch bei sexueller Freizügigkeit im Allgemeinen kein Zweifel. Insofern konnten sich die Huronenmänner nur sicher sein, in ihr eigenes Erbgut (und nicht in das ihrer Konkurrenten) zu investieren, wenn sie ihr Erbe den Kindern ihrer Schwestern vermachten: Mit diesen waren sie auf jeden Fall verwandt. Die kulturelle Institution des Avunkulats stand also offenbar im Dienst eines biologischen Prinzips: der **Verwandtenselektion.**

A1 Psychologen konnten jüngst zeigen, dass in unserer Gesellschaft Kinder durchschnittlich mehr Zuwendung von ihren Großmüttern mütterlicherseits als von ihren Großmüttern und vor allem ihren Großvätern väterlicherseits erfahren. Erklären Sie diesen Befund.

Kultur bei Tieren?

Im September des Jahres 1953 machte ein 1½ Jahre altes Affenmädchen, das auf der japanischen Insel Koshima lebte, eine folgenschwere Entdeckung: Es stellte fest, dass die Süßkartoffeln, die Wissenschaftler am Strand ausgestreut hatten, sehr viel besser schmeckten, wenn es sie im nahen Bach wusch. Die Erfindung machte bald die Runde: Fünf Jahre später wuschen fast alle Affen der Insel ihre Kartoffeln, und sie taten es nun nicht mehr im Bach, sondern im Meer. Die Affen hatten das Würzen erfunden. Nur die älteren Männchen blieben konservativ und machten die neue Mode nicht mit. Mütter gaben die neue Gewohnheit aber an ihre Kinder weiter – Kartoffelwaschen war zur **Tradition** geworden.
Traditionen kommen durch die Weitergabe von Verhalten durch Lehren und Lernen zustande. Im Sinne der biologischen Kulturdefinition handelt es sich also um Kultur. In anderen Gegenden haben die Rotgesichtsmakaken Japans andere Traditionen entwickelt. In der Nähe der Olympiastadt Nagano baden sie beispielsweise im Winter in heißen Quellen.

151.1 Rotgesichtsmakaken. A beim Waschen von Kartoffeln; B beim Baden in einer heißen Quelle

Die Evolution sozialer Normen

Vor langer Zeit gab es in der menschlichen Urhorde einen Urvater, der alle Frauen monopolisierte. Seine Söhne, die ihre Mütter begehrten, waren sexuell frustriert. Irgendwann waren sie es leid, töteten den Urvater und konnten nun endlich mit ihren Müttern schlafen. Bald aber überkam sie Reue ob ihrer Tat, und zur Strafe erlegten sie sich auf, nie wieder mit ihren Müttern zu schlafen.
So lautet – stark verkürzt – die allegorische Geschichte, mit der der Wiener Psychiater SIGMUND FREUD (1856 bis 1939) den Ursprung des **Inzesttabus** zu erklären versuchte. Die Geburtsstunde des Inzesttabus war aber noch viel mehr: Hier lag auch der Ursprung des menschlichen Gewissens und der Moral, es war die Geburtsstunde der Kultur und der menschlichen Gesellschaft.
Ein solches Tabu, das in allen menschlichen Gesellschaften existiert, könne keinen biologischen Ursprung haben, meinte FREUD: „Es gibt kein Gesetz, welches dem Menschen befiehlt zu essen und zu trinken (...). Das Gesetz verbietet den Menschen nur, was sie unter dem Drängen ihrer Triebe ausführen könnten. Was die Natur selbst verbietet und bestraft, das braucht nicht erst das Gesetz zu verbieten und zu strafen." Viele andere Wissenschaftler pflichteten ihm bei: Das Inzesttabu musste ebenso wie die vielen anderen sozialen Normen, mit denen Menschen ihr Zusammenleben regeln, ein Kulturprodukt sein.
Aber ist das wirklich so? Auch die Ermordung von Vater oder Mutter ist in allen menschlichen Gesellschaften tabuisiert, und doch käme wohl niemand auf den Gedanken, wir würden von Natur aus zu solchen Taten neigen. Dennoch wurde der finnische Wissenschaftler EDWARD WESTERMARCK verlacht, als er um 1900 behauptete, Menschen besäßen eine angeborene Aversion gegen sexuelle Kontakte mit nahen Verwandten. Heute ist WESTERMARCK vollständig rehabilitiert: Die Wurzeln des Inzesttabus reichen bis tief in die Tierwelt zurück, und auch Menschen neigen nicht dazu, sexuelle Beziehungen mit Menschen einzugehen, mit denen sie in der Kindheit eng verbunden waren. Biologisch macht dies unter anderem deshalb Sinn, weil auf diese Weise die Wahrscheinlichkeit verringert wird, dass schädliche rezessive Gene homozygot werden.
Wie aber kann man dann die Existenz kulturell tradierter sozialer Normen erklären, die Inzest verbieten? Sind sie nicht eigentlich überflüssig? Vielleicht. Aber Menschen neigen dazu, Dinge, die sie nicht verstehen, zu rationalisieren oder zu mystifizieren. Gerade weil Menschen im Allgemeinen *nicht* dazu neigen, mit nahen Verwandten sexuell zu verkehren, erscheinen Abweichungen von dieser Norm *ab*norm und unheimlich. Sie werden tabuisiert.
Das Gebot *„Du sollst nicht töten"* ist ein weiteres Beispiel dafür, dass Moral einen evolutionsbiologischen Ursprung hat. Im hebräischen Text steht das Wort *razach* für töten. *Razach* aber bezieht sich nur auf die Ermordung von Angehörigen des eigenen Stammes, also Menschen, mit denen man verwandt oder eng verbunden ist. Friedfertigkeit und Nächstenliebe innerhalb der eigenen Gruppe haben aber evolutionsbiologische Ursachen: Verwandtenselektion und reziproken Altruismus.

Merkmal	biologische Evolution	kulturelle Evolution
Prinzip	darwinisch	lamarckisch
Informations-einheit	Gen	Mem
Informations-speicher	DNA	Gehirn, technische Datenträger
Ursprung der Variabilität	Mutationen, Rekombination	neue Ideen, Erfindungen, Entdeckungen, Einstellungen
Informations-übertragung	Vererbung	Tradierung durch Nachahmung, Sprache, Schrift etc.
besondere Kennzeichen	obligatorisch einmalig (Befruchtung) an genetische Verwandtschaft gebunden	fakultativ ständig nicht an genetische Verwandtschaft gebunden
Informations-ausbreitung	nur vertikal, also von Elter(n) zu Kind(ern); in der Regel an Art-grenzen gebunden	vertikal und horizontal; nicht an Artgrenzen gebunden
Selektions-mechanismus	unterschiedlicher Fortpflanzungs-erfolg der Organismen	unterschiedliche Akzeptanz neuer Meme
Anpassungs-mechanismen	natürliche Selektion	Lernen am Erfolg bzw. Misserfolg, Nachahmen der Erfolgreichen
Geschwindigkeit	langsam	schnell
Auswirkungen	Anpassung der Lebewesen an ihre Umwelt, Artbildung, Stammesgeschichte	Anpassung der Umwelt an die Bedürfnisse des Menschen, Kulturgeschichte

152.1 Biologische und kulturelle Evolution im Vergleich

Kulturelle Evolution. Biologische Evolution und Kulturgeschichte stimmen in bestimmten Merkmalen überein, in anderen unterscheiden sie sich. Gemeinsam ist beiden Prozessen, dass sie auf dem Erwerb, der Anhäufung und der selektiven Weitergabe ausgewählter Informationen beruhen. Ähnlich wie die biologische Evolution ist daher auch die Kulturgeschichte durch eine Veränderung von Kulturinhalten, also durch eine *Entwicklung,* gekennzeichnet. In Analogie zur biologischen Evolution spricht man daher auch von *kultureller Evolution.*

Der charakteristische Unterschied zwischen beiden Prozessen besteht in der Art der weitergegebenen Informationen und vor allem der Art und Weise ihrer Weitergabe. Bei der biologischen Evolution erfolgt die Informationsweitergabe über **Gene.** Diese sind in der DNA gespeichert, unterliegen zufälligen Veränderungen (Mutationen) und werden von Eltern an ihre Kinder weitergegeben. Dabei werden sie bei zweigeschlechtlicher Fortpflanzung ständig neu kombiniert. Kulturelle Evolution erfolgt dagegen über die Weitergabe von Erfahrungen, die im Gehirn oder in Büchern, Zeitungen und anderen künstlichen Datenträgern gespeichert werden und – nicht selten verändert – an andere Individuen weitergegeben werden. In Analogie zu den Genen hat der britische Evolutionsbiologe RICHARD DAWKINS Informationen, die sich auf diese Weise „fortpflanzen", **Meme** genannt. Da in der kulturellen Evolution individuell erworbene Erfahrungen weitergegeben werden, kommt es hier zu jenem Evolutionsmechanismus, den LAMARCK irrtümlich auch für die biologische Evolution annahm: der *„Vererbung" erworbener Eigenschaften!*

Obwohl Meme das Produkt von Gehirnen sind, darf man die kulturelle Evolution aber nicht ausschließlich als rationale Schöpfung des menschlichen Verstandes betrachten: Erlernten Verhaltensregeln und Gebräuchen folgen Menschen fast ebenso blind wie ererbten Instinkten.

Die im Vergleich zur biologischen Evolution enorme Geschwindigkeit der kulturellen Evolution beruht im Wesentlichen auf drei Merkmalen:

1. Die Übertragung genetischer Informationen erfolgt bei jedem Lebewesen nur ein einziges Mal: zu Beginn seines Individuallebens. Erfahrungen können dagegen das ganze Leben über gesammelt und weitergegeben werden.

2. Veränderungen im Erbgut kommen nur durch Mutationen und Rekombination zustande. Das Individuum hat darauf keine Einflussmöglichkeiten. Moderne Methoden der Gentechnologie machen Eingriffe in das Erbgut heute zwar prinzipiell möglich, aber Eingriffe in die menschliche Keimbahn werden –

noch (!) – von allen Entscheidungsträgern abgelehnt. Durch Lernen erworbene Informationen können dagegen jederzeit verändert, verbessert und auch rückgängig gemacht werden.

3. Gene werden nur von Eltern an Kinder weitergegeben (die sich gegen diese „Mitgift" nicht wehren können). Meme können dagegen – ebenso wie Krankheitserreger – beliebig viele Individuen „infizieren". Sprache, Schrift und moderne Methoden der Informationsübermittlung haben die Ausbreitungsgeschwindigkeit neuer Meme noch erheblich erweitert. Nicht zu Unrecht wird das Zeitalter, in dem wir leben, auch als „Informationszeitalter" bezeichnet.

Mehr als irgendein Tier vor ihm hat der Mensch seine kulturellen Möglichkeiten dazu genutzt, die Welt, in der er lebt, zu beeinflussen, zu verändern und an seine Bedürfnisse anzupassen. Werkzeuge erschlossen neue Nahrungsnischen und erleichterten die Bekämpfung von Feinden. Die Beherrschung des Feuers ermöglichte ebenso wie die Herstellung von Kleidung und Behausungen die Besiedlung so unwirtlicher Lebensräume wie Mitteleuropa. Die Haltung und Zucht von Haustieren und Nutzpflanzen machte die Menschen von natürlichen Schwankungen des Nahrungsangebots unabhängiger und führte zu einem starken Anstieg des Bevölkerungswachstums. Fortschritte in Medizin und Hygiene drängten Krankheiten zurück und erhöhten die Lebenserwartung.

All dies hatte aber auch seinen Preis. Während Wildbeuter wie die in der Kalahari lebenden Buschleute eine 40-Stunden-Woche haben, mussten die Menschen im Neolithikum wegen der zunehmenden Bevölkerungsdichte immer *mehr* arbeiten: Immer *mehr* Münder mussten gestopft werden. Die Menschen mussten also immer *mehr* produzieren, immer *intensiver* wirtschaften, immer *mehr* Land urbar machen. Fortschritte in Medizin und Hygiene führten seit dem 19. Jahrhundert schließlich zu einer regelrechten Bevölkerungsexplosion: 1850 lebten auf der Erde eine Milliarde Menschen, 1980 waren es vier Milliarden, heute sind es knapp sechs Milliarden. Bis zum Jahr 2050 wird die Weltbevölkerung vermutlich auf zehn Milliarden Menschen anwachsen. Die Folgen für die Vielfalt des übrigen Lebens auf der Erde sind gravierend: Vorsichtigen Schätzungen zufolge sterben von den etwa zehn Millionen lebenden Arten heute *stündlich* drei Arten aus.

2,5 Mio v. Chr.	erste **Steinwerkzeuge** in Kenia und Äthiopien
1,5 Mio	erste Hinweise auf **Gebrauch des Feuers** (Südafrika); Beginn der Acheuléen-Kultur
800 000	nach der Einwanderung von *Homo erectus* auf die indonesische Insel Flores **sterben** mehrere dort heimische Wirbeltierarten **aus;** auch bei der späteren Besiedelung Australiens, Nordamerikas, Madagaskars und Neuseelands durch *Homo sapiens* kommt es jeweils zum plötzlichen **Massenaussterben** großer Säuger und Vögel
380 000	Vorläufer des modernen Menschen errichten in Terra Amata bei Nizza erste **Pfahlbauten**
60 000	das Blumengrab von Shanidar im Irak deutet auf **religiöse Vorstellungen** bei Neandertalern hin
30 000	erste **Höhlenmalereien** in Europa
11 000	die Domestikation von Pflanzen und Tieren im Nahen Osten leitet die **„neolithische Revolution"** ein
3500	die Sumerer in Mesopotamien erfinden das **Rad**
3200	**Keilschriftzeichen** auf Tontafeln in Mesopotamien
850 n. Chr.	Erfindung des **Schießpulvers** in China
868	Erfindung des **Buchdrucks** mit Druckplatten aus Stein in China
um 1100	Araber erfinden die **Brieftaubenpost**
1448	**Buchdruck** mit beweglichen aus Blei gegossenen Lettern durch JOHANNES GENSFLEISCH, genannt GUTENBERG
1543	NIKOLAUS KOPERNIKUS ersetzt das bislang geltende geozentrische Weltbild durch das **heliozentrische Weltbild**
1765	die Erfindung der Dampfmaschine durch JAMES WATT markiert den Beginn der **industriellen Revolution**
1847	Einführung von **Hygienestandards** durch IGNAZ SEMMELWEIS
1859	CHARLES DARWIN revolutioniert das **biologische Weltbild**
1861	PHILIPP REIS erfindet das **Telefon**
1887	erste benzinbetriebene **Automobile**
1903	die Brüder WRIGHT **fliegen** über den Atlantik
1928	ALEXANDER FLEMING entdeckt das **Penicillin**
1929	in Berlin geht der erste **Fernsehempfänger** in Serie
1945	Hiroshima und Nagasaki werden durch **Atombomben** zerstört
1953	JAMES WATSON und FRANCIS CRICK entschlüsseln die DNA-Struktur und leiten damit die **molekularbiologische Revolution** ein
1969	Amerikaner landen auf dem **Mond**
ab 1980	Computer erobern die Haushalte – das **Informationszeitalter** beginnt
1986	Explosion eines Kernreaktors in **Tschernobyl**
ab 1989	das **Internet** verbindet Computer zu einem weltumspannenden Datennetz

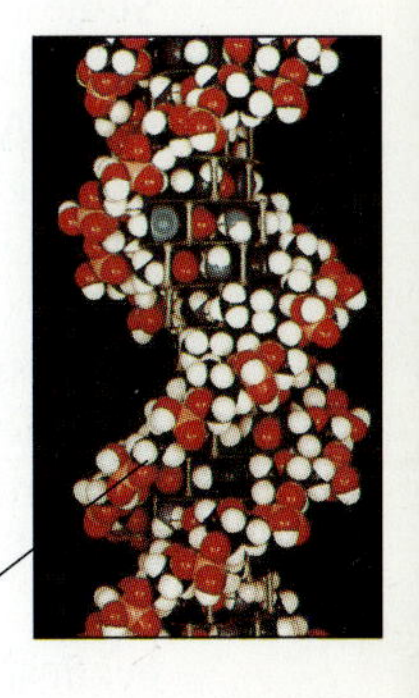

153.1 Einige Marksteine der kulturellen Evolution

8.4.4 Evolution und die Zukunft der Menschheit

Im Jahr 1894 schrieb DARWINs Freund und Mitstreiter ALFRED R. WALLACE: „In einer meiner letzten Unterhaltungen mit DARWIN sprach er sich sehr wenig hoffnungsvoll über die Zukunft der Menschheit aus, und zwar aufgrund der Beobachtung, dass in unserer modernen Zivilisation eine natürliche Auslese nicht zustande komme und die Tüchtigsten nicht überlebten. Die Sieger im Kampf um das Geld sind keineswegs die Besten oder die Klügsten, und bekanntlich erneuert sich unsere Bevölkerung in jeder Generation in stärkerem Maße aus den unteren als aus den mittleren und oberen Klassen."

Wie das Zitat zeigt, ist die Befürchtung, bestimmte Begleiterscheinungen der Zivilisation wirkten sich zum biologischen Schaden der Menschheit aus, alt. Sie bewegt aber immer noch viele Menschen. Dahinter steckt – ausgesprochen oder unausgesprochen – die Vorstellung, biologische Evolution verlaufe nach dem Prinzip „Immer schneller, höher, weiter, besser", während fragwürdige „Segnungen" der Zivilisation dieses erstrebenswerte Ziel wieder zunichte machen. Aber diese Vorstellung ist falsch: Die Evolution hat kein „Ziel", und auch „Fortschritt" – was immer man darunter versteht – ist kein systemimmanentes Prinzip der Evolution. Zwar zeichnen sich viele Tier- und Pflanzenarten durch eine bewundernswerte Komplexität aus, und in vielen Entwicklungslinien ist auch eine Zunahme der Komplexität erkennbar. Die Evolution der Blutkreislaufsysteme bei den Wirbeltieren ist dafür ebenso ein Beispiel wie die Evolution von Sinnesorganen und Nervensystemen. Bei vielen Tier- und Pflanzengruppen findet man aber auch eine drastische Abnahme der Komplexität. Beispiele sind flugunfähige Vögel, Höhlenbewohner oder unterirdisch lebende Tiere, deren Augen reduziert sind, und vor allem viele parasitisch lebende Arten. Schließlich haben sich viele Arten seit Millionen von Jahren nicht verändert. Die „primitiven" Bakterien etwa sind seit Milliarden von Jahren unerhört erfolgreich.
Nicht Fortschritt ist also das Erfolgsrezept der Evolution, sondern Anpassung: Die natürliche Selektion begünstigt Merkmale, die es ihren Trägern gestatten, mehr überlebende Nachkommen zu produzieren als ihre Konkurrenten. Falsch ist auch die Vorstellung, die natürliche Selektion wirke sich automatisch zum „Wohl der Menschheit" oder irgendeiner anderen Art aus. Selektion ist ein durch und durch eigennütziger Prozess, der nur am reproduktiven Vorteil, den er einem Individuum verschafft, gemessen werden kann.

Zweifellos hat der Mensch durch die kulturelle Evolution die Selektionsbedingungen, unter denen er lebt, verändert. Die Rot-Grün-Blindheit ist ein relativ harmloses Beispiel. In Deutschland findet sich dieses Merkmal bei etwa 8 % aller Männer und 0,5 % aller Frauen (der Unterschied erklärt sich dadurch, dass die für den Defekt verantwortlichen Gene auf dem X-Chromosom liegen und rezessiv vererbt werden; die Wahrscheinlichkeit, dass beide X-Chromosomen betroffen sind, ist gering). In traditionellen Jäger- und Sammler-Gesellschaften ist das Merkmal erheblich seltener, und das hat einen einfachen Grund: Ein Jäger oder Sammler, der rote Objekte nicht von grünen unterscheiden kann, hat ein Problem und wird im Durchschnitt weniger Nachkommen zeugen als ein normalsichtiger Konkurrent. In einer bäuerlichen Gesellschaft war dieser Selektionsnachteil weit weniger bedeutend: Die Gene für Rot-Grün-Blindheit konnten sich ausbreiten.
Aber die natürliche Selektion sorgt nicht zwingend dafür, dass nachteilige Gene aus der Population verschwinden; sie kann paradoxerweise auch dafür sorgen, dass Gene, die für ihren Träger nachteilig sind, erhalten werden oder sogar zunehmen können. Bestimmte Formen manischer Depression sind beispielsweise genetisch bedingt. Während der manischen Phase werden manche Menschen, die an dieser Krankheit leiden, sexuell aggressiv. Andere vollbringen Höchstleistungen, die sie erfolgreich und attraktiv machen. Ein Gen aber, das die Wahrscheinlichkeit für eine erfolgreiche Fortpflanzung erhöht, wird sich unweigerlich ausbreiten – auch dann, wenn es für die Gesundheit des Betroffenen nachteilig ist.

Wie immer man es betrachtet: Für die Vorstellung, dass die natürliche Selektion – ließe man sie gewähren – für eine stetige „Höherentwicklung" der Menschheit sorgen würde, gibt es nicht den geringsten Anhaltspunkt. Ebenso wenig gibt es Anhaltspunkte dafür, dass wir uns gegenwärtig in einer Phase der genetischen „Degeneration" befänden. Die Gehirngröße des Menschen hat in den letzten 150 000 Jahren zwar nicht zugenommen, sondern sogar leicht abgenommen; dass wir in dieser Zeit dümmer geworden wären, wird aber niemand behaupten können. Auch die schon zu DARWINs Zeiten geäußerte Befürchtung, geistig minderbemittelte Menschen würden sich überdurchschnittlich vermehren und damit für die geistige Degeneration der Menschheit sorgen, steht auf schwachen Füßen: Psychologen haben nämlich herausgefunden, dass der Intelligenzquotient in den letzten Jahrzehnten stetig zugenommen hat. Ob dies bedeutet, dass wir klüger geworden sind, ist freilich eine offene Frage.

AUFGABEN

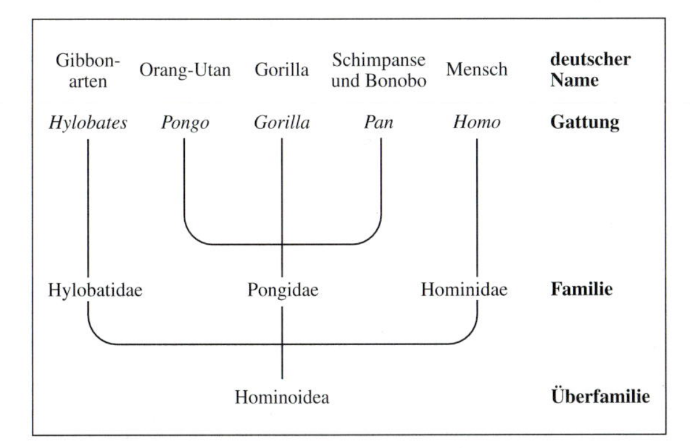

155.1 Traditionelle Klassifikation der Hominoidea (Menschenaffen und Menschen)

A1 Unter Biologen ist es seit langem unstrittig, dass der Mensch in die von LINNÉ geschaffene Ordnung der Primaten gehört. Traditionell wird diese Ordnung in mehrere Unterordnungen, Zwischenordnungen, Überfamilien, Familien und Gattungen aufgeteilt (vergleiche Abbildung 121.1). Diese Kategorien geben die Verwandtschaftsbeziehungen zwischen den einzelnen Arten wieder. So bestehen beispielsweise zwischen den Arten einer Gattung oder Familie engere Verwandtschaftsbeziehungen als zwischen Arten verschiedener Gattungen oder Familien.
Zur Überfamilie der Hominoidea (Menschenaffen und Menschen) gehören nach Auffassung der traditionellen Systematik drei Familien: die Hylobatidae (Gibbons oder Kleine Menschenaffen), die Pongidae (Große Menschenaffen) und die Hominidae (Menschen), zu denen auch die ausgestorbenen Australopithecinen gezählt werden. Diese seit 1945 gültige Systematik der Hominoidea ist in Abbildung 155.1 wiedergegeben. Sie stützt sich im Wesentlichen auf morphologische Merkmale.
Nach Auffassung von Molekulargenetikern ist dieser klassische Stammbaum revisionsbedürftig. Ihre mithilfe von DNA-Hybridisierungen gewonnenen Ergebnisse über die Verwandtschaftsbeziehungen zwischen den Mitgliedern der Überfamilie Hominoidea sind in Abbildung 155.2 wiedergegeben.

Art	M	Sch	B	Go	O	Si	Gi
Mensch	0	–	–	–	–	–	–
Schimpanse	1,6	0	–	–	–	–	–
Bonobo	1,6	0,7	0	–	–	–	–
Gorilla	2,3	2,2	2,4	0	–	–	–
Orang-Utan	3,6	3,6	3,6	3,6	0	–	–
Siamang	4,7	5,1	4,2	4,5	4,9	0	–
Gibbon	4,8	4,8	5,0	4,8	4,7	2,0	0

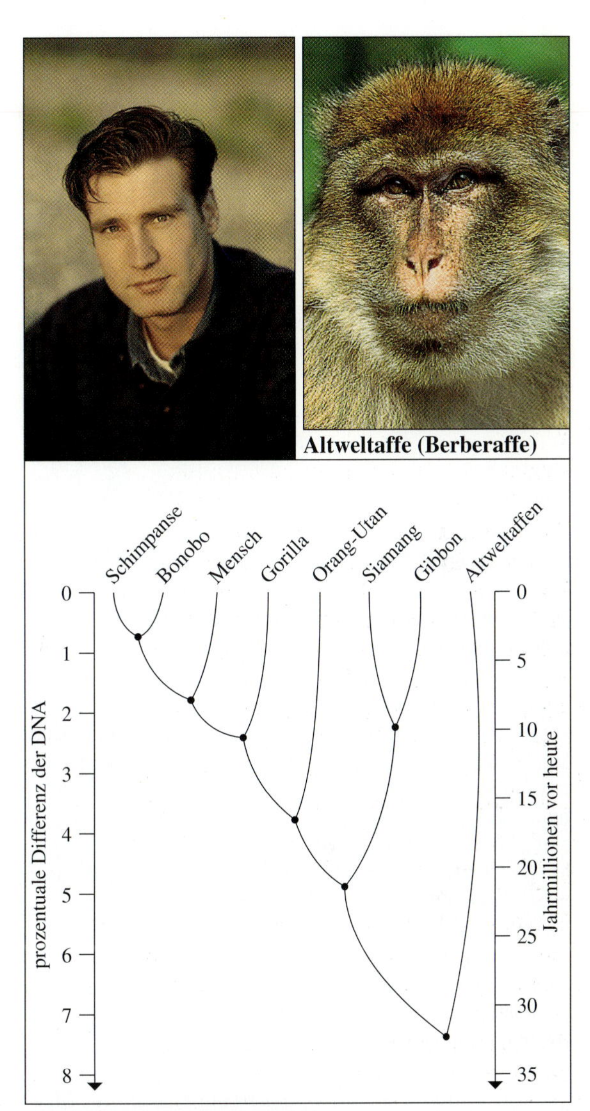

155.2 Verwandtschaftsbeziehungen zwischen Menschenaffen und Menschen basierend auf DNA-Hybridisierungen

Die Tabelle gibt die von den Molekulargenetikern gefundenen Unterschiede in der DNA verschiedener Arten (in Prozent der Basenpaare) wieder. Mithilfe dieser Daten und dem Verfahren der molekularen Uhr konstruierten sie den in Abb. 155.2 dargestellten Stammbaum.

a) Inwiefern widersprechen die molekularbiologischen Daten dem in Abb. 155.1 dargestellten Stammbaum?

b) Zeichnen Sie die in Abbildung 155.1 dargestellte Klassifikation von Menschenaffen und Menschen so um, dass sie den molekularbiologischen Erkenntnissen gerecht wird.

AUFGABEN

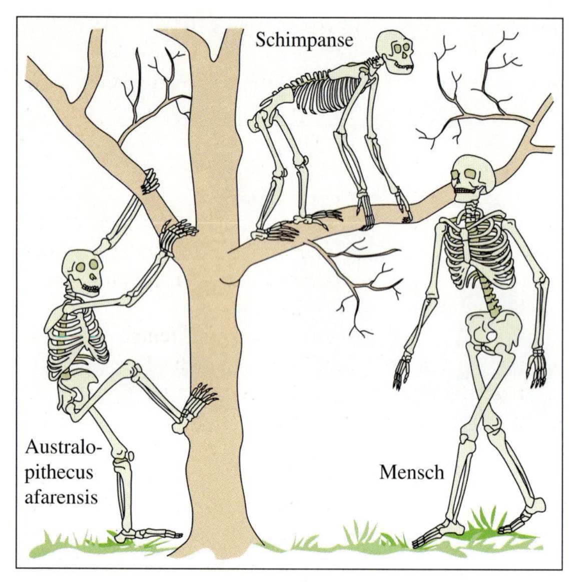

156.1 Skelettvergleich Mensch, Schimpanse, *Australopithecus*

A2 Fossilfunde der ausgestorbenen Australopithecinen zeigen in manchen Merkmalen Ähnlichkeiten mit heute lebenden Menschenaffen, in anderen dagegen Ähnlichkeiten mit modernen Menschen. Derartige Lebewesen, die Merkmale verschiedener Gruppen vereinigen, nennt man Übergangs- oder **Mosaikformen.**

a) Wie lassen sich Mosaikformen evolutionsbiologisch interpretieren?

b) Stellen Sie in einer Tabelle zusammen, welche Merkmale die Australopithecinen als Verwandte der Menschenaffen ausweisen und welche Merkmale sie mit heutigen Menschen gemeinsam haben. Orientieren Sie sich dabei an der obigen Abbildung und an dem Text auf den Seiten 125 bis 129.

A3 Heute gibt es mit *Homo sapiens* nur eine einzige Menschenart auf der Erde. Lange Zeit waren Anthropologen der Ansicht, dass dies schon immer so gewesen wäre: Nach dieser Vorstellung hatte sich *Australopithecus africanus* (oder *Australopithecus afarensis*) geradlinig über *Homo erectus* zum heutigen *Homo sapiens* weiterentwickelt. Danach war beispielsweise der Neandertaler nur eine zeitlich und geografisch begrenzte Unterart des modernen Menschen. Die heute bekannten Fossilien und Analysemöglichkeiten deuten demgegenüber darauf hin, dass bis zum Verschwinden der Neandertaler vor etwa 30 000 Jahren jeweils mehrere Arten der Gattung *Homo* zum Teil zeitgleich nebeneinander gelebt haben. *Wie viele* Arten es gegeben hat, ist unter den Fachleuten jedoch immer noch heftig umstritten.
Worauf gründet sich diese Unsicherheit?

156.2 Die „Kluft" zwischen Mensch und Tier
(aus einem religiösen Traktatheft)

A4 Durch die gesamte europäische Geistesgeschichte zieht sich die Vorstellung, dass sich „der Mensch" von „dem Tier" grundsätzlich unterscheide, dass dem Menschen eine „Sonderstellung" im Tierreich zukomme. Die Ansichten darüber, was den Menschen vor allen Tieren auszeichne, haben sich im Verlauf der Geschichte allerdings gründlich gewandelt. So war man beispielsweise bis zur Mitte des 19. Jahrhunderts davon überzeugt, nur der Mensch sei in der Lage, Werkzeuge zu gebrauchen. Dies galt gleichzeitig als Beweis dafür, dass nur der Mensch Zusammenhänge zwischen Ursache und Wirkung erkennen könne. Schon DARWIN wusste allerdings zu berichten, dass „der Schimpanse (...) aber im Naturzustande eine wilde Frucht, ungefähr einer Walnuss ähnlich, mit einem Stein" knackt.
Heute gelten Bewusstsein, Einsicht, Sprache und Kultur als wesentliche Merkmale des Menschen. Diskutieren Sie, ob sich anhand dieser Merkmale eine „Sonderstellung" des Menschen im Tierreich begründen lässt.

1850	der Mensch	ein Werkzeugverwender
1950	der Mensch	ein Werkzeugmacher
1960	der Mensch	ein geschickter Werkzeugmacher
1970	spezifisch menschlich	der Werkzeuggebrauch zur Werkzeugherstellung
1985	spezifisch menschlich	die Werkzeugherstellung zur Werkzeugherstellung

156.3 Grenzverschiebungen „spezifisch menschlicher" Eigenschaften am Beispiel des Werkzeugverhaltens

GLOSSAR

Acheuléen-Kultur: nach einem französischen Fundort benannte Kulturstufe, die durch die Herstellung von (→) Faustkeilen gekennzeichnet ist

Australopithecinae, umgangssprachlich *Australopithecinen:* Unterfamilie innerhalb der Familie der (→) Hominidae, der die ausgestorbenen Gattungen *Ardipithecus, Australopithecus* und *Paranthropus* angehören

Avunkulat: der bei manchen Völkern verbreitete Brauch, dass Männer ihren Besitz nicht an die Kinder ihrer Frau, sondern an die Kinder ihrer Schwestern weitergeben

Cro-Magnon-Menschen: nach einem französischen Fundort benannte fossile Vertreter des *Homo sapiens*

DNA-Hybridisierung: molekulargenetische Methode zur Verwandtschaftsanalyse verschiedener Arten

evolutionäre Erkenntnistheorie: Theorie, die die menschliche Erkenntnisfähigkeit lediglich auf Anpassungen zurückführt, die Überlebens- und Fortpflanzungsvorteile boten

Faustkeil: beidseitig bearbeitetes Vielzweckwerkzeug aus Stein („Schweizer Messer der Steinzeit"); charakteristisches Werkzeug der (→) Acheuléen-Kultur

Fossil: durch Einlagerung von Mineralien („Versteinerung") oder auf andere Weise erhalten gebliebener Rest eines Lebewesens

Frühmensch: populäre Bezeichnung für verschiedene Vorläufer des modernen Menschen, die während des (→) Pleistozäns lebten (z. B. *Homo erectus, H. neanderthalensis*)

genetische Distanz: Maß für die genetische Verwandtschaft verschiedener Populationen oder Arten

genetischer „Fingerabdruck": molekulargenetische Methode zur Identifizierung von Individuen und Feststellung von Verwandtschaftsbeziehungen

Hominidae, umgangssprachlich *Hominiden:* Familie innerhalb der Ordnung der Primaten, die früher auf heutige Menschen und ihre aufrecht gehenden Vorläufer beschränkt war, der heute aber vielfach auch einige oder alle Großen Menschenaffen zugerechnet werden

Hominoidea: Überfamilie in der Ordnung der Primaten, der fossile und heute lebende Menschenaffen und Menschen, einschließlich der (→) Australopithecinen, angehören

Inzest: Geschlechtsverkehr zwischen nahen Verwandten

Kultur: Gesamtheit aller Merkmale, die nicht genetisch, sondern durch Lehren und Lernen weitergegeben werden

Mem: Bezeichnung für Informationen, die nicht genetisch, sondern durch Nachahmung und Tradition weitergegeben werden (z. B. Ideen, Moden, Erfindungen)

mtDNA: Mitochondrien-DNA

multiregionaler Ursprung: Hypothese vom m. U. des modernen Menschen, nach der der Übergang vom *Homo erectus* zum modernen Menschen in verschiedenen Regionen der Welt mehrfach unabhängig voneinander stattgefunden hat

Neandertaler: fossile Frühmenschenart, die vor 200 000 bis 35 000 Jahren in weiten Teilen Europas und des Nahen Ostens verbreitet war

Neolithikum: Jungsteinzeit; vor etwa 10 000 Jahren einsetzende Epoche, in der Ackerbau, Viehzucht und erste Metallwerkzeuge erfunden wurden

Oldowan-Kultur: nach der Olduwai-Schlucht (Tansania) benannte Kulturstufe von *Homo habilis* und *H. rudolfensis,* die durch die Herstellung einfacher Steinwerkzeuge gekennzeichnet ist

osteodontokeratische Kultur: früher vermutete Kulturstufe der (→) Australopithecinen, die durch die Herstellung von Waffen aus Knochen, Zähnen und Horn gekennzeichnet sein sollte

Out-of-Africa-Hypothese: Hypothese vom afrikanischen Ursprung des modernen Menschen

Paläoanthropologie: Wissenschaft von den fossilen (→) Hominiden

PCR: Polymerasekettenreaktion; molekulargenetische Methode, mit der kleine DNA-Bruchstücke vervielfältigt werden können

Piltdown-„Mensch": als Fälschung entlarvtes englisches „Fossil", das aus Knochen eines modernen Menschen und eines Orang-Utans zusammengesetzt war

Pithecanthropus: „Affenmensch"; frühere Bezeichnung für *Homo erectus*

Pleistozän: geologische Epoche, die vor etwa 1,8 Millionen Jahren begann und vor etwa 10 000 Jahren zu Ende ging; charakterisiert durch eine Reihe von Eiszeiten und Zwischeneiszeiten

Pliozän: geologische Epoche, die vor 5 Millionen Jahren begann und vor 1,8 Millionen Jahren zu Ende ging; Entstehung der (→) Australopithecinen und der Gattung *Homo*

Primaten: Säugetierordnung, der Halbaffen, Affen, Menschenaffen und Menschen angehören

Rassen: Populationen derselben Art, die sich in den Häufigkeitsverteilungen ihrer genetisch bedingten Merkmale voneinander unterscheiden

Rassenkunde: heute als problematisch angesehener Versuch, Menschen aufgrund weniger oberflächlicher Merkmale wie der Hautfarbe verschiedenen Rassen zuzuordnen

Urmensch: populäre Bezeichnung für die ersten Menschen (*Homo rudolfensis* und *H. habilis*)

Vaterschaftsunsicherheit: die sich aus der inneren Befruchtung ergebende Unsicherheit, welcher Mann der Vater eines Kindes ist

Vormensch: populäre Bezeichnung für die (→) Australopithecinen

Wasseraffentheorie: umstrittene Hypothese, nach der bestimmte Merkmale des Menschen (z. B. die Nacktheit) durch eine aquatische Lebensweise seiner Vorfahren zu erklären seien; wird durch Fossilfunde bisher nicht gestützt

Register

Fette Seitenzahlen weisen auf ausführliche Behandlung im Text hin; ein * hinter den Seitenzahlen verweist auf das Glossar; f. = die folgende Seite; ff. = die folgenden Seiten.

A

B

C

D

E

F

G

H

I

J

K

L

M

N

O

P

Q

R

S

T

U

V

W

X

Z